高等学校规划教材·力学

振动理论及应用

高行山　刘　伟　秦卫阳　编著

西北工业大学出版社
西　安

【内容简介】 本书系统地阐述了机械振动的基本理论和方法及其在工程中的应用。主要内容包括单自由度系统的振动、多自由度系统的振动、弹性体的振动以及非线性振动的分析方法和随机振动基础等。各章附有习题，书末附有部分习题答案。

本书可作为高等学校力学、机械、航空、宇航等专业本科生和研究生机械振动课程的教材或教学参考书，也可供有关工程技术人员参考。

图书在版编目(CIP)数据

振动理论及应用/高行山，刘伟，秦卫阳编著. —西安：西北工业大学出版社，2021.8

高等学校规划教材. 力学

ISBN 978-7-5612-7692-1

Ⅰ. ①振… Ⅱ. ①高… ②刘… ③秦… Ⅲ. ①机械振动-高等学校-教材 Ⅳ. ①TH113.1

中国版本图书馆 CIP 数据核字(2021)第 136803 号

ZHENDONG LILUN JI YINGYONG

振 动 理 论 及 应 用

责任编辑：何格夫　　策划编辑：何格夫

责任校对：张　友　　装帧设计：李　飞

出版发行：西北工业大学出版社

通信地址：西安市友谊西路 127 号　　邮编：710072

电　　话：(029)88493844　88491757

网　　址：www.nwpup.com

印 刷 者：陕西向阳印务有限公司

开　　本：787 mm×1 092 mm　　1/16

印　　张：12.375

字　　数：325 千字

版　　次：2021 年 8 月第 1 版　　2021 年 8 月第 1 次印刷

定　　价：50.00 元

前　言

振动是自然界的普遍现象，同时人们的日常生活和工程技术领域中也存在大量的振动问题。随着科学技术及机械工业的发展，工程中出现的振动问题越来越复杂，需要对其准确分析判断并找到解决方法，这对工程技术人员的相关能力提出了更高的要求。机械振动是工程力学专业本科生和研究生的主干课程之一，也是机械、航空、宇航等工科专业的重要专业基础课程。

本书根据高等学校工程力学专业核心课程的教学要求，结合笔者多年讲授机械振动课程的教学经验及科研实践编著而成。全书共 9 章。第 1 章介绍振动问题的描述方法以及解决振动问题的一般途径。第 2 章介绍单自由度系统的自由振动、强迫振动及其在工程中的应用。第 3 章讨论二自由度系统的振动及动力减振器。第 4 章讨论多自由度系统的振动，阐述建立和求解系统振动微分方程的主要方法。第 5 章讨论求解多自由度系统固有频率和振型(模态)的近似计算方法。第 6 章讨论弹性体的振动，包括弦、杆、梁和板的振动。第 7 章介绍弹性体振动的有限元分析求解过程。第 8 章讨论非线性振动的基本理论和分析方法。第 9 章简要介绍随机振动的基础知识。全书取材精练，内容丰富，概念清晰，结构严谨，注重理论联系实际。

本书由高行山教授、刘伟副教授、秦卫阳教授编写。其中，第 1～3 章和第 7 章由高行山编写，第 4 章、第 5 章和第 9 章由刘伟编写，第 6 章和第 8 章由秦卫阳编写。

写作本书参阅了相关教科书、文献资料等，在此，谨向其作者深表谢意。

限于笔者水平，书中疏误在所难免，敬请读者批评指正。

编 著 者

2020 年 12 月

目　录

第1章 绪 论

1.1 概 述

振动是指物体在平衡位置附近所作的往复运动。振动在自然界、工程技术领域和日常生活中是广泛存在的。例如，心脏的跳动，耳膜和声带的振动，钟表的摆动，建筑结构在地震激励下的振动，飞行器和船舶在航行中的振动，车辆在行驶过程中因为发动机、不平路面而引起的振动。

在许多情况下，振动会带来危害。例如：振动引起噪声污染；振动会影响精密仪器设备的性能，降低机械加工的精度；振动加剧构件的疲劳和磨损，缩短机器和结构物的使用寿命；振动消耗机械系统的能量，降低机器效率；振动会使结构系统发生大变形失稳而破坏，甚至造成灾难性的事故，有些桥梁等建筑物就是由于振动而塌毁的；机翼的颤振、机轮的摆振和航空发动机的异常振动，曾多次造成飞行事故。

然而，振动也有可利用的一面。工程实际中陆续出现许多利用振动的生产装备和工艺，例如，振动传输、振动筛选、振动研磨、振动抛光和振动沉桩等。它们极大地改善了劳动条件，成倍地提高了劳动生产率。此外，电系统的振动也是通信、广播、电视、雷达等工作的基础。可以预见，随着科学技术的不断进步，振动的利用还会与日俱增。

各个不同领域中的振动现象虽然各具特色，但有着共同的客观规律。因此有必要建立统一的理论来处理各种振动问题。振动理论是一门基础学科，它借助数学、物理、实验和计算技术，探讨各种振动现象的机理，阐明振动的基本规律，以便克服振动的消极因素，利用其积极因素，为合理解决工程实际中遇到的各种振动问题提供理论依据。

1.2 振动系统分类

振动系统模型按系统的不同性质可分为离散系统和连续系统两大类。按自由度数划分，振动系统可分为有限多自由度系统和无限多自由度系统。前者与离散系统对应，后者与连续系统对应。

离散系统是由集中参数元件组成的。基本的集中参数元件包括质量元件、弹性元件和阻尼元件。质量元件是表示力(矩)与加速度(角加速度)关系的元件,描述其特性的参数通常称为广义质量,简称质量。常见的质量元件有质点/质量块、刚体等。弹性元件是指在变形时产生与变形有关,抵抗变形的弹性恢复力(矩)的元件,描述其特性的参数通常称为刚度系数,简称刚度。常见的弹性元件有拉压弹簧、扭转弹簧、弹性构件等。弹性元件是能量储存元件,可以储存势能(应变能)。阻尼元件(阻尼器)是表示力与速度关系的元件,描述其特性的参数通常称为阻尼系数,简称阻尼。阻尼元件既不具有弹性,也无质量,是耗能元件,在有相对运动时产生阻力。典型离散系统的力学模型如图 1.1 所示,该系统包含质量块、弹簧和阻尼器三个基本元件。图 1.1 中,m 表示质量块的质量,为方便,也常简称为质量(块)m;k 表示弹簧的刚度,常简称为弹簧 k;c 表示阻尼器的阻尼,常简称为阻尼器 c。

连续系统是由弹性体元件组成的。弹性体的惯性、弹性与阻尼是连续分布的,故亦称为连续系统。典型的弹性体元件有杆、梁、轴、板、壳等。弹性体是具有无限多自由度的系统,它的振动规律要用时间和空间坐标的函数来描述,其运动方程是偏微分方程。由于振动时物体所产生的变形大多数情况下限于弹性变形,所以无限自由度系统的振动又称为弹性体的振动。在一般情况下,可用适当的准则将分布参数"凝缩"成有限个离散的参数,这样便得到离散系统,从而对连续系统进行简化。

参量的变化规律可用时间的确定函数描述的振动系统,称为确定性系统(又称定则系统)。如果一个振动系统的各个特性参数(质量、刚度、阻尼等)都不随时间而变化,即它们不是时间的显函数,这个系统就称为常参数系统(定常系统)。否则,这个系统就称为变参数系统(参变系统)。常参数系统的运动用常系数微分方程描述。若系统参量无法用时间的确定函数描述,只具有统计规律性,则这种系统称为随机系统。确定性系统的系统特性可用时间的确定性函数给出。随机系统的系统特性不能用时间的确定性函数给出,只具有统计规律性。

如果一个振动系统的质量不随运动参数而变化,而且系统的弹性力和阻尼力都可以简化为线性模型,则称为线性系统。凡是不能简化为线性系统的振动系统都称为非线性系统。

综上所述,振动系统分类如图 1.2 所示。

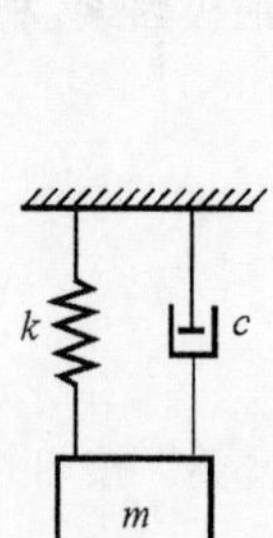

图 1.1 典型离散系统的力学模型

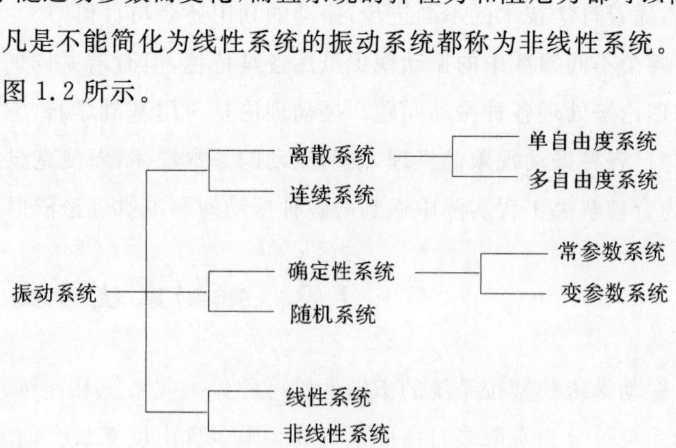

图 1.2 振动系统分类

1.3 振动形式分类

振动问题中通常将研究对象称为系统，它可以是一个零部件、一台机器或者一个完整的工程结构等。外部激振力等因素称为激励(输入)，系统发生的振动称为响应(输出)。一个系统受到激励，会呈现一定的响应。激励、响应与系统特性的关系如图 1.3 所示。

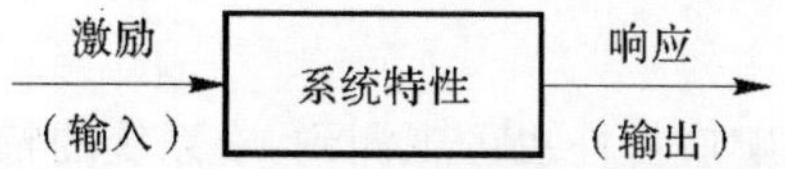

图 1.3 激励、响应与系统特性关系

系统的激励分为两大类：确定性激励和随机激励。可以用时间的确定函数来描述的激励称为确定性激励。随机激励不能用时间的确定函数来描述，但它们具有一定的统计规律性，可用随机过程来描述。

振动可以按系统响应的性质分为以下几种：

(1)简谐振动：描述系统运动状态的物理量是随时间按正弦或余弦函数变化的运动过程。简谐振动是单自由度无阻尼系统微幅自由振动的抽象模型。

(2)周期振动：系统的响应为时间的非简谐周期函数的振动。

(3)瞬态振动：系统的响应为只能用时间的非周期衰减函数表示的振动。例如，脉冲、阶跃激励等引起的振动。

(4)混沌振动：由确定性系统产生，对于初始条件极为敏感，具有内禀随机性的无规则振动。

(5)随机振动：系统响应不是时间的确定性函数，而只能用概率统计的方法来描述的振动。例如，喷气噪声引起的舱壁颤振、飞机在跑道上滑行时的振动等。

振动也可以按激励的控制方式分为以下几种：

(1)自由振动：系统受初始扰动后不再受外界激励时所作的振动。

(2)强迫振动：系统在随时间变化的激励作用下产生的振动。

(3)自激振动：系统受到由其自身运动诱发出来的激励作用而产生和维持的振动。例如，飞机机翼的颤振、输水管道内流体的喘振、铁道机车车辆的蛇行运动等。

(4)参数振动：激励导致系统特性参数周期或随机性地随时间变化，进而使得系统出现振动。例如，秋千被越荡越高，秋千受到的激励以摆长随时间变化的形式出现，而实际摆角的变化是由人体的下蹲及站立造成的。

1.4 研究方法

一般的结构振动问题,包含激励、系统特性与响应三个要素,由其中的两者可以求解第三者。因此,振动问题可以分为以下三类。

(1)已知结构的系统特性、激励特性,求响应的变化规律,称为响应预估或响应分析、振动分析。主要任务在于验证结构、产品等在工作时的动力响应(如变形、位移、应力等)是否满足预定的安全要求和其他要求。

(2)已知结构的激励特性,响应特性也可观测到,求系统的特性,称为参数识别或系统辨识问题。求系统特性,主要是指获得对于系统的物理参数和系统关于振动的固有特性的认识。以估计物理参数为任务的叫作物理参数辨识,以估计系统振动固有特性为任务的叫作模态参数辨识或者试验模态分析。

(3)已知结构的响应特性和系统特性,求激励,称为载荷识别或振动环境预测。

实际的振动问题往往错综复杂,它可能同时包含识别、分析和设计等几个方面的内容。

研究振动问题的一般步骤如下:

(1)建立力学模型:根据需要对研究的物理系统进行简化,包括结构、参数、受力、运动情况等。

(2)建立数学模型:根据牛顿第二定律、达朗贝尔原理、拉格朗日方程等建立描述振动系统运动规律的微分方程。

(3)方程求解:为了得到振动系统运动和特征参数的变化规律,需对数学模型进行求解。通常这种数学表达式是位移为时间函数的形式,它表明系统运动、系统特性和激励(含初始干扰)的关系。

(4)结果分析:根据方程求解提供的规律和系统的工作要求及结构特点,可以进行优化设计,从而充分地利用振动或抑制振动。

(5)实验验证上述理论分析结果。

解决振动问题的方法不外乎通过理论分析和实验研究,二者是相辅相成的。计算技术、振动测试和信号分析技术的日益发展为解决复杂振动问题提供了强有力的工具。

第 2 章　单自由度系统的振动

单自由度系统是指用一个独立参量便可确定系统位置的振动系统。系统的自由度数是指确定系统位置所需要的独立参量的个数，这种独立参量称为广义坐标，广义坐标可以是线位移、角位移等。

本章讨论单自由度系统的振动。

2.1　单自由度系统的自由振动

2.1.1　自由振动微分方程

在振动分析中，往往需要将系统简化为由若干“无质量”的弹簧和若干“无弹性”的质量块所组成的力学模型，称之为弹簧质量系统。这种力学模型在振动问题中比较典型和常见。

考虑图 2.1 所示的弹簧质量系统。在光滑水平面上，质量为 m 的物块由不计质量的弹簧连接于固定点 A。弹簧刚度系数为 k，在未变形时其长度为 l_0。取物块平衡时的位置为坐标原点 O，x 轴沿弹簧变形方向向右为正。

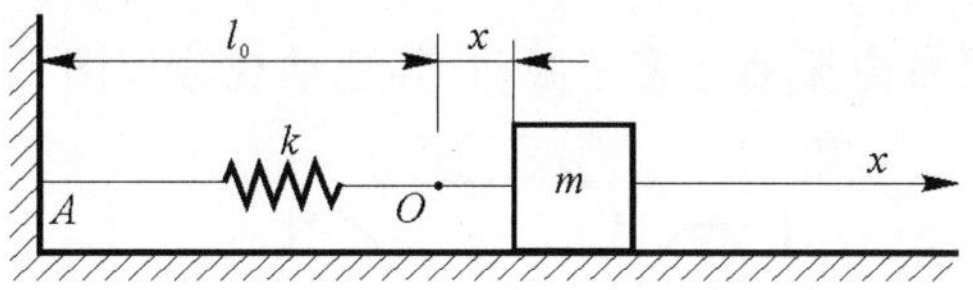

图 2.1　弹簧质量系统

设在任一时刻 t，物块的位移为 x，取物块为研究对象，作用于物块的水平力只有弹簧力 $-kx$。于是，由牛顿第二定律，有

$$m\ddot{x} = -kx \quad 或 \quad \ddot{x} + \frac{k}{m}x = 0$$

式中：$\ddot{x}$ 表示物块的加速度。引入参量 $\omega_0^2 = \dfrac{k}{m}$，则上式可写为

$$\ddot{x} + \omega_0^2 x = 0 \tag{2.1}$$

这就是在线性恢复力作用下，质点受初始扰动后的无阻尼自由振动微分方程，它是二阶常系数线性齐次微分方程。

微分方程式(2.1) 的通解可以表示为

$$x = C_1\cos\omega_0 t + C_2\sin\omega_0 t \tag{2.2}$$

将式(2.2)对时间求导数，得

$$v = \dot{x} = -C_1\omega_0\sin\omega_0 t + C_2\omega_0\cos\omega_0 t \tag{2.3}$$

设在初瞬时 $t = 0$，质点的初位移和初速度分别为

$$x = x_0, \quad v = \dot{x}_0 \tag{2.4}$$

将运动初始条件式(2.4)代入式(2.2)和式(2.3)，可确定积分常数为

$$C_1 = x_0, \quad C_2 = \frac{\dot{x}_0}{\omega_0}$$

则系统对初始条件的响应为

$$x = x_0\cos\omega_0 t + \frac{\dot{x}_0}{\omega_0}\sin\omega_0 t \tag{2.5}$$

由式(2.5)可知，无阻尼自由振动包括两部分：一部分是与 $\cos\omega_0 t$ 成正比的振动，取决于初位移；另一部分是与 $\sin\omega_0 t$ 成正比的振动，取决于初速度。在式(2.5)中，令

$$\frac{\dot{x}_0}{\omega_0} = A\cos\varphi \tag{2.6a}$$

$$x_0 = A\sin\varphi \tag{2.6b}$$

则式(2.5)可改写为

$$x = A\sin(\omega_0 t + \varphi) \tag{2.7}$$

式中

$$A = \sqrt{x_0^2 + \left(\frac{\dot{x}_0}{\omega_0}\right)^2} \tag{2.8a}$$

$$\tan\varphi = \frac{\omega_0 x_0}{\dot{x}_0} \tag{2.8b}$$

由此可见，质点无阻尼自由振动是简谐振动，其运动规律如图 2.2 所示。

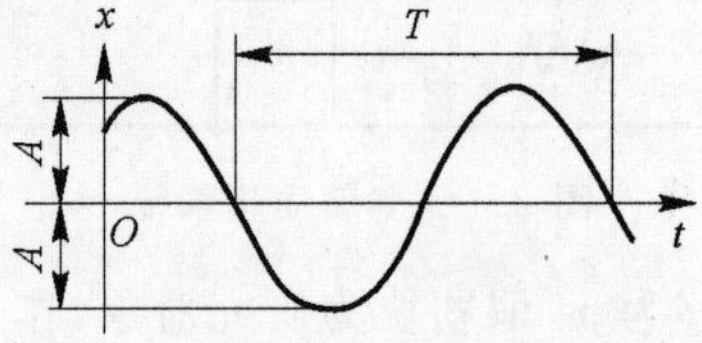

图 2.2 简谐振动

2.1.2 自由振动的基本参数

1. 振幅和相位

式(2.7)中 A 称为振幅，它是物块偏离平衡位置的最大距离。角度($\omega_0 t + \varphi$)称为相位或相位角，φ 称为初相位。由式(2.8a)和式(2.8b)可见，振幅和初相位都与运动的初始条件 x_0 和 $\dot{x}_0$ 有关。因为式(2.8b)中 φ 在 $0 \sim 2\pi$ 内存在两个值，所以 φ 的确定值(所在象限值)需要由式(2.6a)、式(2.6b)和式(2.8b)中的任意两式判定。

2. 周期和频率

振动重复一次所需要的时间间隔称为振动周期，用 T 表示，即

$$T = \frac{2\pi}{\omega_0} = 2\pi\sqrt{\frac{m}{k}} \tag{2.9}$$

周期的单位通常取为秒(s)。

周期的倒数，即单位时间内振动的次数，称为频率，记为 f，则有

$$f = \frac{1}{T} = \frac{\omega_0}{2\pi} \tag{2.10}$$

频率的单位为赫兹(Hz)。

由式(2.9)与式(2.10)可知，周期 T 和频率 f 仅与系统的物理参数质量 m 和刚度 k 有关，而与运动的初始条件无关，因此，常称 T 与 f 为系统的固有周期与固有频率。

每 2π s 内振动的次数称为圆频率，可表示为

$$\omega_0 = 2\pi f = \sqrt{\frac{k}{m}} \tag{2.11}$$

式中：参数 ω_0 称为无阻尼系统的固有圆频率，单位为弧度 / 秒(rad/s)。以后在不致混淆的情况下，也将 ω_0 称为系统的固有频率。

现在讨论图 2.3(a) 所示弹簧质量系统沿铅直方向的振动。设物块的质量为 m，弹簧刚度系数为 k，在未变形时其长度为 l_0。取物块 M 为研究对象，以静平衡位置 O 为坐标原点，沿弹簧变形方向铅直向下为轴 x 正向，受力如图 2.3(b) 所示。

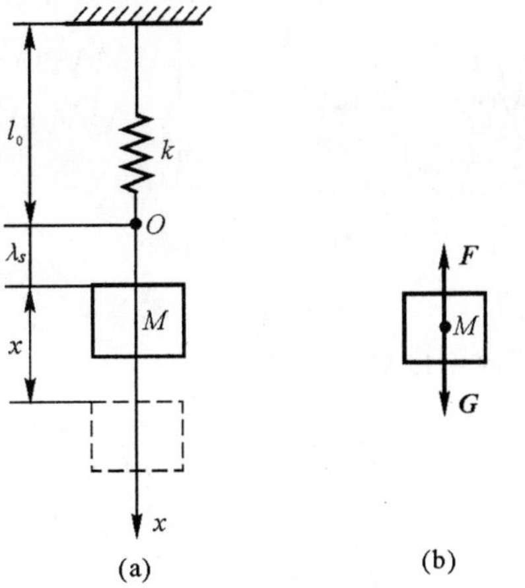

图 2.3　弹簧质量系统

当物块 M 的位移为 x 时，弹簧力 $F = -k(\lambda_s + x)$，λ_s 为弹簧的静变形，重力 $G = mg$。由牛顿第二定律，得物块 M 的运动微分方程为

$$m\ddot{x} = mg - k(\lambda_s + x) \tag{2.12}$$

考虑到弹簧的静变形 $\lambda_s = \dfrac{mg}{k}$，式(2.12)可写为

$$m\ddot{x} = -kx \quad 或 \quad \ddot{x} + \omega_0^2 x = 0$$

式中：$\omega_0^2=\dfrac{k}{m}$。可见，物块 M 在平衡位置附近作无阻尼自由振动。

利用弹簧自由悬挂时的静变形 λ_s，可以求出系统的固有频率为

$$\omega_0=\sqrt{\frac{k}{m}}=\sqrt{\frac{g}{mg/k}}=\sqrt{\frac{g}{\lambda_s}}$$

可见，只要计算或测量出系统的静变形，就可求出系统的固有频率，这种方法称为静变形法。

2.1.3 等效刚度

在实际振动系统中，弹性元件往往具有比较复杂的组合形式。为了便于分析，可用一个等效弹簧来取代整个弹性元件系统。等效弹簧的刚度系数称为等效刚度，等于弹性元件系统的刚度。

刚度系数是指系统在某点沿指定方向产生单位变形时，在该点同一方向需要施加的力或力矩。设指定方向的位移为 x，在该方向所要施加的力为 F，则刚度系数为

$$k=\frac{F}{x}$$

下面讨论串、并联弹簧的等效刚度的计算。

图 2.4(a) 所示是两个串联弹簧，刚度系数分别为 k_1 和 k_2。求 A 端水平方向的刚度时，在 A 端加一水平力 F。每个弹簧都被拉伸，伸长分别为 $\dfrac{F}{k_1}$ 和 $\dfrac{F}{k_2}$。A 点的位移为两个弹簧的总伸长，即

$$x_A=\frac{F}{k_1}+\frac{F}{k_2}$$

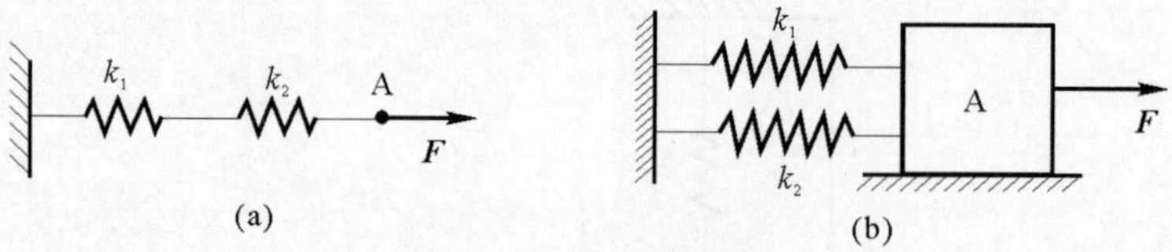

图 2.4　组合弹簧

(a) 串联弹簧；(b) 并联弹簧

根据定义，串联弹簧的等效刚度为

$$k=\frac{F}{x_A}=\frac{k_1k_2}{k_1+k_2}$$

或表示为

$$\frac{1}{k}=\frac{1}{k_1}+\frac{1}{k_2}$$

可见，串联弹簧的作用使系统中的弹簧刚度降低，即串联弹簧比其任何一个组成弹簧都要“软”。

如果有 n 个弹簧串联，刚度系数分别为 $k_1,k_2,\cdots,k_n$，则等效刚度 k 可表示为

$$\frac{1}{k}=\frac{1}{k_1}+\frac{1}{k_2}+\cdots+\frac{1}{k_n}=\sum_{i=1}^{n}\frac{1}{k_i}$$

图 2.4(b) 所示是两个并联弹簧，刚度系数分别为 k_1 和 k_2。质量块 A 在力 F 作用下沿光滑

水平面作平移。此时两个弹簧均伸长 x_A，两个弹簧所受的力分别为 k_1x_A 和 k_2x_A。根据静力平衡条件，可得

$$F = k_1x_A + k_2x_A$$

于是，等效刚度为

$$k = \frac{F}{x_A} = k_1 + k_2$$

可见，并联弹簧的刚度是原来各个弹簧刚度的总和，比原来弹簧的刚度都要大，即并联弹簧比其任何一个组成弹簧都要"硬"。

如果有 n 个弹簧并联，其弹簧刚度系数分别为 $k_1,k_2,\cdots,k_n$，则等效刚度为

$$k = k_1 + k_2 + \cdots + k_n = \sum_{i=1}^{n} k_i$$

弹性元件的并联与串联，不能按表面形式来划分，应该从力和位移分析来判断。并联方式中各弹簧是"共位移"的，即各弹簧端部的位移相等。而串联方式中各弹簧是"共力"的，即各弹簧所受到的作用力相等。图 2.5(a)(b) 中的弹簧为串联，而图 2.5(c)(d) 中的弹簧则属于并联。

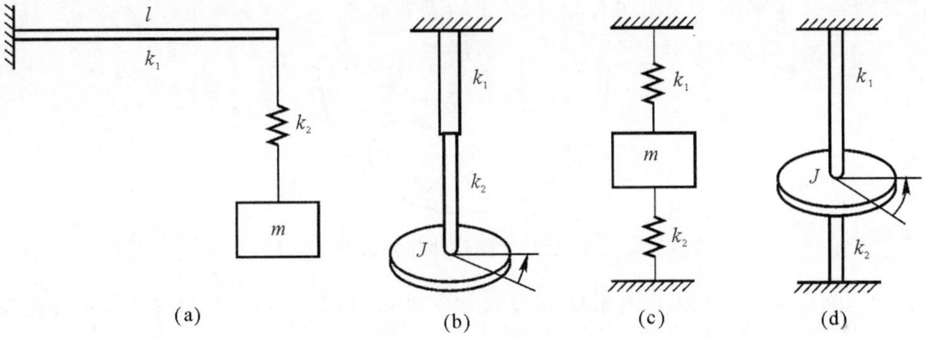

图 2.5　混联弹簧

例 2.1　确定图 2.6 所示混联弹簧的等效刚度。

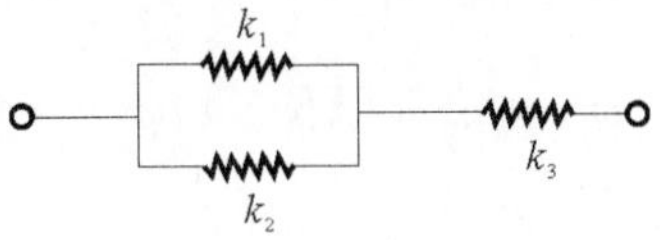

图 2.6　混联弹簧

解： k_1 与 k_2 并联，再与 k_3 串联，则有

$$\frac{1}{k} = \frac{1}{k_1 + k_2} + \frac{1}{k_3}$$

化简得

$$k = \frac{k_3(k_1 + k_2)}{k_1 + k_2 + k_3}$$

2.1.4　计算系统固有频率的其他方法

固有频率是振动研究中的一个重要物理量，反映了系统的内在振动特性。系统的固有频率除了可以按照式(2.11) 和静变形法计算外，常用的还有能量法和瑞利法，现分别加以介绍。

1. 能量法

对于不计阻尼的单自由度系统，在整个运动过程中，系统的机械能保持不变，即

$$T + V = 常数$$

式中：T 为系统的动能；V 为势能。则有

$$\frac{\mathrm{d}}{\mathrm{d}t}(T + V) = 0 \tag{2.13}$$

将系统的能量的具体表达式代入式(2.13)，便可建立自由振动微分方程。

在图 2.3 所示的弹簧质量系统中，如果取静平衡位置 O 为势能零点，则当系统在平衡位置时，速度为最大，动能具有最大值 $T_{\max}$，势能为零。当系统在最大偏离位置时，速度为零，动能为零，而势能具有最大值 $V_{\max}$。由机械能守恒定律，有

$$T_{\max} = V_{\max} \tag{2.14}$$

通过式(2.14)就可以求得振动系统的固有频率。这种计算固有频率的方法称为能量法。

例 2.2 如图 2.7 所示，质量为 m，半径为 r 的圆柱体，在半径为 R 的圆弧槽上作无滑动的滚动。试求圆柱体在平衡位置附近作微小振动的固有频率。

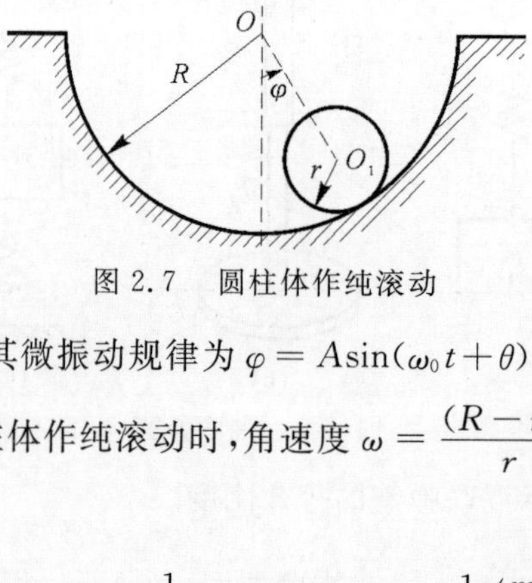

图 2.7 圆柱体作纯滚动

解：取 φ 为广义坐标，设其微振动规律为 $\varphi = A\sin(\omega_0 t + \theta)$，圆柱体中心 O_1 的速度 $v_{O_1} = (R - r)\dot{\varphi}$。由运动学知，当圆柱体作纯滚动时，角速度 $\omega = \dfrac{(R - r)\dot{\varphi}}{r}$。

系统的动能为

$$T = \frac{1}{2}mv_{O_1}^2 + \frac{1}{2}J_{O_1}\omega^2 = \frac{1}{2}m\left[(R - r)\dot{\varphi}^2 + \frac{1}{2}\left(\frac{mr^2}{2}\right)\right]\left[\frac{(R - r)\dot{\varphi}}{r}\right]^2$$

整理后，得

$$T = \frac{3m}{4}(R - r)^2\dot{\varphi} = \frac{3m}{4}(R - r)^2 A^2 \omega_0^2 \cos^2(\omega_0 t + \theta)$$

系统的势能为重力势能，选圆柱体中心 O_1 在运动过程中的最低点为势能零点，则系统势能为

$$V = mg(R - r)(1 - \cos\varphi) = 2mg(R - r)\sin^2\frac{\varphi}{2}$$

圆柱体作微振动，$\sin\dfrac{\varphi}{2} \approx \dfrac{\varphi}{2}$，则上式可改写为

$$V = \frac{1}{2}mg(R - r)\varphi^2 = \frac{1}{2}mg(R - r)A^2\sin^2(\omega_0 t + \theta)$$

由 $T_{\max} = V_{\max}$，得

$$\omega_0 = \sqrt{\frac{2g}{3(R-r)}}$$

例 2.3　图 2.8 所示长度为 L 的刚性杆 OB，O 端为固定铰链支座，B 端焊接一质量为 m 的小球。在杆上离转轴 O 距离为 a 的位置左右各连接一刚度系数为 k 的弹簧，将刚性杆支承在铅垂面内，系统对转轴 O 的转动惯量为 J_o，杆与弹簧的质量均忽略不计。试求系统作微幅振动的固有频率。

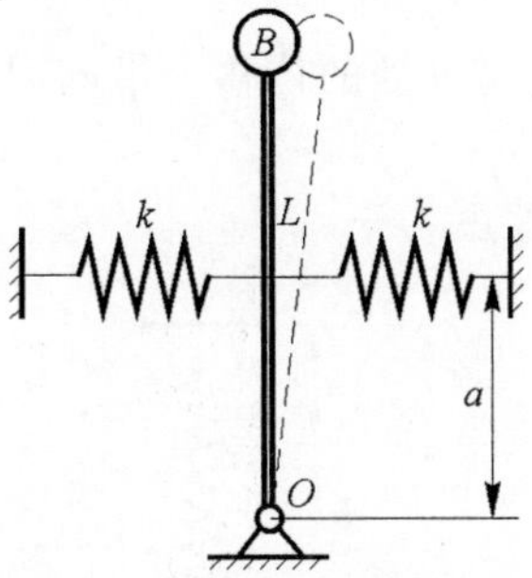

图 2.8　刚性杆-弹簧系统

解：设摇杆 OB 偏离平衡位置的角振动为 $\theta(t) = A\sin(\omega_0 t + \varphi)$，则对于简谐振动而言，摇杆经过平衡位置时，速度最大，故此时系统动能最大，而势能为零，即

$$T_{\max} = \frac{1}{2} J_o \dot{\theta}_{\max}^2 = \frac{1}{2} J_o \omega_0^2 A^2$$

系统势能分为两部分：弹簧变形后存储的势能和质量块 m 的重心下降到最低点时所失去的势能。

弹簧变形后存储的势能为

$$V_{1\max} = 2 \times \frac{1}{2} k a^2 \theta_{\max}^2 = k a^2 A^2$$

质量块 m 的重心下降到最低点时所失去的势能为

$$V_{2\max} = -mgL(1-\cos\theta_{\max}) = -2mgL\sin^2\frac{\theta_{\max}}{2}$$

$$= -\frac{1}{2} mgL\sin^2\theta_{\max} \approx -\frac{1}{2} mgL\theta_{\max}^2 = -\frac{1}{2} mgLA^2$$

系统最大势能为

$$V_{\max} = V_{1\max} + V_{2\max} = k a^2 A^2 - \frac{1}{2} mgLA^2$$

根据能量法，$T_{\max} = V_{\max}$，得

$$\frac{1}{2} J_o \omega_0^2 A^2 = k a^2 A^2 - \frac{1}{2} mgLA^2$$

故

$$\omega_0 = \sqrt{\frac{2ka^2 - mgL}{J_o}}$$

2. 瑞利法

利用能量法求解固有频率时，对于系统动能的计算只考虑了惯性元件的动能，而忽略不计弹性元件的质量所具有的动能，因而计算出来的固有频率偏高。为了确定弹簧的质量对振动频率的影响，瑞利(Rayleigh) 提出了一种近似计算方法，它运用能量原理，将一个分布质量系统简化为一个单自由度系统，从而把弹簧分布质量对系统振动频率的影响考虑进去。

现在以图 2.9 所示弹簧质量系统为例说明瑞利法的应用。

设弹簧在振动过程中变形是均匀的，即弹簧在连接质量块的一端位移为 x，弹簧(处于平衡位置时) 轴向长度为 l，则距固定端 u 处的位移为$\frac{u}{l}x$。因此，当质量块在某一瞬时的速度为 $\dot{x}$ 时，弹簧在 u 处的微段 $\mathrm{d}u$ 的相应速度为$\frac{u}{l}\dot{x}$。

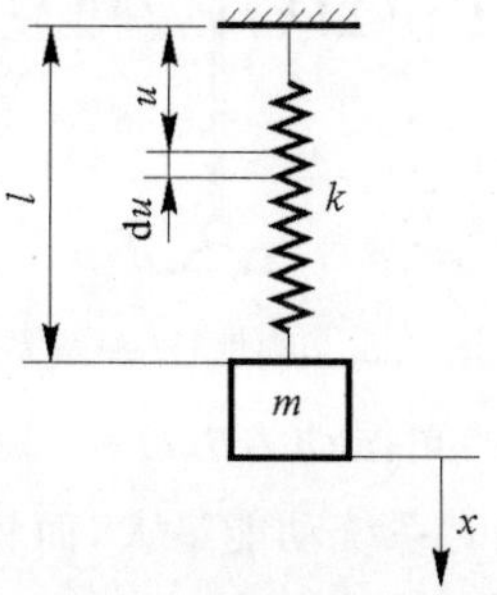

图 2.9　弹簧质量系统

设 ρ 为弹簧单位长度的质量，则弹簧微段 $\mathrm{d}u$ 的动能为

$$\mathrm{d}T = \frac{1}{2}\rho\left(\frac{u\dot{x}}{l}\right)^2\mathrm{d}u$$

整个弹簧的动能为

$$T = \frac{1}{2}\rho\int_0^l\left(\frac{u\dot{x}}{l}\right)^2\mathrm{d}u = \frac{1}{2}\frac{\rho l}{3}\dot{x}^2$$

整个系统的总动能为质量块的动能和弹簧的动能之和。当质量块经过静平衡位置时，系统最大动能为

$$T_{\max} = \frac{1}{2}m\dot{x}_{\max}^2 + \frac{1}{2}\frac{\rho l}{3}\dot{x}_{\max}^2 = \frac{1}{2}\left(m + \frac{\rho l}{3}\right)\dot{x}_{\max}^2$$

当质量块在最大偏离位置时，系统的最大势能为

$$V_{\max} = \frac{1}{2}kx_{\max}^2$$

由式(2.14) 可得

$$\frac{1}{2}\left(m + \frac{\rho l}{3}\right)\dot{x}_{\max}^2 = \frac{1}{2}kx_{\max}^2$$

对于简谐振动，$x = A\sin(\omega_0 t + \varphi)$，$x_{\max} = A$，$\dot{x}_{\max} = \omega_0 A$，代入上式得

$$\omega_0 = \sqrt{\frac{k}{m + \frac{\rho l}{3}}}$$

式中：ρl 为弹簧的总质量。可见只要将弹簧质量的 $\frac{1}{3}$ 加入质量 m 中，就可以将弹簧质量对系统固有频率的影响考虑进去。

2.2　单自由度系统的阻尼振动

上述无阻尼的振动只是一种理想情况，在这种情况下，机械能守恒，系统保持持续的周期性等幅振动。但实际系统振动时，不可避免要受到各种阻尼的影响，由于阻尼的方向始终与振动体的运动方向相反，因此对系统做负功，不断消耗振动系统的能量。消耗的能量转变成热能和声能传出去。在自由振动中，能量的消耗导致系统振幅的逐渐减小而最后使振动停止。

不同的阻尼具有不同的性质。两个干燥表面互相压紧并相对运动时所产生的阻尼称为干摩擦阻尼，阻尼大小与两个面之间的法向压力 N 成正比，即符合摩擦定律 $F = fN$，其中 f 是摩擦因数。

物体以中、低速度在流体中运动时所受到的阻力称为黏性阻尼。有润滑油的滑动面之间产生的阻尼就是这种阻尼。黏性阻尼与速度的一次方成正比，即

$$F = c\dot{x}$$

式中：c 称为黏性阻尼系数，表示质点在单位速度时，所受的阻力值，其大小与介质和物体的形状等因素有关，可由实验测定，单位为牛·秒/厘米（N·s/cm）。物体以较大速度在流体中运动时，阻尼将与速度的二次方成正比，即

$$F = b\dot{x}^2$$

式中：b 为常数，此种阻尼为非黏性阻尼。

材料在变形过程中，由内部晶体之间的摩擦所产生的阻尼，称为结构阻尼。其性质比较复杂，阻尼的大小取决于材料的性质。

下面讨论图 2.10(a) 所示具有黏性阻尼单自由度系统的自由振动。

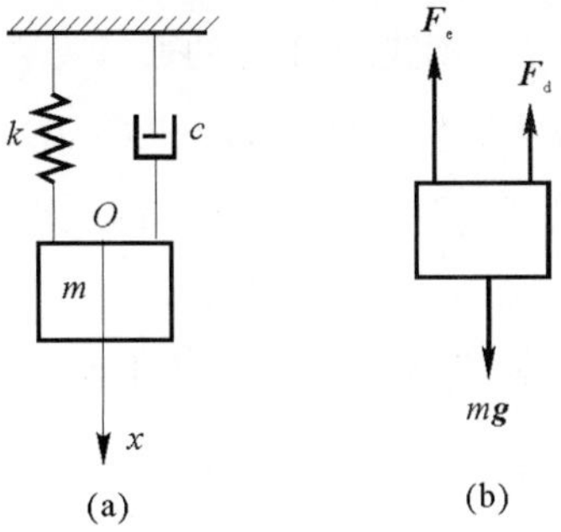

图 2.10　具有黏性阻尼的振动系统

取物块为研究对象，作用在物块上的力有弹簧力 F_e、阻尼力 F_d 和重力 mg，物块受力如图 2.10(b) 所示。取物块的静平衡位置 O 为原点，铅垂向下为 x 轴正向。在任意位置 x 处时，$F_e = -k(\lambda_s + x)$，$F_d = -c\dot{x}$。由牛顿运动定律，有

$$m\ddot{x} = -c\dot{x} - k(\lambda_s + x) + mg$$

由于 $k\lambda_s = mg$，上式简化为

$$m\ddot{x} + c\dot{x} + kx = 0 \tag{2.15}$$

令 $\omega_0 = \sqrt{\dfrac{k}{m}}$，$2\zeta = \dfrac{c}{\sqrt{mk}}$，则式(2.15) 可写为

$$\ddot{x} + 2\zeta\omega_0\dot{x} + \omega_0^2 x = 0 \tag{2.16}$$

式中：ω_0 为系统的无阻尼固有频率，ζ 为阻尼比或称为相对阻尼系数。假设方程式(2.16) 的特解为 $x = e^{zt}$，将其代入式(2.16)，得特征方程为

$$z^2 + 2\zeta\omega_0 z + \omega_0^2 = 0 \tag{2.17}$$

由式(2.17) 可以解得两个特征根为

$$z_{1,2} = (-\zeta \pm \sqrt{\zeta^2 - 1})\omega_0 \tag{2.18}$$

式(2.18) 表明，特征根的性质取决于 ζ 的大小。根据阻尼比 ζ 的大小，可以将有阻尼系统分为欠阻尼系统、临界阻尼系统和过阻尼系统三类。

1. 欠阻尼系统

阻尼比 $\zeta < 1$ 的系统称为欠阻尼系统或弱阻尼系统。根据式(2.18)，欠阻尼系统具有一对共轭复根

$$z_{1,2} = (-\zeta \pm \mathrm{i}\sqrt{1 - \zeta^2})\omega_0$$

引入参量 $\omega_d = \omega_0\sqrt{1 - \zeta^2}$，$\omega_d$ 称为有阻尼自由振动的圆频率或阻尼固有频率。则式(2.16) 的通解可以表示为

$$x = B_1 e^{z_1 t} + B_2 e^{z_2 t} = B_1 e^{(-\zeta\omega_0 + \mathrm{i}\omega_d)t} + B_2 e^{(-\zeta\omega_0 - \mathrm{i}\omega_d)t} = e^{-\zeta\omega_0 t}(B_1 e^{\mathrm{i}\omega_d t} + B_2 e^{-\mathrm{i}\omega_d t})$$

式中：B_1 和 B_2 是积分常数，由运动初始条件确定。

根据欧拉公式

$$e^{\pm\mathrm{i}\theta} = \cos\theta \pm \mathrm{i}\sin\theta$$

令 $B_1 + B_2 = C_1$，$\mathrm{i}(B_1 - B_2) = C_2$，则式(2.16) 的通解可表示为

$$x = e^{-\zeta\omega_0 t}(C_1\cos\omega_d t + C_2\sin\omega_d t) \tag{2.19}$$

式中：C_1 和 C_2 为积分常数。将式(2.19) 对时间 t 求导数，得

$$\dot{x} = -\zeta\omega_0 e^{-\zeta\omega_0 t}(C_1\cos\omega_d t + C_2\sin\omega_d t) + \omega_d e^{-\zeta\omega_0 t}(-C_1\sin\omega_d t + C_2\cos\omega_d t)$$

将运动的初始条件 $x = x_0$，$\dot{x} = \dot{x}_0$ 代入式(2.19) 及其导数中，解得

$$C_1 = x_0,\ C_2 = \frac{\dot{x}_0 + \zeta\omega_0 x_0}{\omega_d}$$

于是，初始扰动引起的位移响应为

$$x = e^{-\zeta\omega_0 t}\left(x_0\cos\omega_d t + \frac{\dot{x}_0 + \zeta\omega_0 x_0}{\omega_d}\sin\omega_d t\right)$$

或表示为

$$x = Ae^{-\zeta\omega_0 t}\sin(\omega_d t + \varphi) \tag{2.20}$$

式中

$$\left.\begin{aligned} A &= \sqrt{x_0^2 + \left(\frac{\dot{x}_0 + \zeta\omega_0 x_0}{\omega_d}\right)^2} \\ \tan\varphi &= \frac{\omega_d x_0}{\dot{x}_0 + \zeta\omega_0 x_0} \end{aligned}\right\} \tag{2.21}$$

由式(2.20)可见，由于阻尼的影响，系统振动已不再是振幅不变的简谐振动，而是振幅被限制在曲线 $\pm Ae^{-\zeta\omega_0 t}$ 之内，随时间不断衰减，最后趋近于零，如图 2.11 所示，所以欠阻尼的自由振动也称为衰减振动。

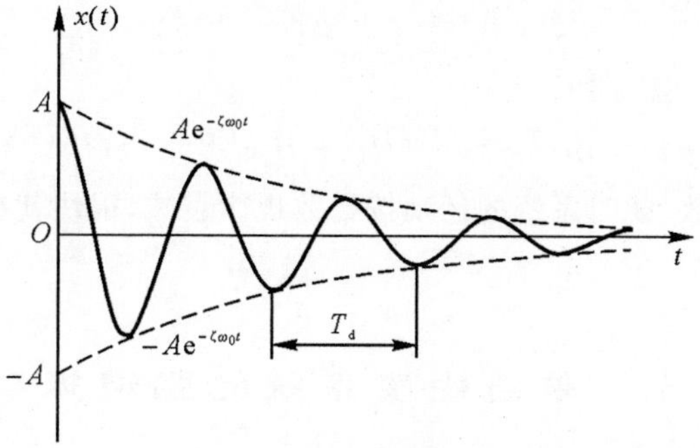

图 2.11　衰减振动

衰减振动的周期为

$$T_d = \frac{2\pi}{\omega_d} = \frac{T}{\sqrt{1-\zeta^2}} \tag{2.22}$$

式中：T 是无阻尼自由振动周期。由于 $\zeta<1$，由式(2.22)可见，阻尼使振动的周期 T_d 相对于无阻尼的周期 T 来说有所增大。当 $\zeta\to 1$ 时，周期 T_d 将无限地增大($T_d\to\infty$)，从而运动失去往复性。而当 $\zeta\ll 1$ 时，T_d 可近似地表示为

$$T_d = T\left[1 + \frac{1}{2}\zeta^2 + \cdots\right] \tag{2.23}$$

当 $\zeta=0.05$ 时，$T_d \approx T\left[1+\frac{1}{2}(0.05)^2\right] = 1.001\,25T$，与无阻尼的情形比较，仅增加 0.125%。由此可见，当阻尼比较小时，阻尼对周期的影响并不显著。

由式(2.20)可以看出，衰减振动的振幅 $Ae^{-\zeta\omega_0 t}$ 随时间按指数规律递减，如图 2.11 中的虚线所示。为了评价阻尼对振幅衰减快慢的影响，引入减幅系数 η，定义为相邻两个振幅之比，即

$$\eta = \frac{A_i}{A_{i+1}} = \frac{Ae^{-\zeta\omega_0 t_i}}{Ae^{-\zeta\omega_0 (t_i+T_d)}} = e^{\zeta\omega_0 T_d} \tag{2.24}$$

由此可见，阻尼比越大，减幅系数就越大，这表示振幅衰减得越快。例如，当 $\zeta=0.05$ 时，算得 $\eta=1.366$，$A_{i+1}=A_i/1.366=0.73A_i$，即物体每振动一次振幅就减少 27%。

为了避免取指数值的不方便，常用对数减缩率或对数减幅系数 Δ 来代替减幅系数 η，即

$$\Delta = \lg\eta = \zeta\omega_{Td} \tag{2.25}$$

通过以上分析可见，当 $\zeta<1$ 时，阻尼对周期的影响很小，可以忽略不计，但阻尼使系统振动的振幅按几何级数衰减。

2. 临界阻尼系统

阻尼比 $\zeta=1$ 的系统称为临界阻尼系统。临界阻尼系统的特征根为两个相等的负实数。微

分方程式(2.16) 对应的通解为

$$x=(B_1+B_2t)\mathrm{e}^{-\zeta\omega_0 t}$$

式中：B_1，B_2 为任意实常数。临界阻尼系统的自由运动不具有振动特性。

3. 过阻尼系统

阻尼比 $\zeta>1$ 的系统称为过阻尼系统或强阻尼系统。过阻尼系统的特征根为两个不相等的负实数，即

$$z_{1,2}=(-\zeta\pm\sqrt{\zeta^2-1})\omega_0$$

微分方程式(2.16) 对应的通解为

$$x=B_1\mathrm{e}^{(-\zeta+\sqrt{\zeta^2-1})\omega_0 t}+B_2\mathrm{e}^{(-\zeta-\sqrt{\zeta^2-1})\omega_0 t}$$

式中：B_1，B_2 为任意实常数。此时系统的运动按指数规律衰减，很快就趋近于平衡位置，不会产生振动。

2.3 单自由度系统的强迫振动

强迫振动是指系统在随时间变化的激励作用下产生的振动。作用在系统上的激励通常包括位移激励和力激励。位移激励是指基础对结构的作用是随时间变化的位移，因此常常将位移激励称为基础激励。力激励是指振源对结构系统的作用是随时间变化的力。本节主要讨论系统在简谐激振力、非简谐周期激振力、随时间任意变化的激振力作用下的响应。

2.3.1 简谐激振力引起的强迫振动

1. 运动微分方程及其解

图 2.12(a) 所示为具有线性阻尼的弹簧质量系统，在物块上作用一简谐激振力为

$$F(t)=H\sin\omega t$$

式中：H 为激振力的幅值，表示激振力的最大值；ω 为激振力变化的频率。

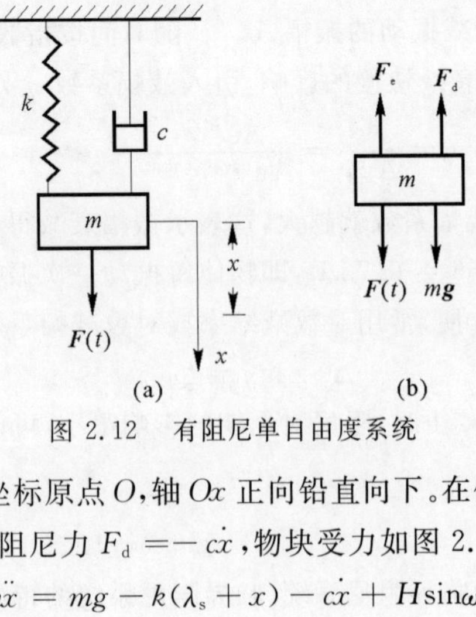

图 2.12 有阻尼单自由度系统

取物块的静平衡位置为坐标原点 O，轴 Ox 正向铅直向下。在任意位置 x 处，作用在物块上的弹簧力 $F_e=-k(\lambda_s+x)$，阻尼力 $F_d=-c\dot{x}$，物块受力如图 2.12(b) 所示。由牛顿定律，有

$$m\ddot{x}=mg-k(\lambda_s+x)-c\dot{x}+H\sin\omega t$$

考虑到 $mg = k\lambda_s$，引入无量纲参数 $\omega_0 = \sqrt{\frac{k}{m}}$，$2\zeta = \frac{c}{\sqrt{mk}}$，$h = \frac{H}{m}$，则上式可简化为

$$\ddot{x} + 2\zeta\omega_0\dot{x} + \omega_0^2 x = h\sin\omega t \tag{2.26}$$

式(2.26)就是线性阻尼系统在简谐激振力作用下的运动微分方程。它的解由两部分组成，即

$$x = x_1 + x_2$$

式中：x_1 是式(2.26)中右端为零的齐次方程的通解。在 2.2 节已经讨论过，在欠阻尼状态下，这一通解表示为

$$x_1 = Ae^{-\zeta\omega_0 t}\sin(\omega_d t + \alpha)$$

特解 x_2 可以写为

$$x_2 = B\sin(\omega t - \varphi) \tag{2.27}$$

式中：B 为强迫振动的振幅；φ 为位移落后于激振力的相位角，称为相位差。将特解 x_2 及其导数

$$\dot{x}_2 = B\omega\cos(\omega t - \varphi),\quad \ddot{x}_2 = -B\omega^2\sin(\omega t - \varphi)$$

代入式(2.26)，得

$$-B\omega^2\sin(\omega t - \varphi) + 2\zeta\omega_0\omega B\cos(\omega t - \varphi) + \omega_0^2 B\sin(\omega t - \varphi) = h\sin\omega t \tag{2.28}$$

为了便于比较，将式(2.28)右端的 $h\sin\omega t$ 改写为

$$h\sin\omega t = h\sin[(\omega t - \varphi) + \varphi] = h\cos\varphi\sin(\omega t - \varphi) + h\sin\varphi\cos(\omega t - \varphi) \tag{2.29}$$

将式(2.29)代入式(2.28)，整理得

$$[(\omega_0^2 - \omega^2)B - h\cos\varphi]\sin(\omega t - \varphi) + (2\zeta\omega_0\omega B - h\sin\varphi)\cos(\omega t - \varphi) = 0$$

上式对于任意时间 t 都应恒等于零，所以 $\sin(\omega t - \varphi)$ 和 $\cos(\omega t - \varphi)$ 前面括号内的量都必须分别等于零，则有

$$(\omega_0^2 - \omega^2)B = h\cos\varphi$$

$$2\zeta\omega_0\omega B = h\sin\varphi$$

从而解得

$$B = \frac{H}{k\sqrt{(1-\lambda^2)^2 + (2\zeta\lambda)^2}} \tag{2.30}$$

$$\tan\varphi = \frac{2\zeta\lambda}{1-\lambda^2} \tag{2.31}$$

式中：$\lambda = \frac{\omega}{\omega_0}$ 称为频率比。

因此，在欠阻尼 $\zeta < 1$ 状态下，物块的运动规律为

$$x = Ae^{-\zeta\omega_0 t}\sin(\omega_d t + \alpha) + B\sin(\omega t - \varphi) \tag{2.32}$$

式中：常数 A 和 α 由运动的初始条件来确定。式(2.32)等号右边第一项是一个衰减振动，只在振动开始后的一段时间内才有意义，所以称其为瞬态振动；第二项是系统在简谐激振力作用下产生的强迫振动，是一种持续等幅振动，称它为稳态振动。图 2.13 所示为在初始阶段由式(2.32)表示的由两种不同频率、不同振幅的简谐运动叠加的结果。其中虚线表示稳态响应，实线表示瞬态与稳态响应合成的总响应。由图可见，瞬态响应的频率为 ω_d，振幅逐渐衰减，稳态响应的频率为 ω，振幅恒定不变，且经过一段时间后，瞬态振动消失，图中的实线与虚线重

合，只剩下稳态振动了。

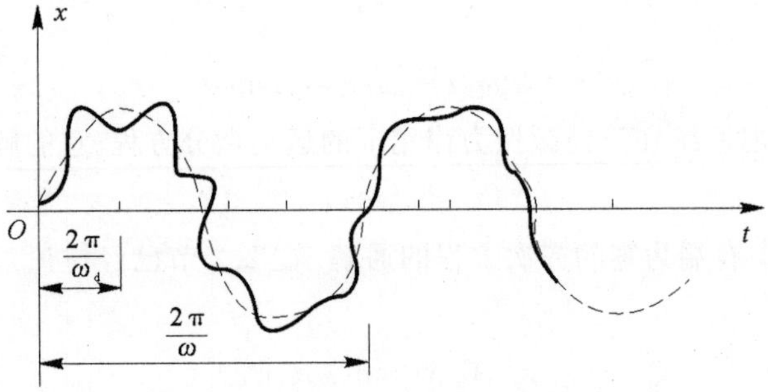

图 2.13　单自由度系统有阻尼强迫运动的响应

2. 强迫振动特性讨论

(1) 在简谐激励作用下，系统的稳态响应是与激励频率相同的简谐振动，但滞后一个相位角。

(2) 强迫振动的振幅 B 和相位差 φ 只取决于系统本身的特性和激振力的性质，与运动的初始条件无关。

(3) 幅频响应曲线。设 B_0 表示在常力 H 作用下弹簧的静偏离，则

$$B_0 = \frac{h}{\omega_0^2} = \frac{H}{k} \tag{2.33}$$

引入符号 β，称为放大系数，表示强迫振动中的最大动偏离 B 与静偏离 B_0 之比，即

$$\beta = \frac{B}{B_0} = \frac{1}{\sqrt{(1-\lambda^2)^2 + (2\lambda\zeta)^2}} \tag{2.34}$$

式(2.34)表明了放大系数与频率比、阻尼比之间的关系。以 λ 为横坐标，β 为纵坐标，对于不同的 ζ 值，可得幅频响应曲线如图 2.14 所示。

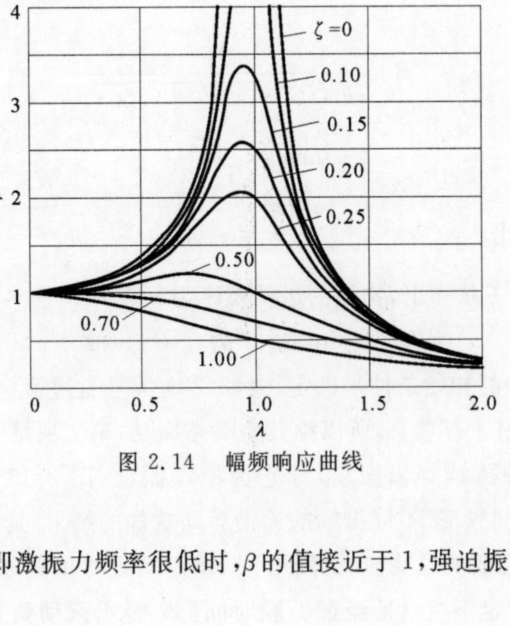

图 2.14　幅频响应曲线

由图 2.14 可以看出：

1) 当 λ 值接近于零，即激振力频率很低时，β 的值接近于 1，强迫振动的振幅 B 接近于静偏离 B_0（低频强迫振动）。

2) 当 $\lambda \gg 1$，即激振力频率 ω 远大于固有频率 ω_0 时，$\beta \to 0$，表示强迫振动的振幅几乎等于零(高频强迫振动)。

3) 当 $\lambda = 1$，即 $\omega = \omega_0$ 时，由式(2.34) 和式(2.30) 可得

$$\beta = \frac{1}{2\zeta}, \quad B = \frac{B_0}{2\zeta} \tag{2.35}$$

由此可见，这时强迫振动的振幅 B 和阻尼系数成反比。通常将激振力频率与系统固有频率相等称为共振。

4) 放大系数具有极大值。取函数 $f(\lambda) = (1-\lambda^2)^2 + (2\lambda\zeta)^2$，由极值条件 $\frac{\mathrm{d}\,f(\lambda)}{\mathrm{d}\lambda} = 0$，得 $\lambda = 0$，$\lambda = \sqrt{1-2\zeta^2}$。检验二阶导数可知，当 $1-2\zeta^2 > 0$ 时，$\lambda = 0$ 给出 β 的极小值，而 $\lambda = \sqrt{1-2\zeta^2}$ 给出 β 的极大值，这时强迫振动的振幅也达到最大值，对应的激振力频率称为峰值频率，用 ω_m 表示，有

$$\omega_m = \omega_0\sqrt{1-2\zeta^2} \tag{2.36}$$

在式(2.34) 中，令 $\omega = \omega_m$，可得强迫振动的振幅峰值 B_m 为

$$B_m = \frac{B_0}{2\zeta\sqrt{1-\zeta^2}} \tag{2.37}$$

有时，将强迫振动振幅最大时的频率称为共振频率，也可以将振动系统以最大振幅进行振动的现象称为共振。如果阻尼很小，$\zeta \ll 1$，则由式(2.36) 和式(2.37) 可得

$$\omega_m = \omega_0\sqrt{1-2\zeta^2} \approx \omega_0$$

$$B_m = \frac{B_0}{2\zeta\sqrt{1-\zeta^2}} \approx \frac{B_0}{2\zeta} \tag{2.38}$$

与式(2.35) 比较可以看出，在欠阻尼状态下发生共振($\omega = \omega_0$) 时，振幅 B 已接近于峰值 B_m。

5) 阻尼对强迫振动振幅有不同的影响。由式(2.34) 和式(2.37) 可知，增大阻尼能使放大系数 β 和振幅的峰值变小。由此可见，阻尼对强迫振动振幅及其峰值起抑制作用。

由图 2.14 可以看出，当阻尼很小(即 $\zeta \ll 1$) 且 $\omega \to \omega_m \approx \omega_0$ 时，阻尼对强迫振动振幅的影响特别明显。工程上，当 $0.75\omega_0 \leqslant \omega \leqslant 1.25\omega_0$ 时，需要考虑阻尼对强迫振动振幅的影响；但当 ω 远离共振区时，阻尼对强迫振动振幅的影响很小，可以忽略。

(4) 相频响应曲线。根据式(2.31)，以 λ 为横坐标，φ 为纵坐标，画出 φ-λ 曲线，称为相频响应曲线，如图 2.15 所示。

从图 2.15 中可以看出，相位差 φ 与频率比 λ 有很大关系。在 $\lambda \ll 1$ 的低频范围内，相位差 $\varphi \approx 0$，即响应与激振力接近于同相位。当 $\lambda \gg 1$ 时，相位差 $\varphi \approx \pi$，即在高频范围内，响应与激振力接近于反相位。当 $\lambda = 1$，即共振时，相位差 $\varphi \approx \frac{\pi}{2}$，这时 φ 与阻尼大小无关，这是共振时的一个重要特征。

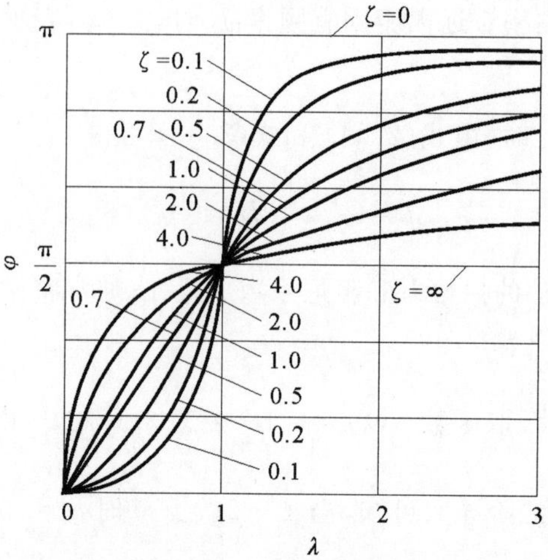

图 2.15　相频响应曲线

3. 强迫振动的复数解法

求解有阻尼振动的强迫振动问题时，采用复数形式比用三角函数形式更为方便。假设系统受到复简谐激振力 $F(t)$ 作用，用复变函数表示为

$$F(t)=F(\cos\omega t+\mathrm{i}\sin\omega t)=F_0\mathrm{e}^{\mathrm{i}\omega t} \tag{2.39}$$

系统的振动微分方程为

$$m\ddot{x}+c\dot{x}+kx=F_0\mathrm{e}^{\mathrm{i}\omega t} \tag{2.40}$$

式中：x 是复变量。令系统的稳态响应为

$$x=X\mathrm{e}^{\mathrm{i}\omega t} \tag{2.41}$$

于是有

$$\dot{x}=\mathrm{i}\omega X\mathrm{e}^{\mathrm{i}\omega t},\quad \ddot{x}=-\omega^2X\mathrm{e}^{\mathrm{i}\omega t} \tag{2.42}$$

将式(2.41) 和式(2.42) 代入式(2.40)，两边消去 $\mathrm{e}^{\mathrm{i}\omega t}$，得

$$X=\frac{F_0}{(k-m\omega^2)+\mathrm{i}c\omega}=H(\omega)F_0 \tag{2.43}$$

式中：复频响应函数为

$$H(\omega)=\frac{1}{k-m\omega^2+\mathrm{i}c\omega} \tag{2.44}$$

将式(2.44) 右端的分母表示成复变函数，即

$$k-m\omega^2+\mathrm{i}c\omega\equiv r\mathrm{e}^{\mathrm{i}\varphi} \tag{2.45}$$

则有

$$\left.\begin{aligned}r&=\sqrt{(k-m\omega^2)^2+(c\omega)^2}\\ \varphi&=\arctan\frac{\omega c}{k-m\omega^2}\end{aligned}\right\} \tag{2.46}$$

将式(2.46) 代入式(2.43)，得复数振幅为

$$X=\frac{F_0}{r}\mathrm{e}^{-\mathrm{i}\varphi}$$

引入无量纲参数 $\lambda=\frac{\omega}{\omega_0}$，$\zeta=\frac{c}{2\sqrt{km}}$，复振动方程式(2.40)的解可以表示为

$$x=A\mathrm{e}^{\mathrm{i}(\omega t-\varphi)} \tag{2.47}$$

式中：$A=\frac{F_0}{k\sqrt{(1-\lambda^2)^2+(2\zeta\lambda)^2}}$，$\tan\varphi=\frac{2\zeta\lambda}{1-\lambda^2}$。

当激振力为 $F_0\mathrm{e}^{\mathrm{i}\omega t}$ 的实部或虚部时，稳态响应也相应地为复数形式响应 $x=A\mathrm{e}^{\mathrm{i}(\omega t-\varphi)}$ 的实部或虚部。

2.3.2　周期激振力引起的强迫振动

上述已经讨论了振动系统承受简谐激振力作用的响应，但在实际的工程问题中常常遇到的是系统受到非简谐的周期激振力或支承运动而引起的强迫振动。对非简谐周期激振力所引起的强迫振动，可用谐波分析法求解。

假设系统受一周期为 T 的非简谐激振力 $F(t)$ 的作用，则有阻尼单自由度弹簧质量系统的运动微分方程为

$$m\ddot{x}+c\dot{x}+kx=F(t) \tag{2.48}$$

将 $F(t)$ 展开为傅里叶级数，得

$$F(t)=\frac{a_0}{2}+\sum_{j=1}^{\infty}(a_j\cos j\omega t+b_j\sin j\omega t) \tag{2.49}$$

式中：频率 $\omega=\frac{2\pi}{T}$ 称为基频，频率为 ω 的项称为函数 $F(t)$ 的基波，频率为 $2\omega,3\omega,\cdots$ 的项称为二次谐波、三次谐波、……。a_0，a_j，b_j 为待定常数，其值可由下式确定：

$$\left.\begin{aligned}a_j&=\frac{2}{T}\int_0^T F(t)\cos j\omega t\,\mathrm{d}t,j=0,1,2,\cdots\\ b_j&=\frac{2}{T}\int_0^T F(t)\sin j\omega t\,\mathrm{d}t,j=0,1,2,\cdots\end{aligned}\right\} \tag{2.50}$$

将式(2.49)代入式(2.48)，得

$$m\ddot{x}+c\dot{x}+kx=\frac{a_0}{2}+\sum_{j=1}^{\infty}(a_j\cos j\omega t+b_j\sin j\omega t) \tag{2.51}$$

微分方程式(2.51)的解包括两部分：一部分是齐次方程的通解，它是衰减振动；另一部分则为方程的特解，它是强迫振动。根据线性系统的叠加原理，系统在一般周期力作用下的稳态响应就是激振力各次谐波分量单独作用下的稳态响应的叠加。因此分别求出方程式(2.51)右边各个力单独作用下系统的稳态响应，将它们累加在一起，就可得到系统的稳态响应为

$$x(t)=\frac{a_0}{2k}+\sum_{j=1}^{\infty}\frac{a_j\cos(j\omega t-\varphi_j)+b_j\sin(j\omega t-\varphi_j)}{k\sqrt{(1-\lambda_j^2)^2+(2\zeta\lambda_j)^2}} \tag{2.52}$$

式中：$\varphi_j=\arctan\frac{2\zeta\lambda_j}{1-\lambda_j^2}$，$\lambda_j=\frac{j\omega}{\omega_0}$。

当系统阻尼较小时，ζ 可忽略不计，此时 $\varphi_j=0$。则式(2.52)可简化为

$$x(t)=\frac{a_0}{2k}+\sum_{j=1}^{\infty}\frac{a_j\cos j\omega t+b_j\sin j\omega t}{k(1-\lambda_j^2)} \tag{2.53}$$

因此,周期力作用下系统的稳态响应具有以下特性:

(1) 系统的稳态响应是周期振动,其周期等于激振力的周期。

(2) 系统的稳态响应是由激振力的各次谐波分量分别作用下产生的稳态响应叠加而成的。

(3) 系统稳态响应中,靠近系统固有频率的那些谐波的位移振幅放大系数比较大,在响应中占主要成分;而偏离系统固有频率的谐波的位移振幅放大系数比较小,在响应中占次要成分。

这种将周期激振力展开为傅里叶级数的分析方法称为谐波分析法。

例 2.4　单自由度无阻尼弹簧质量系统,受到图 2.16 所示周期性矩形波的激振力作用,试求系统的稳态响应。

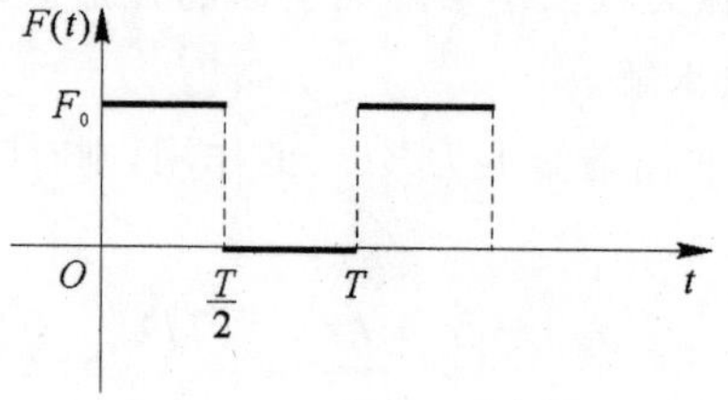

图 2.16　周期性矩形波

解:周期性矩形波的基频为

$$\omega_1 = \frac{2\pi}{T}$$

在矩形波的一个周期内,函数 $F(t)$ 可表示为

$$F(t) = \begin{cases} F_0, & 0 < t \leqslant \dfrac{T}{2} \\ 0, & \dfrac{T}{2} < t \leqslant T \end{cases}$$

将 $F(t)$ 展开为傅里叶级数,其傅里叶级数的系数为

$$a_0 = \frac{1}{T}\int_0^{\frac{T}{2}} F(t)\mathrm{d}t = \frac{F_0}{2}$$

$$a_n = \frac{2}{T}\int_0^{\frac{T}{2}} F_0 \cos n\omega_1 t\mathrm{d}t = 0$$

$$b_n = \frac{2}{T}\int_0^{\frac{T}{2}} F_0 \sin n\omega_1 t\mathrm{d}t = \frac{F_0}{n\pi}(1-\cos n\pi) = \frac{2F_0}{n\pi}$$

$$n = 1,3,5,\cdots$$

于是,可得 $F(t)$ 的傅里叶级数为

$$F(t) = \frac{F_0}{2} + \frac{2F_0}{\pi}\sum_{n=1,3,5,\cdots}^{\infty}\frac{1}{n}\sin n\omega_1 t$$

由式(2.53)得系统的稳态响应为

$$x(t) = \frac{F_0}{4k} + \sum_{n=1,3,5,\cdots}^{\infty} B_n \sin n\omega_1 t$$

式中：$B_n = \dfrac{2F_0}{n\pi k(1-\lambda_n^2)}$，$\lambda_n = \dfrac{n\omega_1}{\omega_0}$。

2.3.3　任意激振力作用下的响应

由上述的讨论得知，如果不考虑初始阶段的瞬态振动，系统在周期激振力作用下的强迫振动将是按激振力频率 ω 进行的周期性稳态振动。但在许多工程问题中，激振力都不是周期性的，而是任意的时间函数，或者是持续时间很短的冲击作用。在这种激振力作用下，系统不产生稳态振动，而只有瞬态振动。激振力停止作用后，系统将进行自由振动。

求解任意激振力响应的方法有卷积积分法、拉普拉斯变换法和傅里叶变换法等。这里只介绍前两种方法。

1. 脉冲响应和杜阿梅尔积分

系统在单位冲量作用下的瞬态响应称为脉冲响应，记为 $h(t)$。单位冲量可以用 δ 函数来表示。δ 函数是一种广义函数，其数学定义为

$$\left.\begin{aligned} &\delta(t) = 0 \quad t \neq 0 \\ &\int_{-\infty}^{\infty} \delta(t)\,\mathrm{d}t = 1 \end{aligned}\right\} \tag{2.54}$$

δ 函数具有以下性质：

$$\delta(t-\tau) = \begin{cases} \infty & t = \tau \\ 0 & t \neq \tau \end{cases}$$

$$\int_{-\infty}^{\infty} \delta(t-\tau)\,\mathrm{d}t = 1 \tag{2.55a}$$

$$\int_{-\infty}^{\infty} \delta(t-\tau) f(t)\,\mathrm{d}t = f(\tau) \tag{2.55b}$$

假定系统在 $t = 0$ 以前静止，在 $t = 0$ 作用有瞬时冲量 I，利用 δ 函数，系统受到的脉冲力为 $I\delta(t)$。其运动微分方程为

$$m\ddot{x} + c\dot{x} + kx = I\delta(t) \tag{2.56}$$

初始条件为

$$x(0^-) = 0, \quad \dot{x}(0^-) = 0 \tag{2.57}$$

式中：0^- 表示 t 轴上从左边趋于零的点，即 $t = 0$ 以前的状态；同样，0^+ 表示 t 轴上从右边趋于零的点。由于在 0^- 到 0^+ 时间间隔内，系统受到的弹性力、阻尼力与脉冲力相比很小，它们的冲量可以忽略不计。根据动量定理，得

$$m\dot{x}(0^+) - m\dot{x}(0^-) = I \tag{2.58}$$

即在 $t = 0$ 时刻的脉冲力作用下，系统的位移没有变化，速度由 $\dot{x}(0^-) = 0$ 变为 $\dot{x}(0^+) = \dfrac{I}{m}$。在 $t > 0$ 以后，系统不受外力，作自由衰减振动。因此，系统受到脉冲力作用后的运动微分方程为

$$m\ddot{x} + c\dot{x} + kx = 0 \tag{2.59}$$

初始条件为

$$x(0^+) = 0, \quad \dot{x}(0^+) = \frac{I}{m}$$

式(2.59)的解为

$$x = \frac{\dot{x}_0}{\omega_d} e^{-\zeta\omega_0 t} \sin\omega_d t = \frac{I}{m\omega_d} e^{-\zeta\omega_0 t} \sin\omega_d t = Ih(t) \tag{2.60}$$

式(2.60)即为初始时刻静止的系统在 $t = 0$ 时刻受到脉冲力 $I\delta(t)$ 作用后的响应。其中脉冲响应函数 $h(t)$ 为

$$h(t) = \frac{1}{m\omega_d} e^{-\zeta\omega_0 t} \sin\omega_d t \tag{2.61}$$

如果单位脉冲不是作用在 $t = 0$ 时刻，而是作用在 $t = \tau$，那么响应也将滞后时间 τ，即

$$x = h(t-\tau) = \frac{1}{m\omega_d} e^{-\zeta\omega_0 (t-\tau)} \sin\omega_d (t-\tau), t \geqslant \tau \tag{2.62}$$

可以看出，系统的脉冲响应完全由系统本身的物理性质决定，与激励无关。

求出系统对单位脉冲的响应后，就可以确定系统对任意激振力 $F(\tau)$ 的响应。一个任意激振力可以看成是一系列脉冲作用的叠加，如图 2.17 所示。

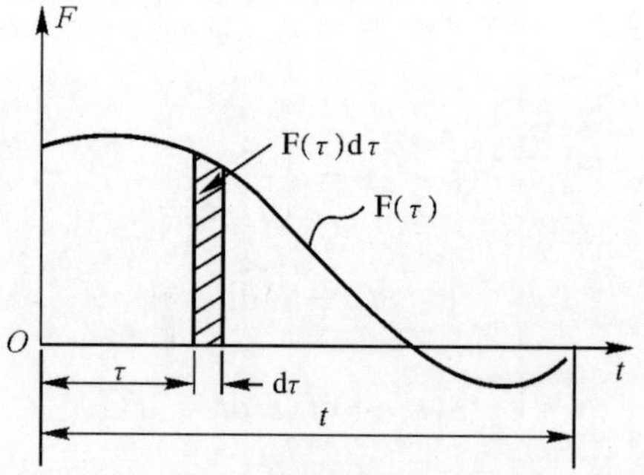

图 2.17　任意激振力的分解

若在 $t = \tau$ 时刻，系统受到元冲量为 $F(\tau)d\tau$ 的脉冲作用，则系统在时刻 τ 的响应为

$$dx = Fd\tau h(t-\tau) \tag{2.63}$$

由线性系统的叠加原理，系统对应于 $F(\tau)$ 的总响应为

$$x = \int_0^t dx = \int_0^t F(\tau)h(h-\tau)d\tau = \frac{1}{m\omega_d}\int_0^t F e^{-\zeta\omega_0 (t-\tau)} \sin\omega_d (t-\tau) d\tau \tag{2.64}$$

式(2.64)称为杜阿梅尔(Duhamel)积分，或称为卷积积分，它将响应表示成脉冲响应的叠加。

若系统阻尼可忽略不计，则 $\zeta = 0, \omega_d = \omega_0$。此时式(2.64)可简化为

$$x = \frac{1}{m\omega_0}\int_0^t F \sin\omega_0 (t-\tau) d\tau \tag{2.65}$$

杜阿梅尔积分是系统在零初始条件下得到的。一般情况下，系统的响应是由激励和初始条件引起的响应的叠加，即

$$x = e^{-\zeta\omega_0 t}\left(x_0 \cos\omega_d t + \frac{\dot{x}_0 + x_0\zeta\omega_0}{\omega_d}\sin\omega_d t\right) + \frac{1}{m\omega_d}\int_0^t F e^{-\zeta\omega_0 (t-\tau)} \sin\omega_d (t-\tau) d\tau \tag{2.66}$$

2. 拉普拉斯变换法

拉普拉斯变换是一种常用的求解微分方程的方法，它可以方便地求解系统在任意载荷下的响应。小阻尼单自由度系统的运动微分方程为

$$m\ddot{x} + c\dot{x} + kx = f(t) \tag{2.67}$$

相应的初始条件为

$$x(0) = x_0,\quad \dot{x}(0) = \dot{x}_0,\quad t = 0 \tag{2.68}$$

对于函数 $x(t)(t > 0)$，其拉普拉斯变换记为 $X(s)$ 或 $L(s)$，定义为

$$L[x(t)] = \int_0^\infty \mathrm{e}^{-st} x(t)\mathrm{d}t = X(s) \tag{2.69}$$

式中：s 为复数，称为辅助变量；函数 e^{-st} 称为变换的核。

应用分部积分，并考虑到初始条件式(2.68)，可以求得导数 $\dot{x}$ 和 $\ddot{x}$ 的变换为

$$L\left[\frac{\mathrm{d}x}{\mathrm{d}t}(t)\right] = \int_0^\infty \mathrm{e}^{-st}\frac{\mathrm{d}x}{\mathrm{d}t}(t)\mathrm{d}t = -x_0 + sX(s) \tag{2.70}$$

$$L\left[\frac{\mathrm{d}^2x}{\mathrm{d}t^2}(t)\right] = \int_0^\infty \mathrm{e}^{-st}\frac{\mathrm{d}^2x}{\mathrm{d}t^2}(t)\mathrm{d}t = -\dot{x}_0 - sx_0 + s^2X(s) \tag{2.71}$$

激振力的拉普拉斯变换为

$$L[f(t)] = \int_0^\infty \mathrm{e}^{-st} f(t)\mathrm{d}t = F(s) \tag{2.72}$$

对方程式(2.67) 进行拉普拉斯变换，由式(2.70)、式(2.71) 和式(2.72) 可得

$$m[s^2X(s) - sx_0 - \dot{x}_0] + c[sX(s) - x_0] + kX(s) = F(s) \tag{2.73}$$

解得

$$X(s) = \frac{F(s)}{m(s^2 + 2\zeta\omega_0 s + \omega_0^2)} + \frac{\dot{x}_0 + (s + 2\zeta\omega_0)x_0}{s^2 + 2\zeta\omega_0 s + \omega_0^2} \tag{2.74}$$

式中：ω_0 为无阻尼振动系统的固有频率，$\omega_0 = \sqrt{\dfrac{k}{m}}$；$\zeta$ 为相对阻尼系数，$\zeta = \dfrac{c}{2\sqrt{mk}}$。

如果系统的初始条件为零，即 $x(0) = 0, \dot{x}(0) = 0$，则由式(2.73) 得

$$X(s) = \frac{F(s)}{ms^2 + cs + k}$$

称

$$Z(s) = \frac{F(s)}{X(s)} = ms^2 + cs + k \tag{2.75}$$

为单自由度系统的机械阻抗，也称为动刚度。其倒数称为机械导纳，又称传递函数(H)，则有

$$H(s) = \frac{1}{ms^2 + cs + k} \tag{2.76}$$

机械阻抗、传递函数是由系统本身的物理性质决定的，与外界激励无关。它们常被用来分析系统的振动特性。由于它们可由系统的激励响应的变换得到，因而在振动测试、系统识别中经常用到。

对式(2.74)进行拉普拉斯反变换,得

$$x(t)=\frac{1}{m\omega_d}L^{-1}\left[\frac{F(s)\cdot\omega_d}{(s+\zeta\omega_0)^2+\omega_d^2}\right]+L^{-1}\left[\frac{(s+\zeta\omega_0)x_0}{(s+\zeta\omega_0)^2+\omega_d^2}\right]+$$
$$L^{-1}\left[\frac{\dot{x}_0+\zeta\omega_0x_0}{(s+\zeta\omega_0)^2+\omega_d^2}\right] \tag{2.77}$$

式中:$\omega_d=\omega_0\sqrt{1-\zeta^2}$。

利用拉普拉斯反变换公式:

$$\left.\begin{aligned}\frac{s+c}{(s+c)^2+d^2}&\Rightarrow e^{-ct}\cos dt\\ \frac{d}{(s+c)^2+d^2}&\Rightarrow e^{-ct}\sin dt\end{aligned}\right\} \tag{2.78}$$

以及博雷尔(Borel)定理:

$$L^{-1}[F(s)\cdot H(s)]=\int_0^t f(\tau)h(t-\tau)\mathrm{d}\tau=\int_0^t f(t-\tau)h(\tau)\mathrm{d}\tau \tag{2.79}$$

求得系统对任意激振力的响应为

$$x(t)=\frac{1}{m\omega_d}\int_0^t f(\tau)e^{-\zeta\omega_0(t-\tau)}\sin\omega_d(t-\tau)\mathrm{d}\tau+e^{-\zeta\omega_0t}\left(x_0\cos\omega_dt+\frac{\dot{x}_0+\zeta\omega_0x_0}{\omega_d}\sin\omega_dt\right) \tag{2.80}$$

2.4 隔振原理

振动隔离指将机器或结构与周围环境用减振装置隔离,它是消除振动危害的重要手段。根据振源的不同,隔振一般分为力隔振和运动隔振。机器本身是振源,把它与地基隔离开来,以减少其对周围的影响,这种隔振措施称为力隔振。当基础发生振动时,为保护安装在此基础上的设备而把二者隔离开来,这种隔振措施称为运动隔振。

力隔振和运动隔振的原理是相似的,都是把需要隔离的机器安装在合适的弹性装置上,使大部分振动为隔振装置所吸收。图 2.18 所示为单自由度隔振系统动力学模型。图中 m 为被隔离机器设备的质量,k 和 c 分别为隔振器的弹簧刚度和阻尼。

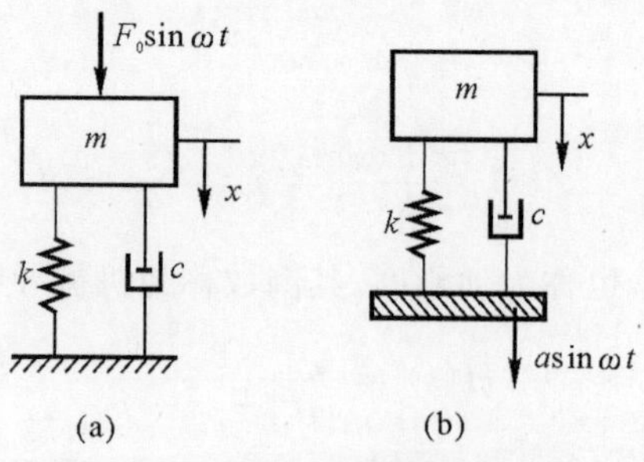

图 2.18 单自由度隔振系统模型

(a) 力隔振;(b) 运动隔振

2.4.1　力隔振

如图 2.18(a) 所示，振源是机器本身的激振力 $F_0\sin\omega t$。未隔振时机器与支承之间是刚性接触，故机器传给支承的最大动载荷是 F_0。当有弹性元件和阻尼元件隔振时，系统的强迫振动响应为

$$x = B\sin(\omega t - \varphi)$$

机器通过弹簧、阻尼器传到支承上的动载荷为

$$F_D = -kx - c\dot{x} = -kB\sin(\omega t - \varphi) - cB\omega\cos(\omega t - \varphi)$$

根据同频率振动合成的结果，得到机器传给支承上的最大动载荷为

$$F_T = \sqrt{(kB)^2 + (cB\omega)^2} = kB\sqrt{1 + (2\omega\zeta)^2} \tag{2.81}$$

因为

$$B = \frac{F_0}{k\sqrt{(1-\lambda^2)^2 + (2\zeta\lambda)^2}}$$

所以

$$F_T = \frac{F_0\sqrt{1 + (2\zeta\lambda)^2}}{\sqrt{(1-\lambda^2)^2 + (2\zeta\lambda)^2}} \tag{2.82}$$

力隔振的隔振效果用力传递率(或隔振系数)η_a 来表示。η_a 为机器隔振后传给支承的动载荷 F_T 与未隔振时机器传给支承的动载荷 F_0 的比值。力传递率为

$$\eta_a = \frac{F_T}{F_0} = \frac{\sqrt{1 + (2\zeta\lambda)^2}}{\sqrt{(1-\lambda^2)^2 + (2\zeta\lambda)^2}} \tag{2.83}$$

2.4.2　运动隔离

如图 2.18(b) 所示，振源是支承的运动 $x_s = a\sin\omega t$。此时，机器也将产生强迫振动。其振动微分方程为

$$m\ddot{x} + c\dot{x} + kx = kx_s + c\dot{x}_s \tag{2.84}$$

即

$$m\ddot{x} + c\dot{x} + kx = ka\sin\omega t + c\omega a\cos\omega t \tag{2.85}$$

式(2.85) 表明，作用在质量块 m 上的激振力由两部分组成：一部分是弹簧传给质量块 m 的力 $ka\sin\omega t$，另一部分是阻尼器传给质量块 m 的力 $c\omega a\cos\omega t$。两者可合成为

$$F = F_0\sin(\omega t + \alpha)$$

式中

$$F_0 = \sqrt{(ka)^2 + (c\omega a)^2} = a\sqrt{k^2 + c^2\omega^2}\,, \quad \tan\alpha = \frac{c\omega}{k}$$

于是，式(2.85) 可表示为

$$m\ddot{x} + c\dot{x} + kx = a\sqrt{k^2 + c^2\omega^2}\sin(\omega t + \alpha) \tag{2.86}$$

式(2.86)的稳态解可表示为

$$x = B\sin(\omega t - \varphi) \tag{2.87}$$

式中:振幅 B 及相角 φ 分别为

$$B = \frac{a\sqrt{k^2 + c^2\omega^2}}{\sqrt{(k - m\omega^2)^2 + c^2\omega^2}} = \frac{a\sqrt{1 + (2\zeta\lambda)^2}}{\sqrt{(1 - \lambda^2)^2 + (2\zeta\lambda^2)}} \tag{2.88}$$

$$\tan\varphi = \frac{mc\omega^2}{k(k - m\omega^2) + c^2\omega^2} = \frac{2\zeta\lambda^3}{1 - \lambda^2 + (2\zeta\lambda)^2} \tag{2.89}$$

运动隔振的效果用机器隔振后的振幅(或振动速度、加速度)与振源振幅(或振动速度、加速度)的比值 η_b 来表示。由式(2.88)得位移传递率 η_b 为

$$\eta_b = \frac{B}{a} = \frac{\sqrt{1 + (2\zeta\lambda)^2}}{\sqrt{(1 - \lambda^2)^2 + (2\zeta\lambda)^2}} \tag{2.90}$$

当振源是简谐振动时,由式(2.83)和式(2.90)知,无论是力隔振还是运动隔振,虽然两者含义不同,但隔振原理与隔振系数是相同的。令 $\eta_a = \eta_b = \eta$,η 称为传递率或隔振系数。隔振系数 η 随频率比 λ 的变化规律如图 2.19 所示。

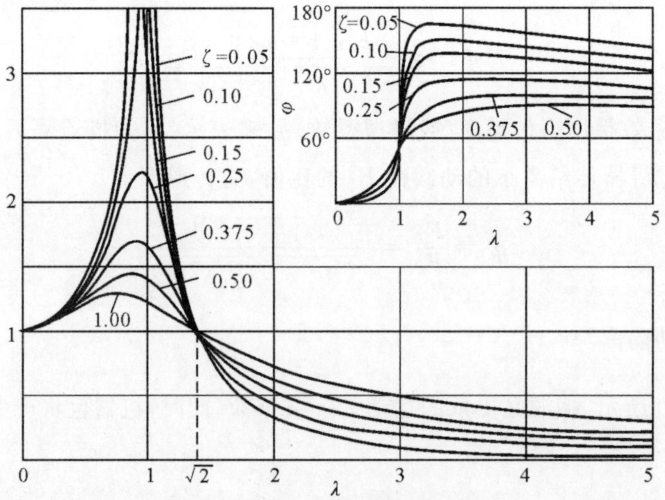

图 2.19　幅频及相频响应曲线

由图 2.19 可见,在 $\lambda < \sqrt{2}$ 的区域内,$\eta > 1$,无隔振效果,反而将原来的振动放大。不论阻尼大小,在 $\lambda > \sqrt{2}$ 的区域内,$\eta < 1$,才有隔振效果。在 $\lambda > \sqrt{2}$ 以后,随着 λ 的增大,η 值逐渐趋近于零。但在 $\lambda > 5$ 以后,η 曲线几乎水平,即使采用更好的隔振装置,隔振效率也提高有限。当 $\lambda > \sqrt{2}$ 时,η 随 ζ 的增大而提高,即在此情况下,阻尼的增大是不利隔振的,反而使隔振效果降低。通常 λ 值选在 2.5 ~ 5 的范围内。

2.4.3　隔振装置的设计

(1) 确定被隔振设备的原始数据,如设备的质量、重心、转动惯量,以及振源的大小、方向、频率等。

(2) 按 $\lambda = 2.5 \sim 5$ 的要求，来计算隔振系统的固有额率 ω_0。若设备上作用着几个振源，在计算 λ 时应取激振频率 ω 的最小值。对于多自由度系统，因为有多个固有频率，在计算 λ 时，则应取系统的最高固有频率。这样才能保证对于各个激振频率和固有频率都能满足隔振效果。

(3) 计算隔振器的刚度 $k = m\omega_0^2$，并确定隔振器的阻尼大小。在确定了隔振器的参数后，还要进行隔振效率的验算。若不能满足隔振要求，可适当增加设备安装底座的质量，或改变隔振器的参数。

(4) 根据使用要求来选择隔振器的类型，计算隔振器的尺寸和进行结构设计。

例 2.5　机器重 10 000 N，安装在弹性支承上，弹簧刚度 $k = 40\ 000$ N/cm，阻尼比 $\zeta = 0.20$。在转速为 2 380 r/min 时，不平衡力的幅值 $F_0 = 2\ 000$ N，求此时机器的振幅、隔振系数以及传至地基的力幅。

解：机器的固有频率为

$$\omega_0 = \sqrt{\frac{k}{m}} = \sqrt{\frac{40\ 000 \times 980}{10\ 000}}\ \text{rad/s} = 62.51\ \text{rad/s}，即\ \omega_0 = 596\ \text{r/min}$$

频率比为

$$\lambda = \frac{\omega}{\omega_0} = \frac{2\ 380}{596} \approx 4.0$$

振幅为

$$B = \frac{2\ 000}{40\ 000\sqrt{(1-4^2)^2 + (2 \times 0.2 \times 4)^2}}\ \text{cm} = 0.003\ 31\text{cm}$$

由式(2.83)知，隔振系数为

$$\eta_a = \sqrt{\frac{1 + (2 \times 0.2 \times 4)^2}{(1-4^2)^2 + (2 \times 0.2 \times 4)^2}} = 0.125$$

实际传至地面的力为

$$F_T = 2\ 000\ \text{N} \times 0.125 = 250\ \text{N}$$

2.5　简谐强迫振动理论的工程应用

简谐强迫振动理论在实际中有广泛的应用，本节介绍它在振动测试中的应用。

振动测试仪器有三种基本形式，即测量加速度、速度和位移的仪器。它们都是根据支承(基础)运动引起系统振动的原理工作的。图 2.20 所示是惯性式测振仪的结构原理图。在一个刚性外壳内，安装一个单自由度的有阻尼弹簧质量系统。根据质量块 m 相对于外壳的运动来判断被测振动物体的振动。

设测振仪的基座完全刚性地固定在振动物体上，与振动物体具有完全相同的运动规律。假定振动物体的位移为 $y = a\sin\omega t$，质量块的位移为 x，由牛顿第二定律可得到质量块的运动微分方程为

$$m\ddot{x} + c(\dot{x} - \dot{y}) + k(x - y) = 0 \tag{2.91}$$

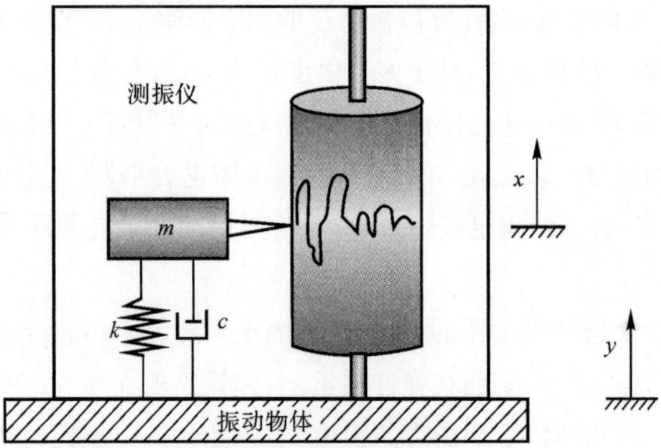

图 2.20　惯性式测振仪

由于仪器记录的是质量块与基座间的相对运动，令 $z = x - y$，则式(2.91)可改写为

$$m\ddot{z} + c\dot{z} + kz = -m\ddot{y} \tag{2.92}$$

即

$$m\ddot{z} + c\dot{z} + kz = ma\omega^2\sin\omega t \tag{2.93}$$

式(2.93)为简谐激励作用下的振动微分方程，故其解为

$$z = Z\sin(\omega t - \varphi) \tag{2.94}$$

式中

$$Z = \frac{ma\omega^2}{\sqrt{(k - m\omega^2)^2 + \omega^2 c^2}}$$

或

$$\frac{Z}{a} = \frac{\lambda^2}{\sqrt{(1-\lambda^2)^2 + (2\zeta\lambda)^2}} \tag{2.95}$$

而相位角为

$$\tan\varphi = \frac{2\zeta\lambda}{1-\lambda^2} \tag{2.96}$$

式(2.95)是设计振动测试仪器的基本依据。

2.5.1　位移传感器

位移传感器又称位移计，是将仪器指针的位移幅值 Z 作为输出的仪器。由式(2.95)，当 $\lambda \gg 1$ 时，有

$$Z = \frac{a}{\sqrt{\left(\frac{1}{\lambda^2} - 1\right)^2 + \left(\frac{2\zeta}{\lambda}\right)^2}} \approx a \tag{2.97}$$

这说明只要仪器固有频率 ω_0 比被测物体的振动频率 ω 充分低，则指针所指即可看作被测物体的实际振幅。位移传感器的幅频响应曲线如图 2.21 所示。从图中可以看出，在 $\lambda > 1$ 以后，曲线逐渐进入平坦区，并随着 λ 的增加而趋向于 1。这一平坦区就是位移计的使用频率范围。因

此，对于位移计来说，测量频率要大于传感器的自然频率。为了压低使用频率下限，一般引进 $\zeta=0.6\sim0.7$ 的阻尼比，这样，曲线在过了 $\lambda=1$ 之后，很快进入平坦区。位移计在其使用频率范围内，其内部惯性质量的相对振动位移的幅值接近于被测振动位移幅值。因此，它不允许测量超过其内部可动部分行程的振动位移。

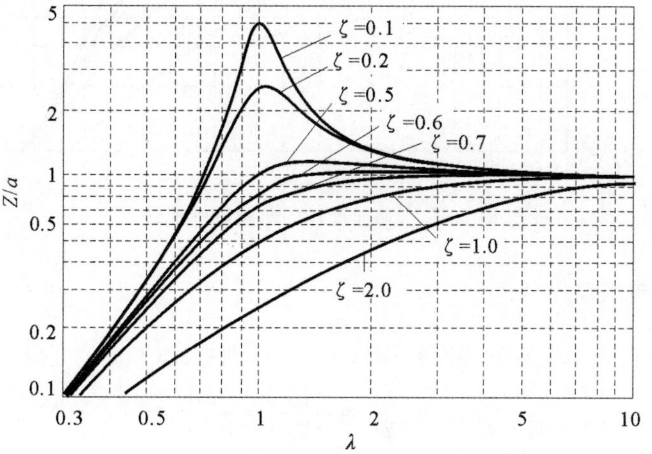

图 2.21　位移传感器的幅频响应曲线

2.5.2　加速度传感器

加速度传感器又称加速度计，是一种输出与被测振动物体加速度成正比的仪器。式(2.95)可改写为

$$Z=\frac{a\omega^2}{\omega_0^2}\frac{1}{\sqrt{(1-\lambda^2)^2+(2\zeta\lambda)^2}} \tag{2.98}$$

式中：$a\omega^2$ 为被测物体的加速度幅值。当 $\omega_0\gg\omega$ 时，则有

$$Z\approx\frac{a\omega^2}{\omega_0^2} \tag{2.99}$$

由此可见，只要仪器的固有频率远高于被测物体的振动频率，则仪器指针所指即可看作正比于被测物体的加速度幅值。因此，加速度传感器是一种高固有频率的仪器。目前广泛使用的压电晶体式加速度传感器的固有频率高达 5 000 Hz，可测冲击加速度达 10 000 g。

由式(2.98)，可作出 $\frac{Z\omega_0^2}{a\omega^2}$-$\lambda$ 曲线如图 2.22 所示。由图可见，若 $\zeta=0.65\sim0.70$，在 $\lambda<0.4$ 以后，$\frac{Z\omega_0^2}{a\omega^2}$ 就接近于 1。因此，合理选择阻尼可以扩大加速度传感器的频率使用范围的上限。

在振动试验中，有一种方法叫锤击法。用力锤敲击被测试的结构，力传感器测出敲击时的力信号，安装在结构上的加速度传感器测出结构的加速度响应信号。通过数据采集与分析系统求出系统的振动参数，如固有频率和阻尼比等。

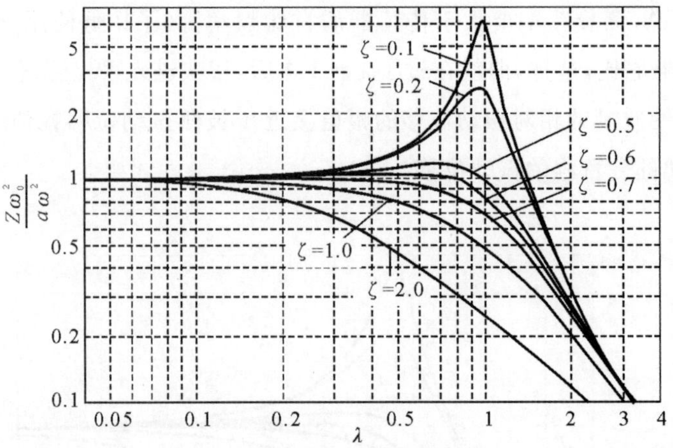

图 2.22　加速度计的幅频特性曲线

2.5.3　速度传感器

如果测试的频率等于仪器的固有频率，即 $\lambda = 1$，则由式(2.95)可得

$$Z = \frac{a\lambda}{2\zeta} = \frac{a\omega}{2\zeta\omega_0} = \frac{a\omega}{c/m} \tag{2.100}$$

速度传感器是输出与被测物体速度 $a\omega$ 成正比的仪器。由于 c/m 取决于阻尼系数，它对环境比较敏感，故给应用带来困难。

习　题

2.1　求图 2.23 所示系统的固有频率。

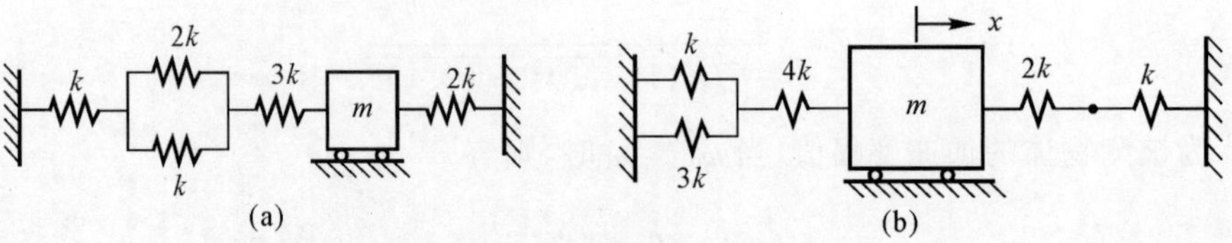

图 2.23　习题 2.1 图

2.2　求图 2.24 所示系统固有频率，摆球质量为 m。图(a)是一单摆，摆长 l。图(b)与图(c)中每个弹簧的刚度系数为 $\frac{k}{2}$，不计杆的自重。

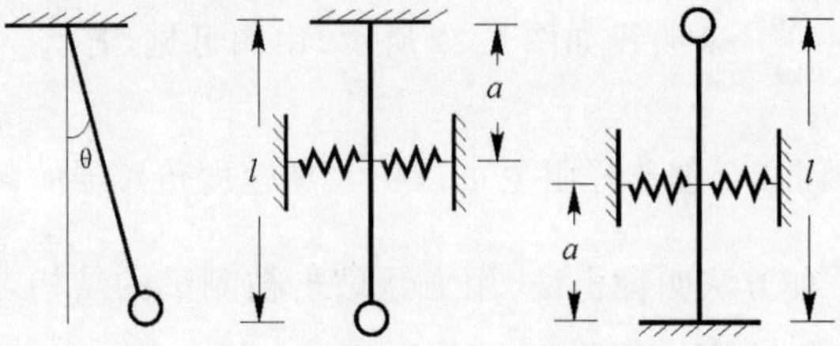

图 2.24　习题 2.2 图

2.3　求图 2.25 所示系统的固有频率，悬臂梁端点的等效刚度分别是 k_1 及 k_3，悬臂梁的质量忽略不计。

2.4　求图 2.26 所示质量为 m 的物体的周期，三个弹簧都呈铅垂状态，且 $k_2 = 2k_1$，$k_3 = 3k_1$。

2.5　质量为 m 的质点由长度为 l、质量为 m_1 的均质细杆约束在铅锤平面内作微幅摆动，如图 2.27 所示。求系统的固有频率。

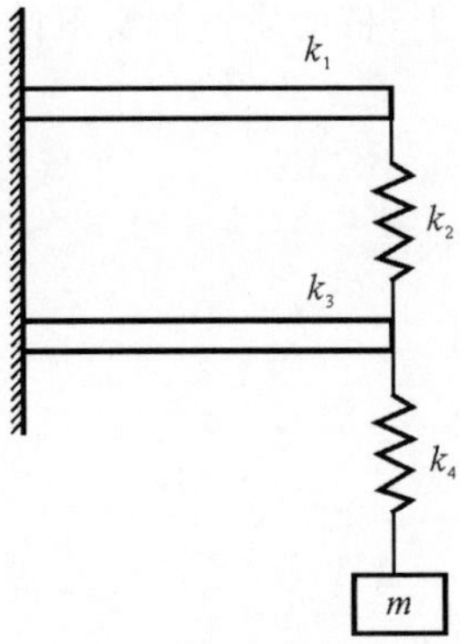

图 2.25　习题 2.3 图

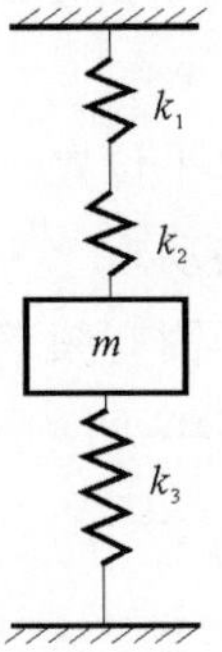

图 2.26　习题 2.4 图

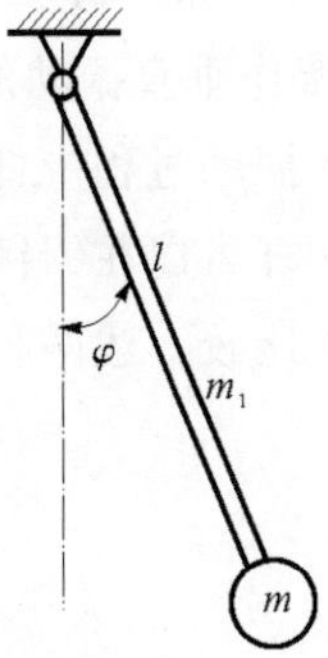

图 2.27　习题 2.5 图

2.6　质量为 m、半径为 R 的均质柱体在水平面上作无滑动的微幅滚动，在 $CA = a$ 的 A 点系有两根弹簧刚度为 k 的水平弹簧，如图 2.28 所示。求系统的固有频率。

2.7　在图 2.29 所示弹簧质量系统中，质量是 m 的物块 M 可以沿光滑水平导杆运动。已知：$m = 10\text{g}$，$k_1 = k_2 = 2\text{N/m}$。求系统的固有频率。假设振幅是 2cm，求 M 的最大加速度。

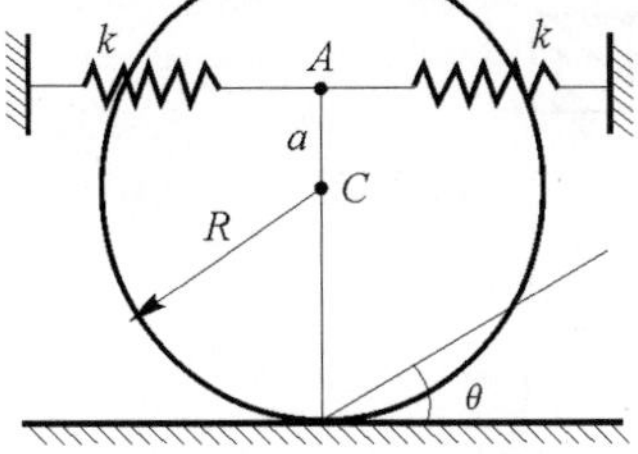

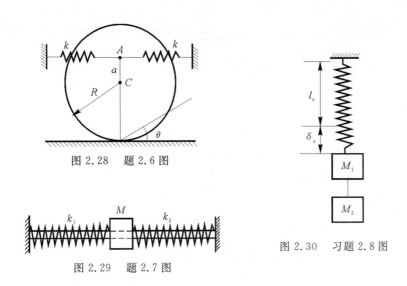

图 2.28　题 2.6 图

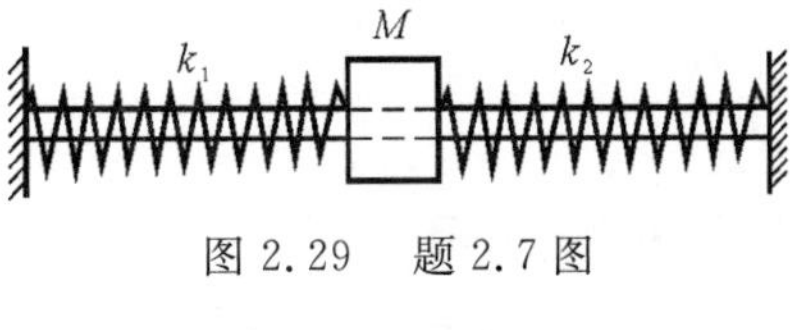

图 2.29　题 2.7 图

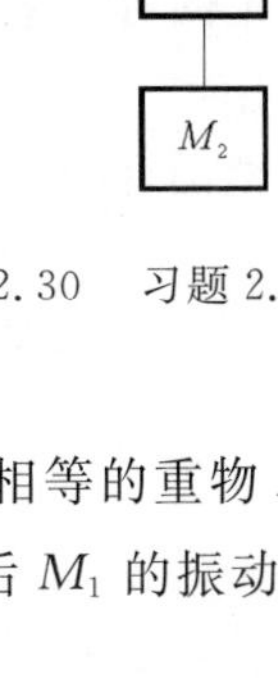

图 2.30　习题 2.8 图

2.8　图 2.30 所示弹簧的上端固定，下端悬挂两个质量相等的重物 M_1，M_2，当系统处于静平衡时，弹簧被拉长 $\delta_s = 4\text{cm}$。现在突然把 M_2 除去，求以后 M_1 的振动规律。

2.9　一弹簧质量系统沿光滑斜面作自由振动，如图 2.31 所示。试写出系统的振动微分方程，并求出其固有圆频率。

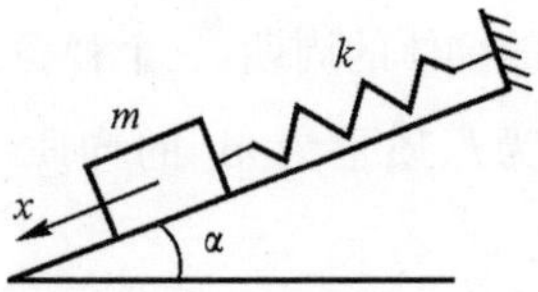

图 2.31　习题 2.9 图

2.10　如图 2.32 所示，一质量为 m 的小球连接在一刚性杆上，杆的质量忽略不计，求下列情况系统作垂直振动的固有频率：

(1) 振动过程中杆被约束保持水平位置；

(2) 杆可以在铅锤平面内微幅转动；

(3) 比较上述两种情况中哪种的固有频率较高，并说明理由。

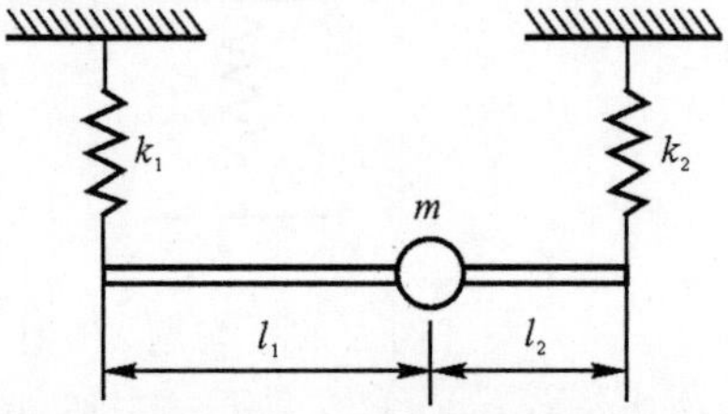

图 2.32　习题 2.10 图

2.11　如图 2.33 所示，一刚度系数为 k 的弹簧，上端固定，下端悬挂质量为 m 的物块 A，处于静平衡状态。质量为 M 的物块 B 自高度为 h 处自由下落，然后与 A 一起运动，试求其运动规律。

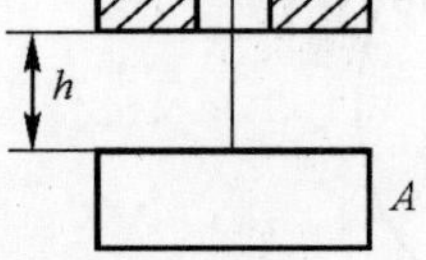

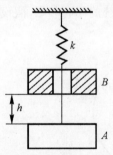

图 2.33　习题 2.11 图

2.12　质量为 m，长为 l 的均质杆和弹簧及阻尼器构成一振动系统，如图 2.34 所示。求：

(1) 系统的无阻尼固有频率；

(2) 系统的阻尼比；

(3) 系统的有阻尼固有频率。

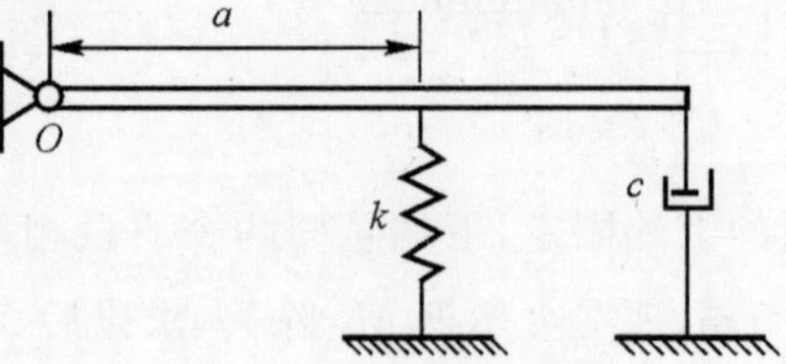

图 2.34　习题 2.12 图

2.13　如图 2.35 所示，刚性曲臂绕支点的转动惯量为 J_0，求系统的固有频率。

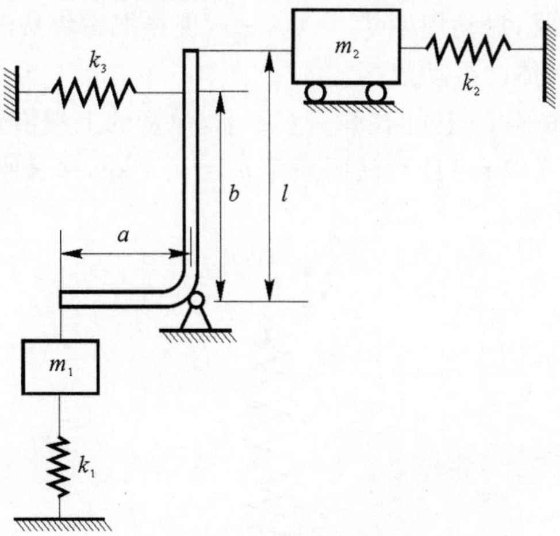

图 2.35　习题 2.13 图

2.14　图 2.36 所示，小球质量为 m，刚杆质量不计。试建立系统的运动微分方程，并求临界阻尼系数和阻尼固有频率。

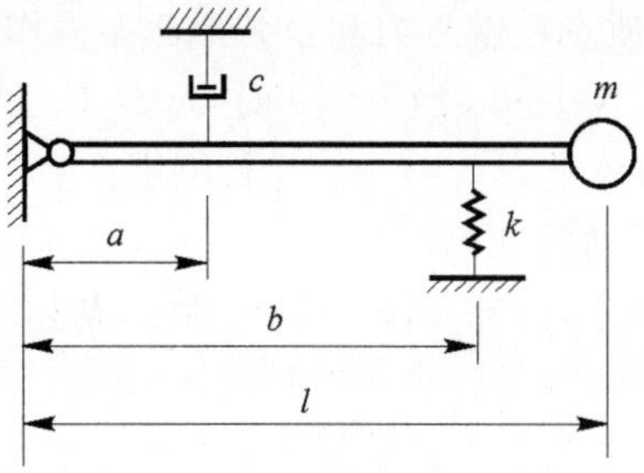

图 2.36　习题 2.14 图

2.15　导出图 2.37 所示弹簧与阻尼串联的单自由度系统的运动微分方程，并求出其振动解。

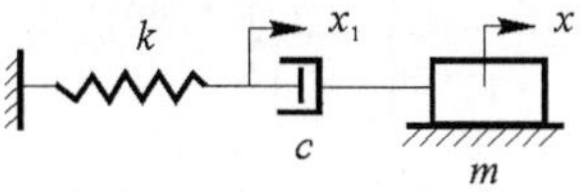

图 2.37　习题 2.15 图

2.16　重量为 P 的物体，挂在弹簧的下端，产生静伸长 δ_s。在上下运动时所遇到的阻力与速度 v 成正比。要保证物体不发生振动，求阻尼系数 c 的最小值。

2.17　在图 2.38 所示的弹簧质量系统中，在两个弹簧的连接处作用一激励 $F_0\sin\omega t$。试求质量块的振幅。

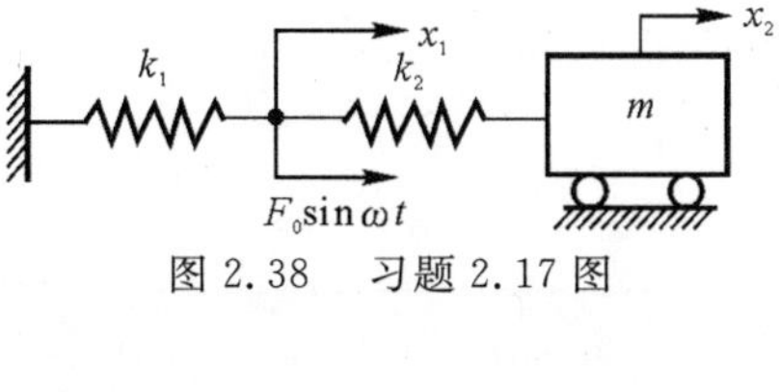

图 2.38　习题 2.17 图

2.18　在弹簧上悬挂质量 $m=6$ kg 的物块。当无阻力时，物块的振动周期是 $T=0.4\pi$ s；而在有正比于速度的阻力时，振动周期 $T_1=0.5\pi$ s。现在把物块从静平衡位置下拉 4 cm，然后无初速度地释放，求以后物体的振动规律。

2.19　图 2.39 所示砝码 M 悬挂在弹簧 CB 上，弹簧的上端沿铅直方向作简谐运动，$\xi=2\sin 7t$ cm(时间以 s 计，角度以 rad 计)。砝码质量 $m=0.4$ kg，弹簧刚度系数 $k=39.2$ N/m。求 M 对固定坐标的强迫振动。

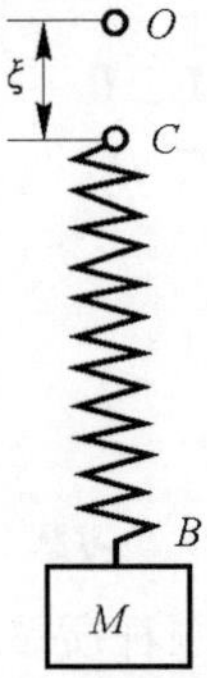

图 2.39　习题 2.19 图

2.20　质量 $m=2$ kg 的质点在恢复力和正弦形激振力作用下沿 x 轴运动。恢复力 $F_x=-8x$ N，激振力 $S_x=0.4\cos t$ N。已知：当 $t=0$ 时，$x_0=0$，试求质点的运动规律。

2.21　挂在弹簧下端的物体重为 0.49 kg，弹簧刚度系数为 0.20 kg/cm，求在铅垂激振力 $F=0.23\sin 8\pi t$ 作用下强迫振动的规律。

2.22　在图 2.40 所示系统中，已知 m，k_1，k_2，F_0 和 ω，初始时物块静止且两弹簧均为原长。求物块的运动规律。

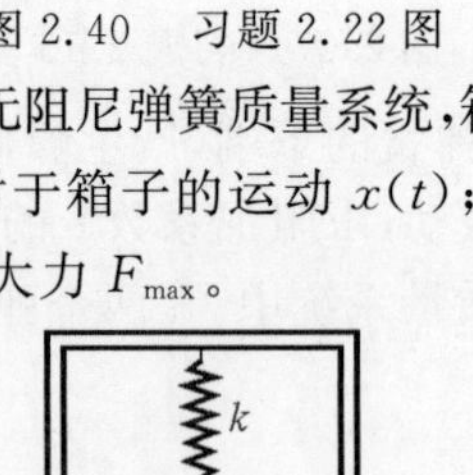

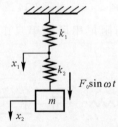

图 2.40　习题 2.22 图

2.23　如图 2.41 所示，箱中有一无阻尼弹簧质量系统，箱子由高 h 处静止自由下落。试求：

(1) 箱子下落过程中，质量块相对于箱子的运动 $x(t)$；

(2) 箱子落地后传到地面上的最大力 F_{max}。

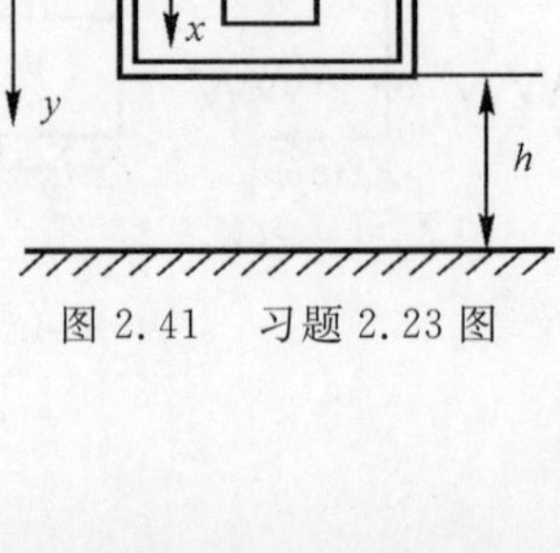

图 2.41　习题 2.23 图

第 3 章　二自由度系统的振动

第 2 章介绍了单自由度系统的振动，它是振动理论的基础，有广泛的应用价值。但在实际工程问题中，经常会遇到一些不能简化为单自由度系统的振动问题。因此有必要进一步研究多自由度系统的振动理论。

二自由度系统是指要用两个独立坐标描述系统任意瞬时其几何位置的振动系统。它是最简单的多自由度系统。二自由度系统的振动微分方程一般由两个相互耦合的微分方程组成。如果恰当地选取坐标，可使两个微分方程解除耦合，这种坐标称为主坐标或固有坐标，用主坐标建立的系统振动微分方程为两个独立的单自由度系统微分方程。

3.1　二自由度系统的自由振动

3.1.1　运动微分方程

图 3.1(a) 所示的双弹簧质量系统，质量块 m_1 与 m_2 在水平方向分别用刚度为 k_1 与 k_3 的弹簧连接于固定支点，中间用刚度为 k_2 的弹簧相互连接，沿光滑水平面作往复运动。确定 m_1 与 m_2 的位置需要两个独立坐标 x_1 和 x_2，分别取 m_1 与 m_2 的静平衡位置为两坐标的原点，在任一瞬时，质量块 m_1 和 m_2 在水平方向受力如图 3.1(b) 所示。

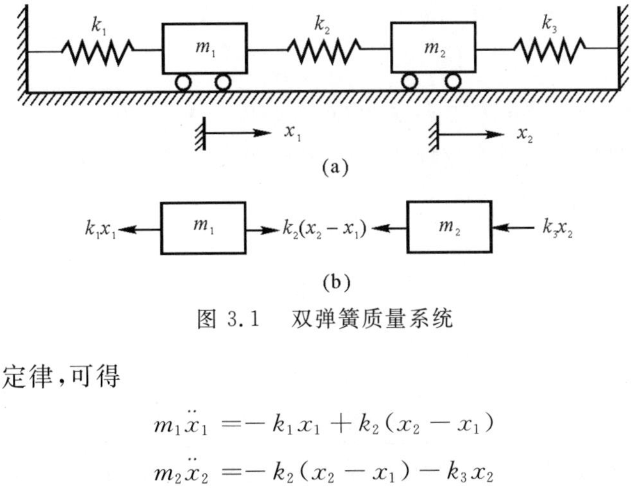

图 3.1　双弹簧质量系统

根据牛顿第二定律，可得

$$m_1\ddot{x}_1 = -k_1x_1 + k_2(x_2 - x_1)$$
$$m_2\ddot{x}_2 = -k_2(x_2 - x_1) - k_3x_2$$

整理,得

$$\left.\begin{aligned} m_1\ddot{x}_1 + (k_1 + k_2)x_1 - k_2x_2 = 0 \\ m_2\ddot{x}_2 - k_2x_1 + (k_2 + k_3)x_2 = 0 \end{aligned}\right\} \tag{3.1}$$

令 $a = \dfrac{k_1 + k_2}{m_1}, b = \dfrac{k_2}{m_1}, c = \dfrac{k_2}{m_2}, d = \dfrac{k_2 + k_3}{m_2}$,则式(3.1) 可表示为

$$\left.\begin{aligned} \ddot{x}_1 + ax_1 - bx_2 = 0 \\ \ddot{x}_2 - cx_1 + dx_2 = 0 \end{aligned}\right\} \tag{3.2}$$

式(3.2) 就是二自由度系统自由振动的微分方程,为二阶常系数线性齐次常微分方程组。

3.1.2　固有频率和主振型

下面来求解方程组式(3.2)。从单自由度系统振动理论可知,系统的无阻尼自由振动是简谐振动,据此假设方程组式(3.2) 的解为

$$\left.\begin{aligned} x_1 = A_1\sin(\omega t + \varphi) \\ x_2 = A_2\sin(\omega t + \varphi) \end{aligned}\right\} \tag{3.3}$$

式(3.3) 代表两个简谐振动,其中 A_1, A_2 分别为质量块 m_1 和 m_2 的振幅,ω 为频率,φ 为初相角,它们均为待求量。

将式(3.3) 代入式(3.2),得

$$\left.\begin{aligned} [(a-\omega^2)A_1 - bA_2]\sin(\omega t + \varphi) = 0 \\ [-cA_1 + (d-\omega^2)A_2]\sin(\omega t + \varphi) = 0 \end{aligned}\right\}$$

于是有

$$\left.\begin{aligned} (a-\omega^2)A_1 - bA_2 = 0 \\ -cA_1 + (d-\omega^2)A_2 = 0 \end{aligned}\right\} \tag{3.4}$$

要使 A_1, A_2 具有非零解,则方程组式(3.4) 的系数行列式必须等于零,即

$$\begin{vmatrix} a-\omega^2 & -b \\ -c & d-\omega^2 \end{vmatrix} = (a-\omega^2)(d-\omega^2) - bc = 0$$

或

$$(\omega^2)^2 - (a+d)\omega^2 + (ad - bc) = 0 \tag{3.5}$$

式(3.5) 称为二自由度系统的频率方程或特征方程。它是一个关于 ω^2 的一元二次代数方程,它的两个根为

$$\omega_{1,2}^2 = \frac{a+d}{2} \mp \sqrt{\left(\frac{a+d}{2}\right)^2 - (ad - bc)} \tag{3.6a}$$

即

$$\omega_{1,2}^2 = \frac{a+d}{2} \mp \sqrt{\left(\frac{a-d}{2}\right)^2 + bc} \tag{3.6b}$$

因为 a, b, c 与 d 都是正数,由式(3.6) 可知,ω_1^2 和 ω_2^2 均为正实数。ω_1^2 和 ω_2^2 的二次方根也一定为

正值。否则，问题将变得没有意义。故系统有两个频率 ω_1 与 ω_2，这两个频率仅取决于振动系统的质量和弹簧刚度，称为系统的固有频率。频率较低的 ω_1 称为第一阶固有频率，简称基频，而频率较高的 ω_2 称为第二阶固有频率。当系统按某个固有频率作自由振动时，称为主振动。对应于 ω_1 的主振动称为第一阶主振动，对应于 ω_2 的主振动称为第二阶主振动。

现在来求系统的主振型。将 ω_1^2 与 ω_2^2 代入式(3.4)，由式(3.5)可知，式(3.4)中两个方程彼此不独立，故不能完全确定振幅 A_1 与 A_2，但可以求出对应于每一个固有频率的振幅比：

$$r_1 = \frac{A_{21}}{A_{11}} = \frac{a-\omega_1^2}{b} = \frac{c}{d-\omega_1^2} \tag{3.7a}$$

$$r_2 = \frac{A_{22}}{A_{12}} = \frac{a-\omega_2^2}{b} = \frac{c}{d-\omega_2^2} \tag{3.7b}$$

式中：A_{11} 和 A_{21} 为对应于 ω_1 的质量块 m_1 和 m_2 的振幅；A_{12} 和 A_{22} 为对应于 ω_2 的质量块 m_1 和 m_2 的振幅。振幅向量

$$\boldsymbol{A}_1 = \begin{bmatrix} A_{11} \\ A_{21} \end{bmatrix} = A_{11}\begin{bmatrix} 1 \\ r_1 \end{bmatrix}, \quad \boldsymbol{A}_2 = \begin{bmatrix} A_{12} \\ A_{22} \end{bmatrix} = A_{12}\begin{bmatrix} 1 \\ r_2 \end{bmatrix}$$

反映了二自由度系统作主振动时的形态，称为振型向量(模态向量)或特征向量。$\boldsymbol{A}_1$ 称为第一阶主振型向量，$\boldsymbol{A}_2$ 称为第二阶主振型向量。

由式(3.6)可得

$$a-\omega_1^2 = \frac{a-d}{2} + \sqrt{\left(\frac{a-d}{2}\right)^2 + bc} > 0 \tag{3.8a}$$

$$a-\omega_2^2 = \frac{a-d}{2} - \sqrt{\left(\frac{a-d}{2}\right)^2 + bc} < 0 \tag{3.8b}$$

由式(3.8)可知：振幅比 $r_1 > 0$，这说明当系统以频率 ω_1 振动时，m_1 和 m_2 总是按同一方向运动；振幅比 $r_2 < 0$，这说明当系统以频率 ω_2 振动时，m_1 和 m_2 总是按相反方向运动。

3.1.3　系统对初始条件的响应

将第一阶固有频率 ω_1 代入式(3.3)，可得第一阶主振动为

$$\left.\begin{aligned} x_{11} &= A_{11}\sin(\omega_1 t + \varphi_1) \\ x_{21} &= r_1 A_{11}\sin(\omega_1 t + \varphi_1) \end{aligned}\right\} \tag{3.9}$$

将第二阶固有频率 ω_2 代入式(3.3)，可得第二阶主振动为

$$\left.\begin{aligned} x_{12} &= A_{12}\sin(\omega_2 t + \varphi_2) \\ x_{22} &= r_2 A_{12}\sin(\omega_2 t + \varphi_2) \end{aligned}\right\} \tag{3.10}$$

由微分方程理论可知，式(3.9)和式(3.10)仅是二自由度系统自由振动微分方程的两组特解，其通解是这两个特解的叠加，即

$$\left.\begin{aligned} x_1 &= A_{11}\sin(\omega_1 t + \varphi_1) + A_{12}\sin(\omega_2 t + \varphi_2) \\ x_2 &= r_1 A_{11}\sin(\omega_1 t + \varphi_1) + r_2 A_{12}\sin(\omega_2 t + \varphi_2) \end{aligned}\right\} \tag{3.11}$$

式中：未知量 A_{11}，A_{12}，φ_1，φ_2 需要由运动的初始条件来确定。

设初始条件为 $t=0$ 时，$x_1 = x_{10}$，$x_2 = x_{20}$，$\dot{x}_1 = \dot{x}_{10}$，$\dot{x}_2 = \dot{x}_{20}$，则有

$$\left.\begin{aligned}A_{11}&=\frac{1}{r_2-r_1}\sqrt{(x_{20}-r_2x_{10})^2+\left(\frac{r_2\dot{x}_{10}-\dot{x}_{20}}{\omega_1}\right)^2}\\A_{12}&=\frac{1}{r_1-r_2}\sqrt{(r_1x_{20}-x_{20})^2+\left(\frac{r_1\dot{x}_{10}-\dot{x}_{20}}{\omega_2}\right)^2}\\\varphi_1&=\arctan\frac{\omega_1(r_2x_{10}-x_{20})}{r_2\dot{x}_{10}-\dot{x}_{20}}\\\varphi_2&=\arctan\frac{\omega_2(r_1x_{10}-x_{20})}{r_1\dot{x}_{10}-\dot{x}_{20}}\end{aligned}\right\}\tag{3.12}$$

将式(3.12)代入式(3.11),可得系统对初始条件的响应。

3.1.4　振动特性讨论

1. 运动规律

二自由度无阻尼自由振动是由两个主振动合成的。两个主振动均为简谐振动,其合成不一定是简谐振动。机械振动中,各阶主振动所占比例由初始条件决定。由于低阶振型易被激发,故通常情况下总是低阶主振动占优势。

2. 频率和振型

二自由度系统有两个不同数值的固有频率,称为主频率。由式(3.6)可知,主频率仅取决于系统本身的物理性质而与运动的初始条件无关。

系统作主振动时,任何瞬时各点位移之间具有一定的相对比值,即整个系统具有确定的振动形态,称为主振型。主振型只取决于系统本身的物理性质而与初始条件无关,但它和固有频率密切相关,系统有几个固有频率就有几个主振型。用图形直观显示每一个固有振动时各个坐标之间的相互位置关系,称为振型图。

3. 节点

在二自由度系统的二阶主振型中存在一个零位移的点,这种始终保持不动的点称为节点。而第一阶主振型中不存在节点。对多自由度系统也是如此,而且主振型的阶数越高,则节点数也就越多。一般来说,第 i 阶主振型有 $i-1$ 个节点。在振动试验中,观察振型的节点数,常是判断第几阶振型的有效方法。

对于弹性体,节点已经不再是一个点,而是线或面,称为节线和节面。

例 3.1　考虑图 3.1 所示的系统,设 $m_1=m, m_2=2m, k_1=k_2=k, k_3=2k$,求系统的主振型。又若已知初始条件 $x_{10}=1.2, x_{20}=\dot{x}_{10}=\dot{x}_{20}=0$,试求系统的响应。

解:(1) 求系统的主振型。由式(3.5),系统的频率方程为

$$\Delta(\omega^2)=2m^2\omega^4-7mk\omega^2+5k^2=0\tag{a}$$

其根为

$$\left.\begin{aligned}\omega_1{}^2&=\left[\frac{7}{4}-\sqrt{\left(\frac{7}{4}\right)^2-\frac{5}{2}}\right]\frac{k}{m}=\frac{k}{m}\\\omega_2{}^2&=\left[\frac{7}{4}+\sqrt{\left(\frac{7}{4}\right)^2-\frac{5}{2}}\right]\frac{k}{m}=\frac{5}{2}\frac{k}{m}\end{aligned}\right\}\tag{b}$$

系统的固有频率为

$$\omega_1=\sqrt{\frac{k}{m}},\quad \omega_2=1.5811\sqrt{\frac{k}{m}} \tag{c}$$

将式(b) 代入式(3.7),可得

$$\left.\begin{aligned} r_1&=\frac{A_{21}}{A_{11}}=-\frac{2k-(k/m)m}{-k}=1\\ r_2&=\frac{A_{22}}{A_{12}}=-\frac{2k-(5k/2m)m}{-k}=-0.5\end{aligned}\right\} \tag{d}$$

则主振型向量为

$$\boldsymbol{A}_1=\begin{bmatrix}A_{11}\\A_{21}\end{bmatrix}=\begin{bmatrix}1\\1\end{bmatrix},\quad \boldsymbol{A}_2=\begin{bmatrix}A_{12}\\A_{22}\end{bmatrix}=\begin{bmatrix}1\\-0.5\end{bmatrix} \tag{e}$$

以横坐标表示系统各点的静平衡位置,纵坐标表示主振型中各元素,画出主振型图如图 3.2 所示,第二阶振型有一个节点。

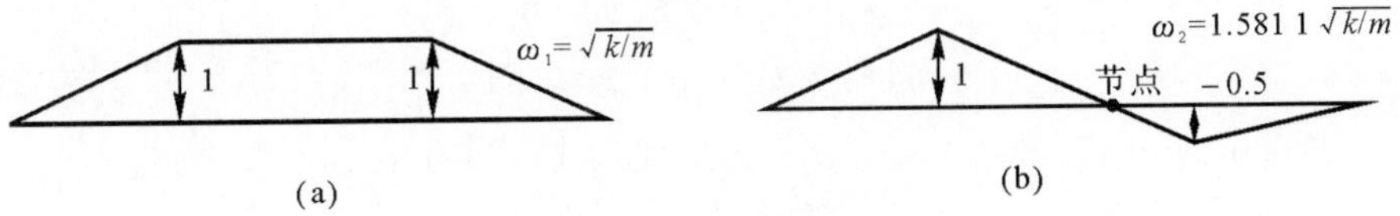

图 3.2　振型图

(2) 求系统的响应。根据给定的初始条件,代入式(3.12) 得

$$A_{11}=0.4,\quad A_{12}=0.8,\quad \varphi_1=\frac{\pi}{2},\quad \varphi_2=\frac{\pi}{2}$$

故系统的响应为

$$x_1=0.4\cos\sqrt{\frac{k}{m}}t+0.8\cos 1.5811\sqrt{\frac{k}{m}}t$$

$$x_2=0.4\cos\sqrt{\frac{k}{m}}t-0.4\cos 1.5811\sqrt{\frac{k}{m}}t$$

例 3.2　图 3.3 (a) 所示为一车辆振动的力学模型。车辆振动是一个相当复杂的多自由度问题,如果只考虑车体作上下振动与俯仰振动,可以把车辆简化为二自由度的振动系统,即简化为一刚体(车体) 支承在弹簧(悬挂弹簧和轮胎) 上在平面内的振动问题。已知车体质量为 m,绕质心轴的回转半径为 ρ,两端弹簧刚度为 k_1 和 k_2,质心 C 与弹簧 k_1、k_2 的距离分别为 l_1 及 l_2,试求系统的固有频率与振幅比。

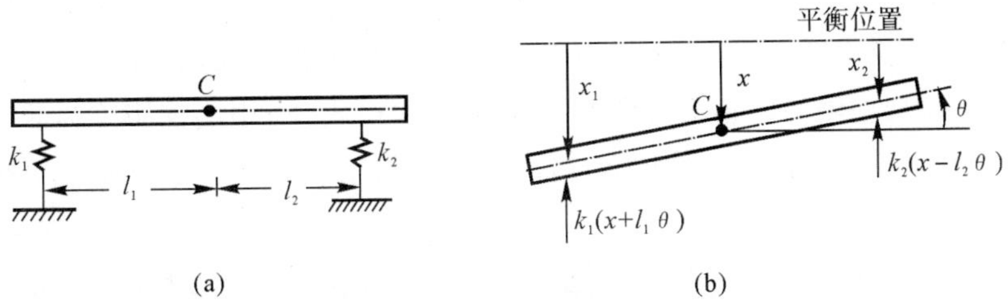

图 3.3　车辆振动模型

解:如图 3.3(b) 所示,取车体质心 C 的铅垂向坐标 x 和绕横向水平质心轴的转角 θ 为广义坐标,坐标原点取静平衡位置。在任一瞬时刚体发生微小位移 x 与 θ,则前后弹簧变形分别为 $(x+l_1\theta)$ 与 $(x-l_2\theta)$。根据牛顿第二定律有

$$\left.\begin{aligned} m\ddot{x} &= -k_1(x+l_1\theta)-k_2(x-l_2\theta) \\ J_C\ddot{q} &= -k_1l_1(x+l_1\theta)+k_2l_2(x-l_2\theta) \end{aligned}\right\} \tag{a}$$

移项可得

$$\left.\begin{aligned} m\ddot{x}+(k_1+k_2)x-(k_2l_2-k_1l_1)\theta=0 \\ J_C\ddot{\theta}-(k_2l_2-k_1l_1)x+(k_1l_1^2+k_2l_2^2)\theta=0 \end{aligned}\right\} \tag{b}$$

写成矩阵形式为

$$\begin{bmatrix} m & 0 \\ 0 & J_C \end{bmatrix}\begin{bmatrix} \ddot{x} \\ \ddot{\theta} \end{bmatrix}+\begin{bmatrix} k_1+k_2 & -(k_2l_2-k_1l_1) \\ -(k_2l_2-k_1l_1) & k_1l_1^2+k_2l_2^2 \end{bmatrix}\begin{bmatrix} x \\ \theta \end{bmatrix}=\begin{bmatrix} 0 \\ 0 \end{bmatrix} \tag{c}$$

令 $k_{11}=k_1+k_2$,$k_{12}=k_{21}=-(k_2l_2-k_1l_1)$,$k_{22}=k_1l_1^2+k_2l_2^2$,并注意到 $J_C=m\rho^2$,则式(b) 简化为

$$\left.\begin{aligned} m\ddot{x}+k_{11}x+k_{12}\theta=0 \\ m\rho^2\ddot{\theta}+k_{21}x+k_{22}\theta=0 \end{aligned}\right\} \tag{d}$$

设 $x=A_1\sin(\omega t+\varphi)$,$\theta=A_2\sin(\omega t+\varphi)$, 代入式(d),有

$$\left.\begin{aligned} (k_{11}-\omega^2m)A_1+k_{12}A_2=0 \\ k_{21}A_1+(k_{22}-\omega^2m\rho^2)A_2=0 \end{aligned}\right\} \tag{e}$$

特征方程为

$$m^2\rho^2\omega^4-(k_{11}m\rho^2+k_{22}m)\omega^2+k_{11}k_{22}-k_{12}^2=0$$

最后求出系统的固有频率及振幅比为

$$\omega_{1,2}^2=\frac{1}{2}\frac{(k_{11}\rho^2+k_{22})}{m\rho^2}\mp\frac{1}{2}\sqrt{\left(\frac{k_{11}\rho^2+k_{22}}{m\rho^2}\right)^2-4\frac{k_{11}k_{22}-k_{12}^2}{m^2\rho^2}}$$

$$r_1=\frac{A_2^{(1)}}{A_1^{(1)}}=-\frac{k_{12}}{k_{11}-\omega_1^2m}=-\frac{k_{22}-\omega_1^2m\rho^2}{k_{21}}$$

$$r_2=\frac{A_2^{(2)}}{A_1^{(2)}}=-\frac{k_{12}}{k_{11}-\omega_2^2m}=-\frac{k_{22}-\omega_2^2m\rho^2}{k_{21}}$$

若 $r_1>0$,$r_2<0$,则在第一阶主振动时 x 与 θ 是同方向的,而在第二阶主振动时 x 与 θ 是反方向的。

3.1.5 耦合与主坐标

一般情况下,二自由度系统振动微分方程组中都会出现耦合项,如在例 3.2 中,以刚体质心垂直位移 x 和绕质心轴的转角 θ 为坐标,得到的方程组式(c) 中刚度矩阵为非对角矩阵,即在弹性恢复力项出现耦合,称为弹性耦合或静力耦合。振动微分方程通过质量项来耦合,称为动力耦合或惯性耦合。

现在以弹簧支承处的位移 x_1 与 x_2 为独立坐标来建立振动微分方程,由图 3.3(b) 可见,x_1 与 x_2 和 x 与 θ 之间有如下关系:

$$x_1 = x + l_1\theta, \quad x_2 = x - l_2\theta$$

变换后，得

$$x = \frac{l_2 x_1 + l_1 x_2}{l_1 + l_2}, \quad \theta = \frac{x_1 - x_2}{l_1 + l_2} \tag{3.13}$$

将式(3.13)代入例 3.2 中的关系式(b)中，整理后，得

$$\left.\begin{aligned} ml_2\ddot{x}_1 + ml_1\ddot{x}_2 + k_1(l_1+l_2)x_1 + k_2(l_1+l_2)x_2 = 0 \\ J_C\ddot{x}_1 - J_C\ddot{x}_2 + k_1l_1(l_1+l_2)x_1 - k_2l_2(l_1+l_2)x_2 = 0 \end{aligned}\right\} \tag{3.14}$$

式(3.14)中既有坐标 x_1 和 x_2 的静力耦合，又包含加速度 $\ddot{x}_1$ 和 $\ddot{x}_2$ 的动力耦合。

由此可见，耦合特性取决于所选用的坐标系，不同的坐标系将对应于不同的坐标耦合。如果选取的坐标恰好可使微分方程中的耦合项全等于零，既无静力耦合又无动力耦合，这时的坐标就称为主坐标。如果一开始就用主坐标建立微分方程，对于计算系统的固有频率是比较方便的，因为坐标的变换并不影响固有频率的计算值。但实际问题往往并不容易找到主坐标，只有在经过分析后刻意选取，才可能找到主坐标。如例 3.2，在设计中如果满足条件 $l_2k_2 = l_1k_1$，则振动微分方程中无耦合项，那么 x 与 θ 就是主坐标。或者如果满足条件 $\rho^2 = l_1l_2$，则这时弹簧支承处的 x_1，x_2 也就是主坐标。只要将式(3.14)中第一式乘以 ρ^2，分别与第二式乘以 l_1 相加及与第二式乘以 l_2 相减，可得

$$\left.\begin{aligned} m\rho^2\dot{x}_1 + k_1(l_1^2+\rho^2)x_1 + k_2(\rho^2 - l_1l_2)x_2 = 0 \\ m\rho^2 x_2 + k_1(\rho^2 - l_1l_2)x_1 + k_2(\rho^2 + l_2^2)x_2 = 0 \end{aligned}\right\} \tag{3.15}$$

在 $\rho^2 = l_1l_2$ 的条件下，式(3.15)中将无耦合项，此时 x_1 与 x_2 即为主坐标。

3.2　二自由度系统的强迫振动

考虑图 3.4(a)所示的二自由度系统的强迫振动。质量块 m_1 和 m_2 沿光滑水平面平移，其坐标分别为 x_1 和 x_2，弹簧刚度分别为 k_1，k_2，k_3，阻尼分别为 c_1，c_2，c_3，分别受简谐激振力 $F_1(t) = F_1e^{i\omega t}$，$F_2(t) = F_2e^{i\omega t}$ 的作用。

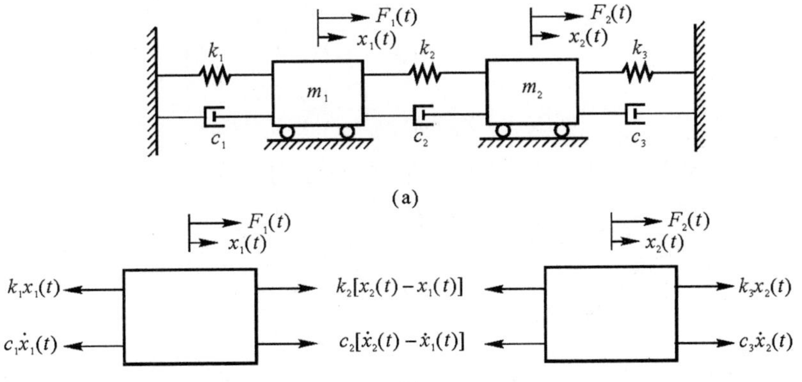

图 3.4　二自由度系统模型

取两质量块为研究对象，水平方向受力如图 3.4(b) 所示，根据牛顿第二定律，得系统的振动微分方程为

$$\left.\begin{aligned} m_1\ddot{x}_1+(c_1+c_2)\dot{x}_1-c_2\dot{x}_2+(k_1+k_2)x_1-k_2x_2=F_1(t)\\ m_2\ddot{x}_2-c_2\dot{x}_1+(c_2+c_3)\dot{x}_2-k_2x_1+(k_2+k_3)x_2=F_2(t)\end{aligned}\right\} \tag{3.16}$$

设系统的稳态响应为

$$x_1(t)=X_1\mathrm{e}^{\mathrm{i}\omega t},\quad x_2(t)=X_2\mathrm{e}^{\mathrm{i}\omega t} \tag{3.17}$$

式中：X_1,X_2 为与激振力频率 ω 和系统参数有关的复变函数。将激振力及式(3.17) 代入式(3.16)，并记 $k_1+k_2=k_{11},k_{12}=k_{21}=-k_2,k_{22}=k_2+k_3,m_{11}=m_1,m_{12}=m_{21}=0,m_{22}=m_2,c_{11}=c_1+c_2,c_{12}=c_{21}=-c_2,c_{22}=c_2+c_3$，得代数方程组

$$\left.\begin{aligned}(-\omega^2m_{11}+\mathrm{i}\omega c_{11}+k_{11})X_1+(-\omega^2m_{12}+\mathrm{i}\omega c_{12}+k_{12})X_2=F_1\\ (-\omega^2m_{12}+\mathrm{i}\omega c_{12}+k_{12})X_1+(-\omega^2m_{22}+\mathrm{i}\omega c_{22}+k_{22})X_2=F_2\end{aligned}\right\} \tag{3.18}$$

引入表达式

$$Z_{ij}(\omega)=-\omega^2m_{ij}+\mathrm{i}\omega c_{ij}+k_{ij},\quad i,j=1,2 \tag{3.19}$$

式(3.19) 表示成矩阵形式为

$$\boldsymbol{Z}(\omega)\boldsymbol{X}=\boldsymbol{F} \tag{3.20}$$

式中：$\boldsymbol{X}$ 为位移幅值向量；$\boldsymbol{F}$ 为激振力幅值向量；对称矩阵 $\boldsymbol{Z}(\omega)$ 称为阻抗矩阵，其元素称为机械阻抗。由式(3.20)，得

$$\boldsymbol{X}=\boldsymbol{Z}^{-1}(\omega)\boldsymbol{F} \tag{3.21}$$

式中

$$\begin{aligned}\boldsymbol{Z}^{-1}(\omega)&=\frac{1}{\det\boldsymbol{Z}(\omega)}\begin{bmatrix}Z_{22}(\omega) & -Z_{12}(\omega)\\ -Z_{12}(\omega) & Z_{11}(\omega)\end{bmatrix}\\ &=\frac{1}{Z_{11}(\omega)Z_{22}(\omega)-Z_{12}{}^2(\omega)}\begin{bmatrix}Z_{22}(\omega) & -Z_{12}(\omega)\\ -Z_{12}(\omega) & Z_{11}(\omega)\end{bmatrix}\end{aligned} \tag{3.22}$$

由此可得

$$\left.\begin{aligned}X_1(\omega)=\frac{Z_{22}(\omega)F_1-Z_{12}(\omega)F_2}{Z_{11}(\omega)Z_{22}(\omega)-Z_{12}{}^2(\omega)}\\ X_2(\omega)=\frac{-Z_{12}(\omega)F_1+Z_{11}(\omega)F_2}{Z_{11}(\omega)Z_{22}(\omega)-Z_{12}{}^2(\omega)}\end{aligned}\right\} \tag{3.23}$$

将式(3.23) 代入式(3.17)，得二自由度系统受简谐激振力的稳态响应的复数表达式，即

$$\left.\begin{aligned}x_1(t)=X_1\mathrm{e}^{\mathrm{i}\omega t}=\frac{Z_{22}(\omega)F_1-Z_{12}(\omega)F_2}{Z_{11}(\omega)Z_{22}(\omega)-Z_{12}^2(\omega)}\mathrm{e}^{\mathrm{i}\omega t}\\ x_2(t)=X_2\mathrm{e}^{\mathrm{i}\omega t}=\frac{-Z_{21}(\omega)F_1+Z_{11}(\omega)F_2}{Z_{11}(\omega)Z_{22}(\omega)-Z_{12}^2(\omega)}\mathrm{e}^{\mathrm{i}\omega t}\end{aligned}\right\} \tag{3.24}$$

例 3.3 考虑图 3.1 所示的系统，已知 $m_1=m,m_2=2m,k_1=k_2=k,k_3=2k,F_1(t)=F_1\sin\omega t,F_2=0$。试绘制系统的频率响应曲线。

解：根据已知条件，由式(3.19) 可得

$$\begin{cases} Z_{11}(\omega) = k_{11} - \omega^2 m_1 = 2k - \omega^2 m \\ Z_{12}(\omega) = Z_{21}(\omega) = k_{12} = -k \\ Z_{22}(\omega) = k_{22} - \omega^2 m_2 = 3k - 2\omega^2 m \end{cases}$$

将上式代入式(3.23)得

$$\left.\begin{aligned} X_1(\omega) &= \frac{(3k - 2m\omega^2)F_1}{2m^2\omega^4 - 7mk\omega^2 + 5k^2} \\ X_2(\omega) &= \frac{kF_1}{2m^2\omega^4 - 7mk\omega^2 + 5k^2} \end{aligned}\right\} \tag{a}$$

$X_1(\omega)$ 和 $X_2(\omega)$ 表达式的分母为特征行列式，即

$$\Delta(\omega^2) = 2m^2\omega^4 - 7mk\omega^2 + 5k^2 = 2m^2(\omega^2 - \omega_1{}^2)(\omega^2 - \omega_2{}^2) \tag{b}$$

式中

$$\omega_1{}^2 = \frac{k}{m}, \quad \omega_2{}^2 = \frac{5}{2}\frac{k}{m} \tag{c}$$

为系统固有频率的二次方。这样式(a) 可以表示为

$$\left.\begin{aligned} X_1(\omega) &= \frac{2F_1}{5k}\frac{3/2 - (\omega/\omega_1)^2}{[1 - (\omega/\omega_1)^2][1 - (\omega/\omega_2)^2]} \\ X_2(\omega) &= \frac{F_1}{5k}\frac{1}{[1 - (\omega/\omega_1)^2][1 - (\omega/\omega_2)^2]} \end{aligned}\right\} \tag{d}$$

图 3.5 所示为系统的频率响应曲线，即 $X_1(\omega)$ 和 $X_2(\omega)$ 随 ω/ω_1 的变化曲线。

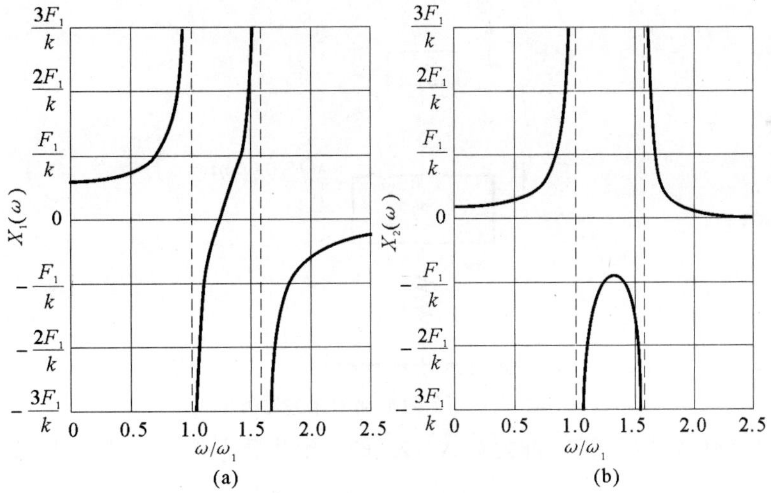

图 3.5　频率响应曲线

由图 3.5 可见：

(1) 当 $\omega/\omega_1 = 1$ 和 $\omega/\omega_1 = \sqrt{\dfrac{5}{2}} = 1.581\ 7$ 时，X_1 和 X_2 均趋于无穷大，即无阻尼二自由度系统存在两个共振频率。

(2) 当 $3/2 - (\omega/\omega_1)^2 = 0$，即 $\omega/\omega_1 = 1.224\ 7$ 时，质量块 m_1 的振幅为 0，这种现象称为反共振或动力消振。

3.3　动力减振器

机器在工作时，由于没有完全平衡或其他原因，往往会产生振动，从而在零部件中引起附加动应力。在某些条件下还会引起共动，振幅急剧增大。这时需要采取措施以消除或减轻其振动，否则机器将无法正常工作。为了防止或限制振动带来的危害和影响，目前消振和减振比较有效的方法包括减弱或消除振源、避开共振区、阻尼消振、动力吸振和隔振等。本节仅讨论动力吸振的基本原理。

动力吸振是利用多自由度系统中的反共振特性，将振动能量转移到附加减振器来减小主结构的振动。

3.3.1　无阻尼动力减振器

考虑图3.6所示系统，由质量块 m_1 和弹簧 k_1 组成的系统为主系统，由质量块 m_2 和弹簧 k_2 组成的附加系统称为减振器。合成系统的运动微分方程为

$$\left.\begin{aligned} m_1\ddot{x}_1 + (k_1 + k_2)x_1 - k_2x_2 &= F_1\sin\omega t \\ m_2\ddot{x}_2 - k_2x_1 + k_2x_2 &= 0 \end{aligned}\right\} \tag{3.25}$$

设式(3.25)的解为

$$x_1(t) = X_1\sin\omega t\ ,\quad x_2(t) = X_2\sin\omega t \tag{3.26}$$

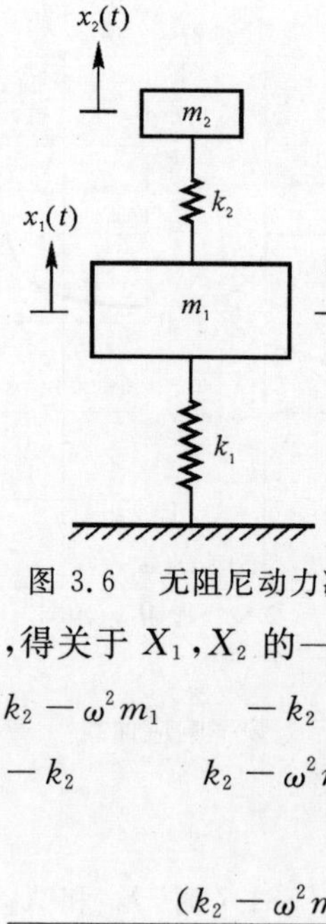

图 3.6　无阻尼动力减振器模型

将式(3.26)代入式(3.25)，得关于 X_1，X_2 的一组代数方程，写成矩阵形式为

$$\begin{bmatrix} k_1 + k_2 - \omega^2 m_1 & -k_2 \\ -k_2 & k_2 - \omega^2 m_2 \end{bmatrix}\begin{bmatrix} X_1 \\ X_2 \end{bmatrix} = \begin{bmatrix} F_1 \\ 0 \end{bmatrix} \tag{3.27}$$

解得

$$\left.\begin{aligned} X_1 &= \frac{(k_2 - \omega^2 m_2)F_1}{(k_1 + k_2 - \omega^2 m_1)(k_2 - \omega^2 m_2) - k_2{}^2} \\ X_2 &= \frac{k_2F_1}{(k_1 + k_2 - \omega^2 m_1)(k_2 - \omega^2 m_2) - k_2{}^2} \end{aligned}\right\} \tag{3.28}$$

引入符号：

$\omega_0 = \sqrt{\dfrac{k_1}{m_1}}$,为主系统的固有频率;$\omega_a = \sqrt{\dfrac{k_2}{m_2}}$,为减振器的固有频率;

$x_{st} = \dfrac{F_1}{k_1}$,为主系统的静变形;$\mu = \dfrac{m_2}{m_1}$,为减振器质量和主系统质量之比。

则式(3.28)可以表示为

$$X_1 = \frac{[1-(\omega/\omega_a)^2]x_{st}}{[1+\mu(\omega_a/\omega_0)^2-(\omega/\omega_0)^2][1-(\omega/\omega_a)^2]-\mu(\omega_a/\omega_0)^2} \tag{3.29a}$$

$$X_2 = \frac{x_{st}}{[1+\mu(\omega_a/\omega_0)^2-(\omega/\omega_0)^2][1-(\omega/\omega_0)^2]-\mu(\omega_a/\omega_0)^2} \tag{3.29b}$$

由式(3.29a)可知,当激振力频率 $\omega=\omega_a$ 时,主系统的振幅 X_1 为零,可见减振器是能起到吸振作用的。

当 $\omega=\omega_a$ 时,减振器质量块 m_2 的振幅为

$$X_2 = -\left(\frac{\omega_0}{\omega_a}\right)^2\frac{x_{st}}{\mu} = -\frac{F_1}{k_2} \tag{3.30}$$

将式(3.30)代入式(3.26)的第二式可得

$$x_2(t) = -\frac{F_1}{k_2}\sin\omega t \tag{3.31}$$

由此得到减振器弹簧力为

$$k_2x_2(t) = -F_1\sin\omega t \tag{3.32}$$

可见减振器作用于主系统上的力为 $-F_1\sin\omega t$,它正好平衡了主系统受到的力 $F_1\sin\omega t$。

图 3.7 所示为主系统的频率响应曲线,从图中可以看出,当 $\omega=\omega_a$ 时,$X_1=0$,主系统保持不动,图中阴影线部分为减振器的设计范围,在此范围内,吸振效果良好。动力减振器的缺点是附加减振器后,系统由单自由度变为二自由度,出现了两个共振频率。动力减振器一般只适应于激振频率比较稳定的情形。

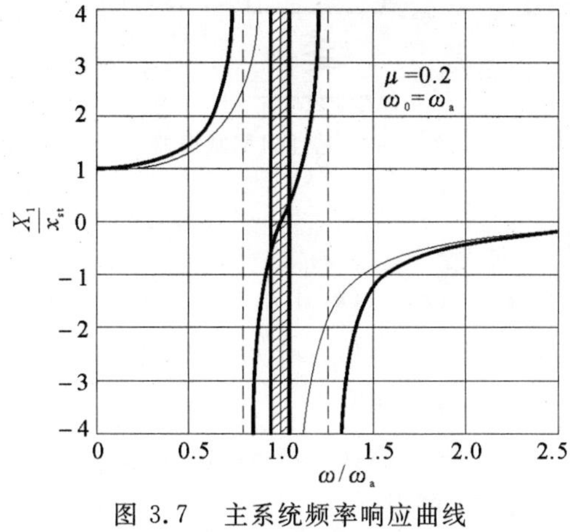

图 3.7　主系统频率响应曲线

例 3.4　图 3.8 所示安装在梁上的旋转机器,由于转子的不平衡,在 1 450 r/min 时,发生剧烈的上下振动。需要在梁上安装动力减振器,试求减振器弹簧系数 k_a 与质量 m_a。已知不平衡力的最大值 F 为 117.7 N,并要求减振器质量的振幅不超过 0.1 cm。

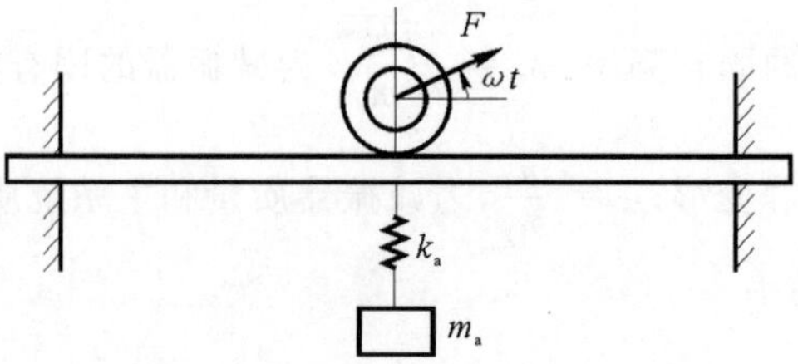

图 3.8　安装在梁上的旋转机器

解：机器与梁的共振频率为

$$\omega = \frac{1\ 450}{60} \times 2\pi = 152\ \text{rad/s}$$

$$k_a = \frac{F}{X_2} = \frac{117.7}{0.1 \times 10^{-2}}\ \text{N/m} = 1.177 \times 10^5\ \text{N/m}$$

$$m_a = \frac{k_a}{\omega^2} = \frac{1.177 \times 10^5}{152^2}\ \text{kg} = 5.1\ \text{kg}$$

3.3.2　有阻尼动力减振器

无阻尼减振器是为了在某个给定的频率消除主系统的振动而设计的，适用于激振力频率不变或稍有变动的工作设备。但有些设备的运转速率是可变的，因而产生不同频率的振动，对于这类设备可以采用图 3.9 所示黏性阻尼减振器来降低其振动程度。质量块 m_1、弹簧 k_1 组成的系统是主系统。质量块 m_2、弹簧 k_2 和黏性阻尼器 c 组成的系统称为有阻尼动力减振器。$F_1 e^{i\omega t}$ 为作用在主系统上的激振力。

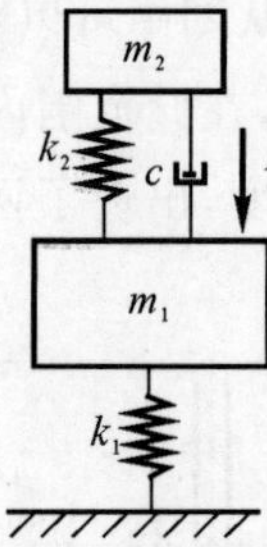

图 3.9　黏性阻尼减振器

系统的振动微分方程为

$$\left.\begin{aligned} m_1\ddot{x}_1 + c\dot{x}_1 - c\dot{x}_2 + (k_1 + k_2)x_1 - k_2 x_2 = F_1 e^{i\omega t} \\ m_2\ddot{x}_2 - c\dot{x}_1 + c\dot{x}_2 - k_2 x_1 + k_2 x_2 = 0 \end{aligned}\right\} \tag{3.33}$$

只考虑稳态振动。设式(3.33)的特解为

$$x_1(t) = X_1 e^{i\omega t},\ x_2(t) = X_2 e^{i\omega t} \tag{3.34}$$

式中：X_1，X_2 是实数。则由式(3.23)可得

$$X_1 = \frac{F_1}{\det \mathbf{Z}(\omega)}[k_2 - \omega^2 m_2 + i\omega c] \tag{3.35}$$

$$X_2 = \frac{F_1}{\det \mathbf{Z}(\omega)}[k_2 + i\omega c] \tag{3.36}$$

式中

$$\det\boldsymbol{Z}(\omega)=\begin{vmatrix}k_1+k_2-\omega^2m_1+\mathrm{i}\omega c & -(k_2+\mathrm{i}\omega c)\\ -(k_2+\mathrm{i}\omega c) & k_2-\omega^2m_2+\mathrm{i}\omega c\end{vmatrix}$$

$$=(k_1-\omega^2m_1)(k_2-\omega^2m_2)-\omega^2k_2m_2+\mathrm{i}\omega c(k_1-\omega^2m_1-\omega^2m_2)$$

则有

$$X_1=F_1\sqrt{\frac{(k_2-\omega^2m_2)^2+\omega^2c^2}{[(k_1-\omega^2m_1)(k_2-\omega^2m_2)-\omega^2k_2m_2]^2+\omega^2c^2\ (k_1-\omega^2m_1-\omega^2m_2)^2}} \tag{3.37}$$

$$X_2=F_1\sqrt{\frac{k_2^2+\omega^2c^2}{[(k_1-\omega^2m_1)(k_2-\omega^2m_2)-\omega^2k_2m_2]^2+\omega^2c^2\ (k_1-\omega^2m_1-\omega^2m_2)^2}} \tag{3.38}$$

引入符号：

$$\omega_1=\sqrt{\frac{k_1}{m_1}},\ \omega_2=\sqrt{\frac{k_2}{m_2}},\ x_{\mathrm{st}}=\frac{F_1}{k_1},\ \mu=\frac{m_2}{m_1},\ \alpha=\frac{\omega_2}{\omega_1},\ \lambda=\frac{\omega}{\omega_1},\ \zeta=\frac{c}{2m_2\omega_1}$$

将式(3.37)表示成无量纲形式为

$$\frac{X_1}{x_{\mathrm{st}}}=\sqrt{\frac{(\alpha^2-\lambda^2)^2+(2\zeta\lambda)^2}{[(1-\lambda^2)(\alpha^2-\lambda^2)-\mu\alpha^2\lambda^2]^2+(2\zeta\lambda)^2\ (1-\lambda^2-\mu\lambda^2)^2}} \tag{3.39}$$

图 3.10 为对应于 $\mu=\dfrac{1}{20}$，$\alpha=1$ 的主系统振幅频率响应曲线。从图中曲线可以看出：

(1) 当 $\zeta=0$ 时，为无阻尼强迫振动。由式(3.39)可得无阻尼减振器的主系统振幅的无量纲表达式为

$$\frac{X_1}{x_{\mathrm{st}}}=\pm\frac{\alpha^2-\lambda^2}{(1-\lambda^2)(\alpha^2-\lambda^2)-\mu\alpha^2\lambda^2} \tag{3.40}$$

其频幅响应曲线如图 3.10 中虚线所示。在 $\lambda=0.895$ 和 $\lambda=1.12$ 时发生共振。

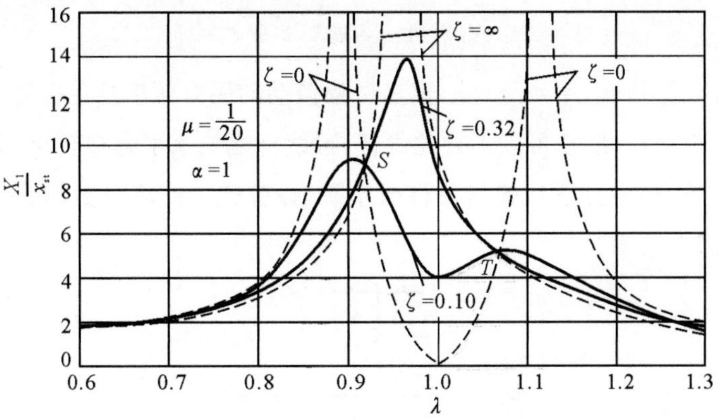

图 3.10　主系统幅频响应曲线

(2) 当 $\zeta=\infty$ 时，两质量块 m_1 与 m_2 无相对运动，相当于 m_1 与 m_2 刚性连接，系统成为以质量 m_1+m_2 和刚度 k_1 构成的单自由度系统。由式(3.39)，得减振器的主系统振幅的无量纲表达式为

$$\frac{X_1}{x_{\mathrm{st}}}=\pm\frac{1}{1-\lambda^2-\mu\lambda^2} \tag{3.41}$$

其频幅响应曲线与无阻尼单自由度强迫振动的频幅曲线相同，如图 3.10 中虚线所示。令式(3.41) 等号右边分母等于零，可求得共振时的频率比为 $\lambda = 0.976$。

(3) 对于其他阻尼值，响应曲线将介于 $\zeta = 0$ 和 $\zeta = \infty$ 曲线之间，图 3.10 中画出了 $\zeta = 0.10$ 和 $\zeta = 0.32$ 两条曲线。从图中可以看出，阻尼使共振附近的振幅显著减小，而在激振力频率 $\omega \ll \omega_1$ 或 $\omega \gg \omega_2$ 的范围内，阻尼的影响很小。

(4) 无论 ζ 为何值，幅频响应曲线都经过点 S 和点 T。这表明对于 S 和 T 两点的频率，质量块 m_1 稳态响应的振幅 X_1 与减振器的阻尼 c 无关。因此在设计有阻尼的动力减振器时，可以使 $\dfrac{X_1}{x_{st}}$ 在点 S 和点 T 所对应的振幅以下。据此可以合理地选择最佳阻尼比 ζ 和最佳频率比 α，以达到减小主系统振动的目的。

习　　题

3.1　如图 3.11 所示，拉紧的软绳附着两个质量 m_1 与 m_2，当质量沿着垂直于绳的方向进行运动时，绳的张力 T 保持不变，试写出微幅振动的微分方程。

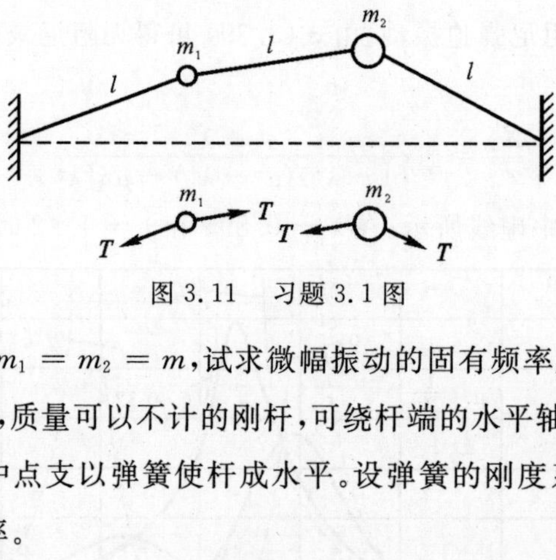

图 3.11　习题 3.1 图

3.2　设习题 3.1 中 $m_1 = m_2 = m$，试求微幅振动的固有频率及主振型。

3.3　如图 3.12 所示，质量可以不计的刚杆，可绕杆端的水平轴 O 转动；另一端附有质点，并用弹簧吊挂另一质点；中点支以弹簧使杆成水平。设弹簧的刚度系数均为 k，质点的质量均为 m，试求振系的固有频率。

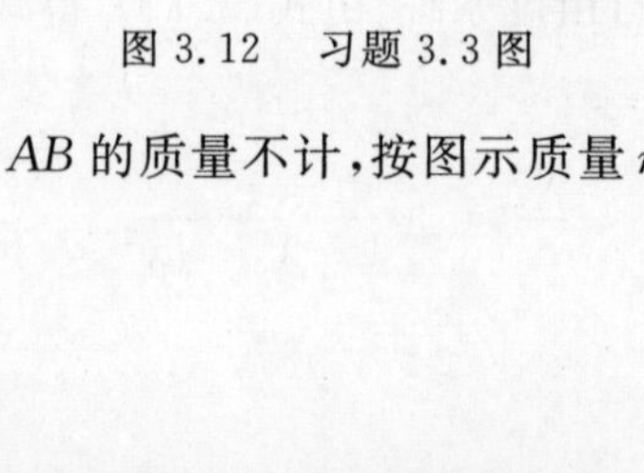

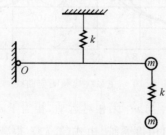

图 3.12　习题 3.3 图

3.4　如图 3.13 所示，刚杆 AB 的质量不计，按图示质量 m 的坐标 x_1 与质量 $2m$ 的坐标 x_2 建立系统的运动微分方程。

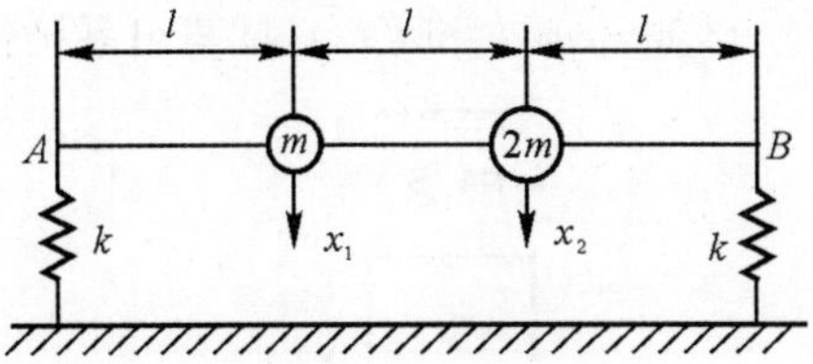

图 3.13　习题 3.4 图

3.5　双摆在图 3.14 所示平面内作微振动，试用 θ_1、θ_2 为广义坐标，建立系统的振动微分方程，并求出固有频率。已知 $m_1 = m_2 = m, l_1 = l_2 = l$。

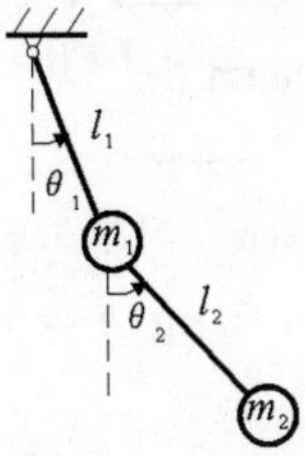

图 3.14　习题 3.5 图

3.6　如图 3.15 所示，系统由匀质圆盘 A 和匀质杆 AB 组成。圆盘 A 沿水平轨道无滑动地滚动，其质量为 m_1，半径为 r。杆 AB 质量为 m_2，长度为 l，可在铅垂平面内绕轴 A 转动。在 $t = 0$ 时，圆盘是静止的，AB 杆在偏离平衡位置微小角 φ_0 处突然释放。试求系统的微幅振动微分方程及在此条件下的响应。

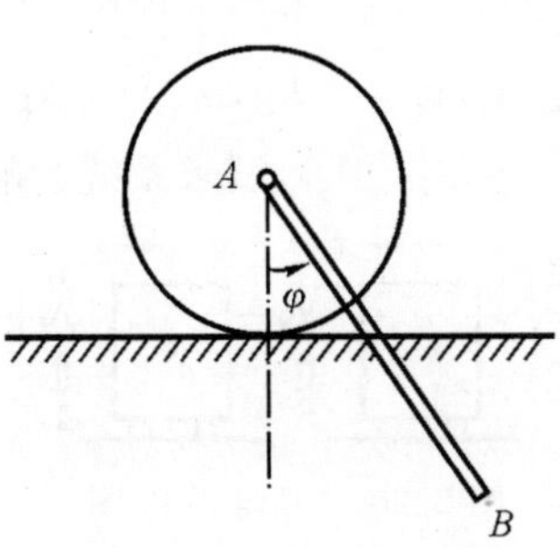

图 3.15　习题 3.6 图

3.7　如图 3.16 所示系统，已知 m，k，试求系统的固有频率和主振型。

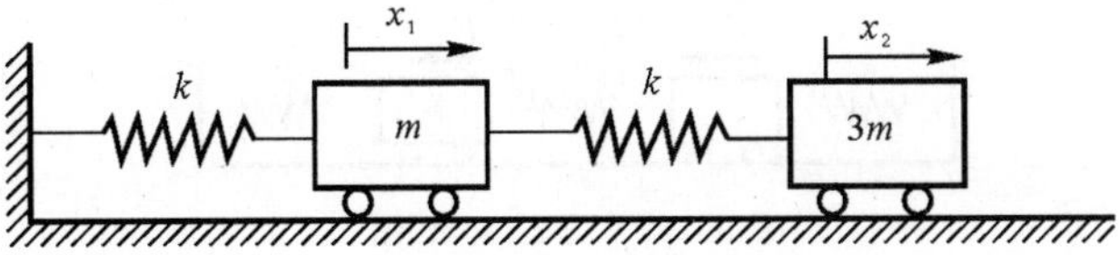

图 3.16　习题 3.7 图

3.8　如图 3.17 所示系统，已知 m，k，试求系统的固有频率和主振型。

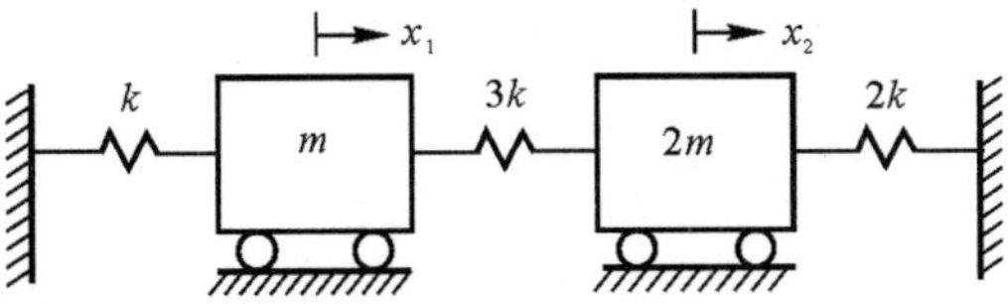

图 3.17　习题 3.8 图

3.9　如图 3.18 所示系统，已知 c, m, k 和 $\boldsymbol{F}(t)$，试写出系统的运动微分方程。

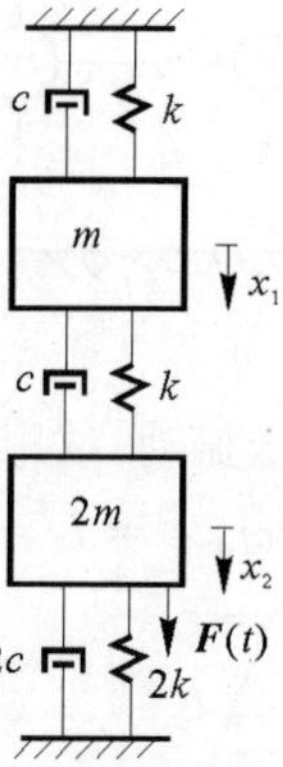

图 3.18　习题 3.9 图

3.10　如图 3.19 所示系统，已知 $m = 1$ kg，$k = 1$ N/m，$c = 1$ N·s/m，$F(t) = 2\sin 2t$ N，试求系统的稳态响应。

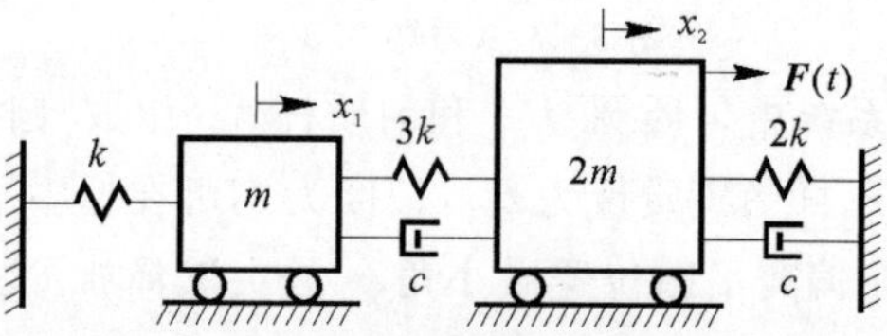

图 3.19　习题 3.10 图

3.11　如图 3.20 所示系统，已知 $m_1 = 1$ kg，$m_2 = 2$ kg，$k = 2$ N/m，$c = 1$ N·s/m。若已知初始条件 $\dot{x}_{20} = 2$ m/s，$x_{10} = \dot{x}_{10} = x_{20} = 0$，试求系统的响应。

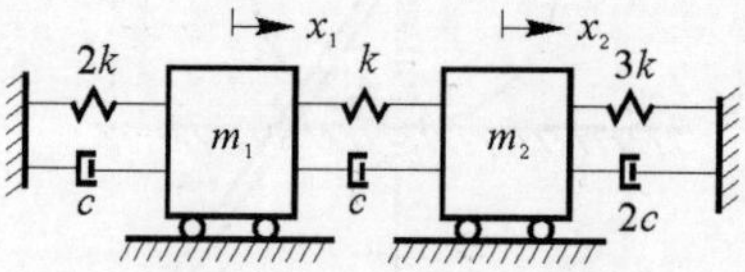

图 3.20　习题 3.11 图

3.12　如图 3.21 所示系统，已知 $m_1 = m$，$m_2 = 2m$，$k_1 = k_2 = k$，$k_3 = 2k$，$F_1 = F\sin\omega t$，$F_2 = 0$，试求系统强迫振动的响应。

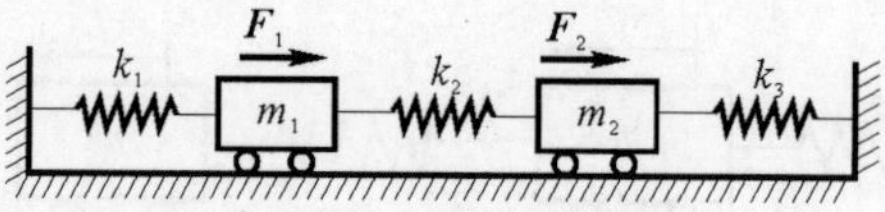

图 3.21　习题 3.12 图

第 4 章　多自由度系统的振动

多自由度系统是指具有有限个自由度的振动系统。一个具有 n 个自由度的系统，它在任一瞬时的位形要用 n 个独立的广义坐标来描述，系统的运动微分方程一般是由 n 个相互耦合的二阶常微分方程组成的方程组。对多自由度系统，常采用分析力学方法来建立振动微分方程。另外，对某些带有集中参数的系统，采用影响系数法来建立振动微分方程也是比较方便的。

实际的物体与工程结构，其质量和弹性是连续分布的，系统具有无限多个自由度。但经过适当简化，往往可以归结为多自由度系统来处理。因此，多自由度系统振动理论及方法是解决工程振动问题的基础。

4.1　多自由度系统振动微分方程

4.1.1　分析力学方法

对于一般的多自由度振动系统，常采用拉格朗日方程建立其运动微分方程。它从系统的总体出发，用广义坐标下的动能、势能和功等物理量来描述运动量与作用力之间的关系。

设系统具有 n 个自由度，以 n 个广义坐标 $q_i(i=1,2,\cdots,n)$ 表示系统的位形。质点系中任一点 k 的位置矢径 $\boldsymbol{r}_k$ 是广义坐标和时间的函数，可表示为

$$\boldsymbol{r}_k = \boldsymbol{r}_k(q_1, q_2, \cdots, q_n, t) \tag{4.1}$$

对于完整约束的非保守系统，其拉格朗日方程为

$$\frac{\mathrm{d}}{\mathrm{d}t}\left(\frac{\partial T}{\partial \dot{q}_i}\right) - \frac{\partial T}{\partial q_i} + \frac{\partial V}{\partial q_i} + \frac{\partial D}{\partial \dot{q}_i} = Q_i \quad (i=1,2,\cdots,n) \tag{4.2}$$

式中：q_i 和 $\dot{q}_i$ 分别为广义坐标和广义速度，T 和 V 分别为系统的动能和势能，D 为能量耗散函数，Q_i 为广义非保守力。

从式(4.2)可以看出，应用拉格朗日方程时，首先要计算系统的动能和势能。系统的动能为每一质点动能之和。假设系统由 S 个质点组成，则系统的动能为

$$T = \frac{1}{2}\sum_{k=1}^{S} m_k \dot{\boldsymbol{r}}_k \cdot \dot{\boldsymbol{r}}_k \tag{4.3}$$

对式(4.1)求导得广义速度为

$$\dot{\boldsymbol{r}}_k = \sum_{i=1}^{n} \frac{\partial \boldsymbol{r}_k}{\partial q_i}\dot{q}_i + \frac{\partial \boldsymbol{r}_k}{\partial t} \tag{4.4}$$

对与时间无关的定常约束系统，$\dfrac{\partial \boldsymbol{r}_k}{\partial t} = \boldsymbol{0}$，则有

$$T=\frac{1}{2}\sum_{i=1}^{n}\sum_{j=1}^{n}\left(\sum_{k=1}^{S}m_k\frac{\partial \boldsymbol{r}_k}{\partial q_i}\frac{\partial \boldsymbol{r}_k}{\partial q_j}\right)\dot{q}_i\dot{q}_j=\frac{1}{2}\sum_{i=1}^{n}\sum_{j=1}^{n}m_{ij}\dot{q}_i\dot{q}_j \tag{4.5}$$

式中：m_{ij} 称为广义质量，$m_{ij}=\sum_{k=1}^{S}m_k\frac{\partial \boldsymbol{r}_k}{\partial q_i}\frac{\partial \boldsymbol{r}_k}{\partial q_j}$。

当系统作微幅振动时，仅保留广义坐标和速度的二阶小量，m_{ij} 可用平衡位置处的值代替而成为常数，则动能为

$$T=\frac{1}{2}\sum_{i=1}^{n}\sum_{j=1}^{n}m_{ij}\dot{q}_i\dot{q}_j=\frac{1}{2}\dot{\boldsymbol{q}}^{\mathrm{T}}\boldsymbol{M}\dot{\boldsymbol{q}} \tag{4.6}$$

式中：$\dot{\boldsymbol{q}}$ 为广义速度列阵，广义质量矩阵 $\boldsymbol{M}$ 为

$$\boldsymbol{M}=\begin{bmatrix} m_{11} & m_{12} & \cdots & m_{1n} \\ m_{21} & m_{22} & \cdots & m_{2n} \\ \vdots & \vdots & & \vdots \\ m_{n1} & m_{n2} & \cdots & m_{nn} \end{bmatrix} \tag{4.7}$$

系统的势能 $V(q_1,q_2,\cdots,q_n)$ 为广义坐标的函数。对于 n 自由度系统，将势能在平衡位置附近按泰勒级数展开，得

$$V=V_0+\sum_{i=1}^{n}\left(\frac{\partial V}{\partial q_i}\right)_0 q_i+\frac{1}{2}\sum_{i=1}^{n}\sum_{j=1}^{n}\left(\frac{\partial^2 V}{\partial q_i q_j}\right)_0 q_i q_j+\cdots \tag{4.8}$$

取平衡位置为广义坐标的零值，则广义坐标 q_i 也表示系统相对平衡位置的偏离。若将平衡位置取为势能零点，由于势能在平衡位置有极值，因此势能的一阶导数在平衡位置处的值 $\left(\frac{\partial V}{\partial q_i}\right)_0$ 等于零。因此，式(4.8)中只有 q_i 的二次项及高次项。

在研究平衡位置附近的微振动时，q_i 为小量，因此可略去 V 的泰勒展开式中的高次项。二阶导数在平衡位置是一个常数，记为

$$k_{ij}=\left(\frac{\partial^2 V}{\partial q_i q_j}\right)_0 \quad (i,j=1,2,\cdots,n) \tag{4.9}$$

此时，系统的势能为

$$V=\frac{1}{2}\sum_{i=1}^{n}\sum_{j=1}^{n}k_{ij}q_i q_j=\frac{1}{2}\boldsymbol{q}^{\mathrm{T}}\boldsymbol{K}\boldsymbol{q} \tag{4.10}$$

式(4.10)中广义刚度矩阵 $\boldsymbol{K}$ 为

$$\boldsymbol{K}=\begin{bmatrix} k_{11} & k_{12} & \cdots & k_{1n} \\ k_{21} & k_{22} & \cdots & k_{2n} \\ \vdots & \vdots & & \vdots \\ k_{n1} & k_{n2} & \cdots & k_{nn} \end{bmatrix} \tag{4.11}$$

对于非保守系统，如果采用线性黏性阻尼模型，则阻尼力与广义速度成正比，在这种情况下，可引入瑞利能量耗散函数来确定阻尼力。能量耗散函数为

$$D=\frac{1}{2}\sum_{i=1}^{n}\sum_{j=1}^{n}c_{ij}\dot{q}_i\dot{q}_j \tag{4.12}$$

式中：c_{ij} 为系统在广义坐标 q_j 方向有单位广义速度时，在广义坐标 q_i 方向产生的阻尼力。

对应于广义坐标 q_i 的广义非保守力为

$$Q_i=\sum_k\left(\boldsymbol{F}_k\cdot\frac{\partial \boldsymbol{r}_k}{\partial q_i}\right)=\sum_k\left(F_{kx}\cdot\frac{\partial x_k}{\partial q_i}+F_{ky}\cdot\frac{\partial y_k}{\partial q_i}+F_{kz}\cdot\frac{\partial z_k}{\partial q_i}\right)$$

式中：F_{kx}，F_{ky}，F_{kz} 分别表示作用在第 k 个质点的主动力 $\boldsymbol{F}_k$ 在坐标轴上的投影。广义非保守力 Q_i 的物理意义是仅在广义坐标变分 δq_i 上做功的力。

将动能、势能和能量耗散函数的表达式(4.6)、式(4.10) 和式(4.12) 代入式(4.2)，得多自由度系统的振动微分方程为

$$\sum_{j=1}^{n}(m_{ij}\ddot{q}_j + c_{ij}\dot{q}_j + k_{ij}q_j) = Q_i \qquad (i = 1,2,\cdots,n) \tag{4.13}$$

用矩阵形式表示，则有

$$\boldsymbol{M}\ddot{\boldsymbol{q}} + \boldsymbol{C}\dot{\boldsymbol{q}} + \boldsymbol{K}\boldsymbol{q} = \boldsymbol{Q} \tag{4.14}$$

式中：$\boldsymbol{Q}$ 为广义非保守力构成的列阵。广义坐标下的阻尼矩阵 $\boldsymbol{C}$ 为

$$\boldsymbol{C} = \begin{bmatrix} c_{11} & c_{12} & \cdots & c_{1n} \\ c_{21} & c_{22} & \cdots & c_{2n} \\ \vdots & \vdots & & \vdots \\ c_{n1} & c_{n2} & \cdots & c_{nn} \end{bmatrix} \tag{4.15}$$

例 4.1　采用分析力学方法，建立图 4.1 所示系统的自由振动微分方程。

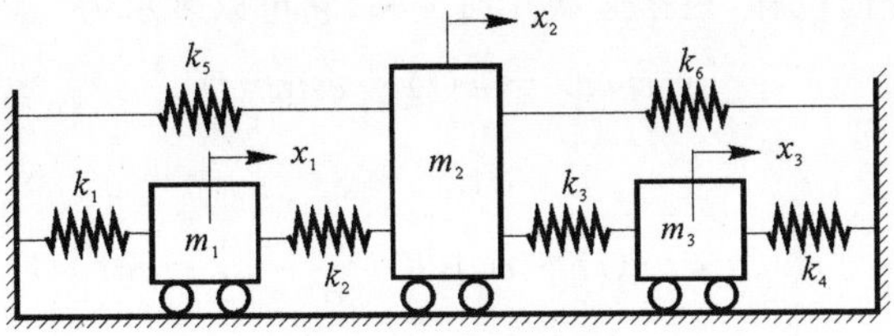

图 4.1　三自由度系统

解：建立如图 4.1 所示坐标系，记位移向量为 $\boldsymbol{x} = [x_1 \quad x_2 \quad x_3]^{\mathrm{T}}$。

系统的动能为

$$T = \frac{1}{2}m_1\dot{x}_1^2 + \frac{1}{2}m_2\dot{x}_2^2 + \frac{1}{2}m_3\dot{x}_3^2$$

系统的势能为

$$V = \frac{1}{2}k_1x_1^2 + \frac{1}{2}k_2(x_2 - x_1)^2 + \frac{1}{2}k_3(x_3 - x_2)^2 + \frac{1}{2}k_5x_2^2 + \frac{1}{2}k_6x_2^2$$

将动能和势能代入式(4.2)，整理得

$$\begin{cases} m_1\ddot{x}_1 + k_1x_1 + k_2(x_1 - x_2) = 0 \\ m_2\ddot{x}_2 + k_2(x_1 - x_2) + k_3(x_2 - x_3) + k_5x_2 + k_6x_2 = 0 \\ m_3\ddot{x}_3 + k_3(x_3 - x_2) + k_4x_3 = 0 \end{cases}$$

上式写成矩阵形式为

$$\begin{bmatrix} m_1 & 0 & 0 \\ 0 & m_2 & 0 \\ 0 & 0 & m_3 \end{bmatrix}\begin{bmatrix} \ddot{x}_1 \\ \ddot{x}_2 \\ \ddot{x}_3 \end{bmatrix} + \begin{bmatrix} k_1 + k_2 & -k_2 & 0 \\ -k_2 & k_2 + k_3 + k_5 + k_6 & -k_3 \\ 0 & -k_3 & k_3 + k_4 \end{bmatrix}\begin{bmatrix} x_1 \\ x_2 \\ x_3 \end{bmatrix} = \begin{bmatrix} 0 \\ 0 \\ 0 \end{bmatrix}$$

例 4.2　图 4.2 所示为某型飞机机翼振动模型，翼型剖面简化为由拉伸弹簧 k_1 和扭转弹簧 k_2 支承。假设机翼作微幅振动，翼型剖面质心 C 到支承点的距离为 e，机翼的质量为 m，绕质心轴的转动惯量为 J，忽略重力影响。试以 $x(t)$ 和 $\theta(t)$ 为广义坐标，用拉格朗日方程建立系统

的运动微分方程。

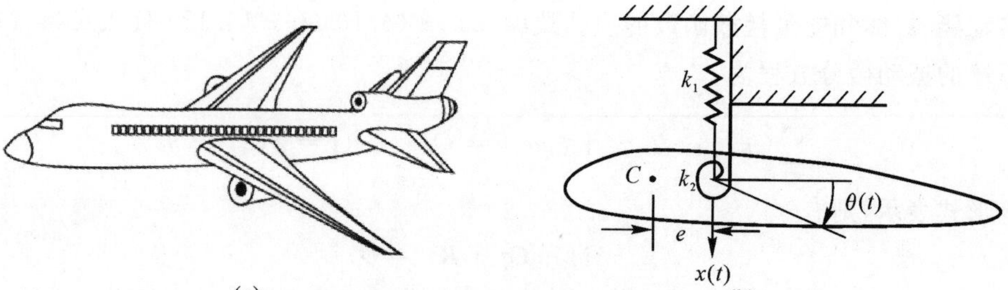

(a) (b)

图 4.2　机翼振动模型

(a) 飞机模型；(b) 翼型剖面振动模型

解:取支承点为坐标原点,$x(t)$ 和 $\theta(t)$ 为广义坐标,该翼型剖面作平面运动,其动能为

$$T=\frac{1}{2}m\dot{x}_C^2+\frac{1}{2}J\dot{\theta}^2 \tag{a}$$

式中:x_C 是质心 C 的竖向位移,根据运动几何关系,它可以表示为

$$x_C(t)=x(t)-e\sin\theta(t)$$

求导数可得

$$\dot{x}_C(t)=\dot{x}(t)-e\cos\theta(t)\frac{\mathrm{d}\theta}{\mathrm{d}t}=\dot{x}-e\dot{\theta}\cos\theta \tag{b}$$

将式(b) 代入式(a) 中可得

$$T=\frac{1}{2}m\,(\dot{x}-e\dot{\theta}\cos\theta)^2+\frac{1}{2}J\dot{\theta}^2 \tag{c}$$

以未变形位置为势能零点,不考虑重力影响,则系统的势能为

$$V=\frac{1}{2}k_1x^2+\frac{1}{2}k_2\theta^2 \tag{d}$$

求偏导数和导数,得

$$\frac{\partial T}{\partial x}=0,\quad \frac{\partial T}{\partial \dot{x}}=m(\dot{x}-e\dot{\theta}\cos\theta),\quad \frac{\mathrm{d}}{\mathrm{d}t}\left(\frac{\partial T}{\partial \dot{x}}\right)=m\ddot{x}-me\ddot{\theta}\cos\theta+me\dot{\theta}\sin\theta$$

$$\frac{\partial T}{\partial \theta}=m(\dot{x}-e\dot{\theta}\cos\theta)(e\dot{\theta}\sin\theta)-k_2\theta\ \frac{\partial T}{\partial \dot{\theta}}=m(\dot{x}-e\dot{\theta}\cos\theta)(-e\cos\theta)+J\dot{\theta}$$

$$=-me\cos\theta\dot{x}+me^2\dot{\theta}\cos^2\theta+J\dot{\theta}$$

$$\frac{\mathrm{d}}{\mathrm{d}t}\left(\frac{\partial T}{\partial \dot{\theta}}\right)=-me\ddot{x}\cos\theta+me\dot{x}\dot{\theta}\sin\theta+me^2\ddot{\theta}\cos^2\theta-2me^2\dot{\theta}^2\sin\theta\cos\theta+J\ddot{\theta}$$

$$\frac{\partial V}{\partial x}=k_1x,\quad \frac{\partial V}{\partial \theta}=k_2\theta$$

将以上偏导数和导数表达式代入式(4.2),得系统的运动微分方程为

$$\left.\begin{array}{r}m\ddot{x}-me\ddot{\theta}\cos\theta+me\dot{\theta}\sin\theta+k_1x=0\\ J\ddot{\theta}-me\ddot{x}\cos\theta+me^2\ddot{\theta}\cos^2\theta-me^2\dot{\theta}^2\sin\theta\cos\theta+k_2\theta=0\end{array}\right\} \tag{e}$$

对于微幅振动，可以近似地认为 $\cos\theta \approx 1, \sin\theta \approx \theta$，且忽略含 $\dot{\theta}^2$ 的高阶小量，式(e)可改写成矩阵形式为

$$\begin{bmatrix} m & -me \\ -me & me^2 + J \end{bmatrix}\begin{bmatrix} \ddot{x} \\ \ddot{\theta} \end{bmatrix} + \begin{bmatrix} k_1 & 0 \\ 0 & k_2 \end{bmatrix}\begin{bmatrix} x \\ \theta \end{bmatrix} = \begin{bmatrix} 0 \\ 0 \end{bmatrix}$$

4.1.2　影响系数法

许多工程结构可简化为多个质量与弹簧组成的集中参数系统。一般来说，这类系统用影响系数法建立振动微分方程也比较简便。影响系数法又分为刚度影响系数法和柔度影响系数法。

1. 刚度影响系数法

由方程式(4.14)可知，无阻尼多自由度线性振动系统的运动微分方程为

$$\boldsymbol{M}\ddot{\boldsymbol{x}} + \boldsymbol{K}\boldsymbol{x} = \boldsymbol{F}(t) \tag{4.16}$$

式中：$\boldsymbol{x}$ 为位移列阵，$\boldsymbol{M}$ 与 $\boldsymbol{K}$ 分别为系统的质量与刚度矩阵，$\boldsymbol{F}(t)$ 为激振力列阵。

刚度矩阵 $\boldsymbol{K}$ 的元素 k_{ij} 和质量矩阵 $\boldsymbol{M}$ 的元素 m_{ij} 都有明确的物理意义。先假设外力是以准静态方式施加于系统的，这时没有加速度，即 $\ddot{\boldsymbol{x}} = \boldsymbol{0}$，式(4.16)变为

$$\boldsymbol{K}\boldsymbol{x} = \boldsymbol{F}(t) \tag{4.17}$$

假设作用于系统的是这样一组外力，它们使系统只在第 j 个坐标上产生单位位移，而在其他坐标上不产生位移，即产生的位移向量为

$$\boldsymbol{x} = [x_1 \quad \cdots \quad x_{j-1} \quad x_j \quad x_{j+1} \quad \cdots \quad x_n]^{\mathrm{T}} = [0 \quad \cdots \quad 0 \quad 1 \quad 0 \quad \cdots \quad 0]^{\mathrm{T}} \tag{4.18}$$

将式(4.18)代入式(4.17)可得

$$\boldsymbol{F}(t) = \begin{bmatrix} F_1(t) \\ F_2(t) \\ \vdots \\ F_n(t) \end{bmatrix} = \begin{bmatrix} k_{11} & \cdots & k_{1j} & \cdots & k_{1n} \\ k_{21} & \cdots & k_{2j} & \cdots & k_{2n} \\ \vdots & & \vdots & & \vdots \\ k_{n1} & \cdots & k_{nj} & \cdots & k_{nn} \end{bmatrix}\begin{bmatrix} 0 \\ \vdots \\ 0 \\ 1 \\ \vdots \\ 0 \end{bmatrix} = \begin{bmatrix} k_{1j} \\ k_{2j} \\ \vdots \\ k_{nj} \end{bmatrix} \tag{4.19}$$

由此可见，所施加的这组外力正好是刚度矩阵 $\boldsymbol{K}$ 的第 j 列元素，其中 $k_{ij}(i = 1,\cdots,n)$ 是在第 i 个坐标上施加的力。因此，刚度矩阵 $\boldsymbol{K}$ 中元素 k_{ij} 是使系统仅在第 j 个坐标上产生单位位移，而其他坐标的位移为零时，在第 i 个坐标上所需施加的作用力。

系统受到外力作用瞬时，只产生加速度而不产生任何位移，即 $\boldsymbol{x} = \boldsymbol{0}$，此时式(4.16)变为

$$\boldsymbol{M}\ddot{\boldsymbol{x}} = \boldsymbol{F}(t) \tag{4.20}$$

假设作用于系统的是这样一组外力，它们使系统只在第 j 个坐标上产生单位加速度，而在其他坐标上的加速度为零，即

$$\ddot{\boldsymbol{x}} = [\ddot{x}_1 \quad \cdots \quad \ddot{x}_{j-1} \quad \ddot{x}_j \quad \ddot{x}_{j+1} \quad \cdots \quad \ddot{x}_n]^{\mathrm{T}} = [0 \quad \cdots \quad 0 \quad 1 \quad 0 \quad \cdots \quad 0]^{\mathrm{T}} \tag{4.21}$$

将式(4.21)代入式(4.20)可得

$$
\boldsymbol{F}(t)=\begin{bmatrix}F_1(t)\\F_2(t)\\\vdots\\F_n(t)\end{bmatrix}=\begin{bmatrix}m_{11}&\cdots&m_{1j}&\cdots&m_{1n}\\m_{21}&\cdots&m_{2j}&\cdots&m_{2n}\\\vdots&&\vdots&&\vdots\\m_{n1}&\cdots&m_{nj}&\cdots&m_{nn}\end{bmatrix}\begin{bmatrix}0\\\vdots\\0\\1\\0\\\vdots\\0\end{bmatrix}=\begin{bmatrix}m_{1j}\\m_{2j}\\\vdots\\m_{nj}\end{bmatrix}\tag{4.22}
$$

由此可知，此时所施加的力向量，正好是质量矩阵 $\boldsymbol{M}$ 的第 j 列元素，其中 m_{ij} 是在第 i 个坐标上施加的力。因此，质量矩阵 $\boldsymbol{M}$ 的元素 m_{ij} 是使系统仅在第 j 个坐标上产生单位加速度，而其他坐标的加速度为零时，在第 i 个坐标上所施加的作用力。

可见，m_{ij}，k_{ij} 分别称为质量影响系数和刚度影响系数，根据它们的物理意义可以直接写出质量矩阵 $\boldsymbol{M}$ 和刚度矩阵 $\boldsymbol{K}$，从而快速建立动力学方程，这种方法称为刚度影响系数法。

例 4.3 采用刚度影响系数法，写出图 4.3(a) 所示系统的自由振动微分方程。

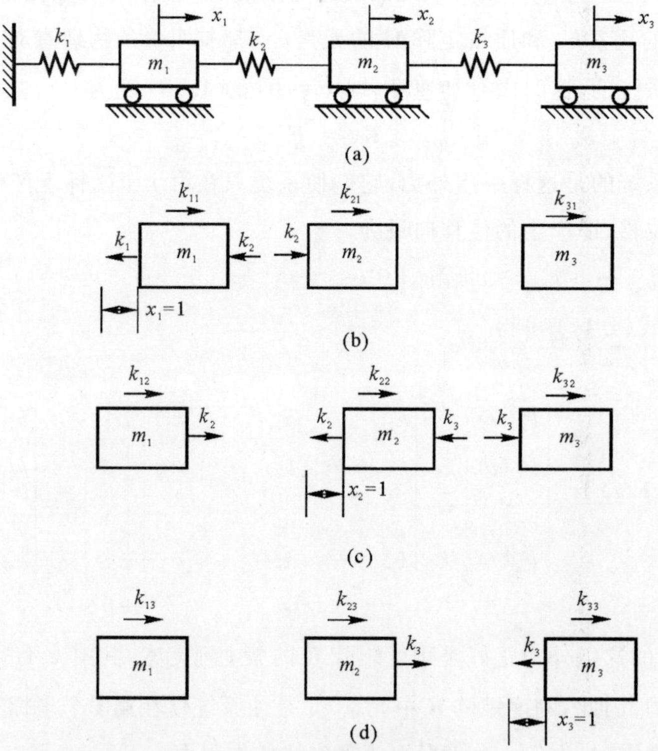

图 4.3 三自由度系统

解：建立如图 4.3(a) 所示坐标系，记位移向量 $\boldsymbol{x}=[x_1\quad x_2\quad x_3]^T$。先只考虑静态，给质量块 m_1 一个单位位移 $x_1=1$，使 $x_2=x_3=0$，即假设位移向量 $\boldsymbol{x}=[1\quad 0\quad 0]^T$，由图 4.3(b) 的受力分析得知，为保持系统处于平衡，在各个物块上施加的外力分别为

$$k_{11}=k_1+k_2,k_{21}=-k_2,\ k_{31}=0$$

可得，刚度矩阵的第一列元素为

$$\begin{bmatrix} k_{11} \\ k_{21} \\ k_{31} \end{bmatrix} = \begin{bmatrix} k_1 + k_2 \\ -k_2 \\ 0 \end{bmatrix}$$

同理，令 $\boldsymbol{x} = [0 \quad 1 \quad 0]^{\mathrm{T}}$，由图 4.3(c) 的受力分析，得刚度矩阵的第二列元素为

$$\begin{bmatrix} k_{12} \\ k_{22} \\ k_{32} \end{bmatrix} = \begin{bmatrix} -k_2 \\ k_2 + k_3 \\ -k_3 \end{bmatrix}$$

令 $\boldsymbol{x} = [0 \quad 0 \quad 1]^{\mathrm{T}}$，由图 4.3(d) 的受力分析，得刚度矩阵的第三列元素为

$$\begin{bmatrix} k_{13} \\ k_{23} \\ k_{33} \end{bmatrix} = \begin{bmatrix} 0 \\ -k_3 \\ k_3 \end{bmatrix}$$

可得刚度矩阵为

$$\boldsymbol{K} = \begin{bmatrix} k_1 + k_2 & -k_2 & 0 \\ -k_2 & k_2 + k_3 & -k_3 \\ 0 & -k_3 & k_3 \end{bmatrix}$$

现在只考虑动态，给质量块 m_1 一个单位加速度 $\ddot{x}_1 = 1$，使 $\ddot{x}_2 = \ddot{x}_3 = 0$，即假设加速度向量 $\ddot{\boldsymbol{x}} = [1 \quad 0 \quad 0]^{\mathrm{T}}$，则对 m_1 施加的力为 $F_1 = m_1\ddot{x}_1 = m_1 \cdot 1$，这个力即为质量矩阵的第一个元素 m_{11}，此时施加在 m_2，m_3 上的力均为 0，则质量矩阵的第一列元素为

$$\begin{bmatrix} m_{11} \\ m_{21} \\ m_{21} \end{bmatrix} = \begin{bmatrix} m_1 \\ 0 \\ 0 \end{bmatrix}$$

分别令 $\ddot{\boldsymbol{x}} = [0 \quad 1 \quad 0]^{\mathrm{T}}$，$\ddot{\boldsymbol{x}} = [0 \quad 0 \quad 1]^{\mathrm{T}}$，其分析过程类似，得质量矩阵的其他列元素。可得系统的质量矩阵为

$$\boldsymbol{M} = \begin{bmatrix} m_1 & 0 & 0 \\ 0 & m_2 & 0 \\ 0 & 0 & m_3 \end{bmatrix}$$

因此，系统的自由振动微分方程为

$$\begin{bmatrix} m_1 & 0 & 0 \\ 0 & m_2 & 0 \\ 0 & 0 & m_3 \end{bmatrix} \begin{bmatrix} \ddot{x}_1 \\ \ddot{x}_2 \\ \ddot{x}_3 \end{bmatrix} + \begin{bmatrix} k_1 + k_2 & -k_2 & 0 \\ -k_2 & k_2 + k_3 & -k_3 \\ 0 & -k_3 & k_3 \end{bmatrix} \begin{bmatrix} x_1 \\ x_2 \\ x_3 \end{bmatrix} = \begin{bmatrix} 0 \\ 0 \\ 0 \end{bmatrix}$$

2. 柔度影响系数法

所谓柔度影响系数，是指单位外力作用下系统产生的位移。在系统的第 j 个坐标上作用单位外力，在第 i 个广义坐标上产生的位移可用柔度影响系数 δ_{ij} 来表示。

将式(4.17) 两端同时乘以 $\boldsymbol{K}^{-1}$，变为

$$\boldsymbol{x} = \boldsymbol{K}^{-1}\boldsymbol{F} \stackrel{\Delta}{=} \boldsymbol{\delta F} \tag{4.23}$$

式中：$\boldsymbol{\delta}$ 称为柔度矩阵。由此可见，$\boldsymbol{\delta} = \boldsymbol{K}^{-1}$，刚度矩阵与柔度矩阵互为逆阵(如果逆阵是存在的)。柔度的物理意义及量纲与刚度恰好相反。

将方程式(4.16)改写后,可得 n 自由度系统的位移方程为

$$\boldsymbol{\delta M \ddot{x}} + \boldsymbol{x} = \boldsymbol{\delta F} \tag{4.24}$$

例 4.4 采用柔度系数法建立图 4.4(a)所示二自由度系统的自由振动微分方程。

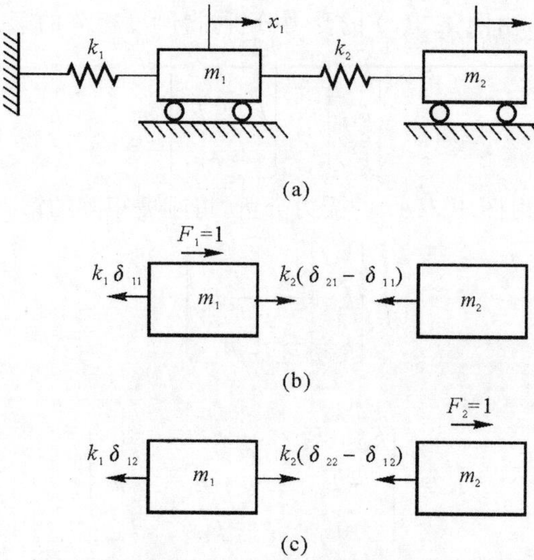

图 4.4 二自由度系统

解:建立如图 4.4(a)所示坐标系,图示为系统静平衡位置。假设在两个物块上分别施加外力向量 $\boldsymbol{F} = [F_1 \quad F_2]^{\mathrm{T}}$。令 $\boldsymbol{F} = [1 \quad 0]^{\mathrm{T}}$,在质量块 m_1 上施加单位力 $F_1 = 1$,则质量块 m_1 和 m_2 产生的相应位移为 δ_{11} 和 δ_{21},系统处于静平衡状态,各质量块在水平方向受力如图 4.4(b)所示,由平衡条件有

$$\begin{cases} -k_1\delta_{11} + k_2(\delta_{21} - \delta_{11}) + 1 = 0 \\ k_2(\delta_{21} - \delta_{11}) = 0 \end{cases}$$

解得

$$\delta_{11} = \frac{1}{k_1}, \delta_{21} = \frac{1}{k_1}$$

同理,令 $\boldsymbol{F} = [0 \quad 1]^{\mathrm{T}}$,在质量块 m_2 上施加单位力 $F_2 = 1$,则质量块 m_1 和 m_2 产生的相应位移为 δ_{12} 和 δ_{22},由图 4.4(c)的受力分析得 $\delta_{12} = \dfrac{1}{k_1}, \delta_{22} = \dfrac{1}{k_1} + \dfrac{1}{k_2}$。

可得整个系统的柔度矩阵为

$$\boldsymbol{\delta} = \begin{bmatrix} \dfrac{1}{k_1} & \dfrac{1}{k_1} \\ \dfrac{1}{k_1} & \dfrac{1}{k_1} + \dfrac{1}{k_2} \end{bmatrix}$$

质量矩阵为

$$\boldsymbol{M} = \begin{bmatrix} m_1 & 0 \\ 0 & m_2 \end{bmatrix}$$

由式(4.24)可得系统的位移方程为

$$\begin{bmatrix} \frac{1}{k_1} & \frac{1}{k_1} \\ \frac{1}{k_1} & \frac{1}{k_1}+\frac{1}{k_2} \end{bmatrix}\begin{bmatrix} m_1 & 0 \\ 0 & m_2 \end{bmatrix}\begin{bmatrix} \ddot{x}_1 \\ \ddot{x}_2 \end{bmatrix}+\begin{bmatrix} x_1 \\ x_2 \end{bmatrix}=0$$

需要注意的是，对于允许刚体运动产生的系统（即具有刚体自由度的系统），例如图 4.5 所示的系统，柔度矩阵不存在，这是因为在任意一个坐标上施加单位力，系统将产生刚体运动而无法计算各个坐标上的位移。此时系统的刚度矩阵都是奇异的，不存在逆阵。所以位移方程不适用于具有刚体自由度的系统。

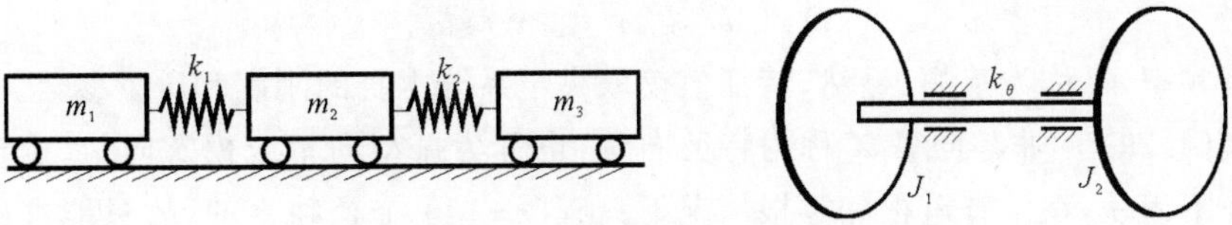

图 4.5　具有刚体自由度的系统

4.2　多自由度系统的固有频率与主振型

考虑无阻尼多自由度线性振动系统，它的自由振动微分方程为

$$\boldsymbol{M}\ddot{\boldsymbol{x}}+\boldsymbol{K}\boldsymbol{x}=\boldsymbol{0} \tag{4.25}$$

式中：$\boldsymbol{x}$ 是位移列阵；$\boldsymbol{M}$，$\boldsymbol{K}$ 分别为系统的质量矩阵与刚度矩阵，它们都是 $n\times n$ 的实对称矩阵。方程式(4.25) 的解可设为

$$\boldsymbol{x}=\boldsymbol{X}\sin(\omega t+\alpha) \tag{4.26}$$

或

$$\begin{bmatrix} x_1 \\ x_2 \\ \vdots \\ x_n \end{bmatrix}=\begin{bmatrix} X_1 \\ X_2 \\ \vdots \\ X_n \end{bmatrix}\sin(\omega t+\alpha) \tag{4.27}$$

即假设系统偏离平衡位置作自由振动时，存在各 x_i 值均按同一频率 ω、同一相位角 α 作简谐振动的特解。

将式(4.26) 代入式(4.25) 中，可得

$$(-\omega^2\boldsymbol{M}\boldsymbol{X}+\boldsymbol{K}\boldsymbol{X})\sin(\omega t+\alpha)=\boldsymbol{0} \tag{4.28}$$

由于 $\sin(\omega t+\alpha)\neq 0$，则有

$$(\boldsymbol{K}-\omega^2\boldsymbol{M})\boldsymbol{X}=\boldsymbol{0} \tag{4.29a}$$

或

$$\boldsymbol{K}\boldsymbol{X}=\omega^2\boldsymbol{M}\boldsymbol{X} \tag{4.29b}$$

方程式(4.29) 是关于矩阵 $\boldsymbol{M}$ 和 $\boldsymbol{K}$ 的特征值问题。方程式(4.29) 有非零解的条件为

$$\Delta=|\boldsymbol{K}-\omega^2\boldsymbol{M}|=0 \tag{4.30}$$

式中：Δ 称为特征行列式。式(4.30) 称为系统的特征方程或频率方程，其具体形式为

$$\begin{vmatrix} k_{11}-\omega^2 m_{11} & k_{12}-\omega^2 m_{12} & \cdots & k_{1n}-\omega^2 m_{1n} \\ k_{21}-\omega^2 m_{21} & k_{22}-\omega^2 m_{22} & \cdots & k_{2n}-\omega^2 m_{2n} \\ \vdots & \vdots & & \vdots \\ k_{n1}-\omega^2 m_{n1} & k_{n2}-\omega^2 m_{n2} & \cdots & k_{nn}-\omega^2 m_{nn} \end{vmatrix} = 0 \tag{4.31}$$

式(4.31)左端的行列式展开后是关于 ω^2 的 n 次代数方程式，即

$$\omega^{2n}+b_1\omega^{2(n-1)}+b_2\omega^{2(n-2)}+\cdots+b_{n-1}\omega^2+b_n=0 \tag{4.32}$$

式(4.32)有 n 个根 $\omega_i^2(i=1,2,\cdots,n)$，这些根称为特征值或特征根，它们的算术二次方根 $\omega_i(i=1,2,\cdots,n)$ 称为系统的第 i 阶固有频率。将固有频率由小到大依次排列，即

$$0<\omega_1^2\leqslant\omega_2^2\leqslant\cdots\leqslant\omega_n^2 \tag{4.33}$$

最低的固有频率 ω_1 称为基频。显然，特征值仅取决于系统本身的刚度和质量参数。

满足式(4.29)的非零向量 $\boldsymbol{X}$ 称为特征向量，也称为振型向量或模态向量。由于式(4.31)的系数矩阵不满秩，在没有重根和零根情况下只有$(n-1)$个是独立的，故只能求出列向量中各元素 $X_1^{(i)},X_2^{(i)},\cdots,X_n^{(i)}$ 的比例关系。此时，令其中任一元素值为1，可以求得其他元素相对该元素的比例关系，并写成向量形式 $\boldsymbol{X}^{(i)}$，这里上标(i)，表示对应的第 i 阶振型向量。这个振型 $\boldsymbol{X}^{(i)}$ 是一个 n 维向量，具体形式为

$$\boldsymbol{X}^{(i)}=\begin{bmatrix} X_1^{(i)} & X_2^{(i)} & \cdots & X_n^{(i)} \end{bmatrix}^{\mathrm{T}} \tag{4.34}$$

需要说明的是，虽然式(4.34)中各元素 $X_1^{(i)},X_2^{(i)},\cdots,X_n^{(i)}$ 的绝对值不唯一，但是其中各个元素之间的比例关系固定，这一比例关系是由系统本身的参数决定的，与初始条件无关，即振动形态固定，称为固有振型或主振型。

例 4.5 在图 4.6 所示的三自由度系统中，3个质量块质量均为 m，它们各自之间通过弹簧相连，并且通过两端的固定弹簧，在无阻尼的水平面上作微幅振动。设每个弹簧的刚度均为 k，求系统的固有频率和主振型。

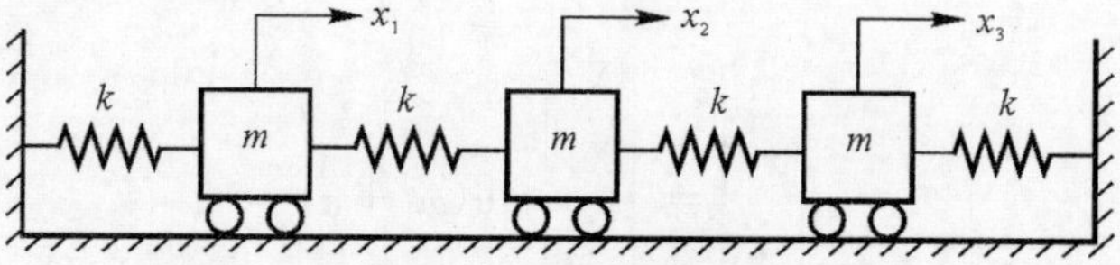

图 4.6 三自由度振系

解：取 x_1，x_2 和 x_3 为广义坐标。采用刚度系数法写出系统的质量矩阵和刚度矩阵为

$$\boldsymbol{M}=\begin{bmatrix} m & 0 & 0 \\ 0 & m & 0 \\ 0 & 0 & m \end{bmatrix},\quad \boldsymbol{K}=\begin{bmatrix} 2k & -k & 0 \\ -k & 2k & -k \\ 0 & -k & 2k \end{bmatrix}$$

则该系统的自由振动微分方程为

$$\begin{bmatrix} m & 0 & 0 \\ 0 & m & 0 \\ 0 & 0 & m \end{bmatrix}\begin{bmatrix} \ddot{x}_1 \\ \ddot{x}_2 \\ \ddot{x}_3 \end{bmatrix}+\begin{bmatrix} 2k & -k & 0 \\ -k & 2k & -k \\ 0 & -k & 2k \end{bmatrix}\begin{bmatrix} x_1 \\ x_2 \\ x_3 \end{bmatrix}=0$$

根据式(4.29b)，其特征值问题为

$$\boldsymbol{KX}=\omega^2\boldsymbol{MX} \tag{a}$$

特征值行列式为

$$\Delta = \begin{vmatrix} 2k - m\omega^2 & -k & 0 \\ -k & 2k - m\omega^2 & -k \\ 0 & -k & 2k - m\omega^2 \end{vmatrix} = 0$$

上式展开整理得

$$(2k - m\omega^2)(2k^2 - 4km\omega^2 + m^2\omega^4) = 0$$

求得固有频率为

$$\omega_1 = \sqrt{(2-\sqrt{2})\frac{k}{m}},\ \omega_2 = \sqrt{\frac{2k}{m}},\ \omega_3 = \sqrt{(2+\sqrt{2})\frac{k}{m}}$$

分别计算对应 3 个固有频率的固有振型。首先将 ω_1 代入式(a)，并令 $X_1^{(1)} = 1$，得

$$\begin{bmatrix} \sqrt{2}k & -k & 0 \\ -k & \sqrt{2}k & -k \\ 0 & -k & \sqrt{2}k \end{bmatrix} \begin{bmatrix} 1 \\ X_2^{(1)} \\ X_3^{(1)} \end{bmatrix} = \begin{bmatrix} 0 \\ 0 \\ 0 \end{bmatrix}$$

可解得对应于 ω_1 的主振型为

$$\boldsymbol{X}^{(1)} = [1\ \ \sqrt{2}\ \ \ 1]^{\mathrm{T}}$$

然后，采用相同的步骤，可以求出其他两个固有频率对应的主振型为

$$\boldsymbol{X}^{(2)} = [1\ \ \ 0\ \ -1]^{\mathrm{T}},\quad \boldsymbol{X}^{(3)} = [1\ \ -\sqrt{2}\ \ \ 1]^{\mathrm{T}}$$

以横坐标表示静平衡位置，纵坐标表示主振型中各元素的值，可画出如图 4.7 所示各阶振型图，它们分别表示了主振型 $\boldsymbol{X}^{(1)}$，$\boldsymbol{X}^{(2)}$ 及 $\boldsymbol{X}^{(3)}$。由图可以看到：系统作第一阶主振动时，两个质量在静平衡位置的同侧作同相位运动；第二阶主振型中有一个节点；第三阶主振型中有两个节点。

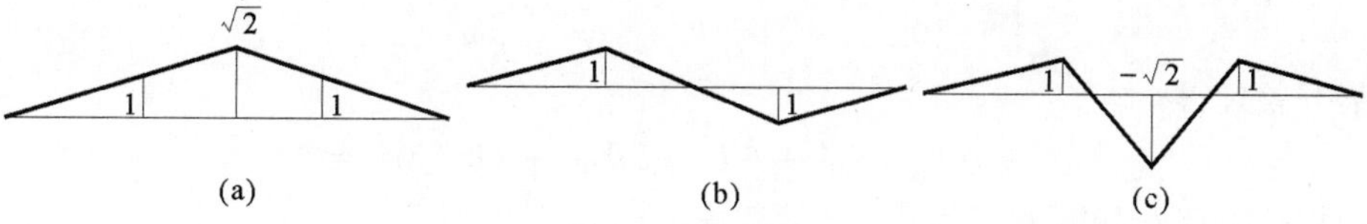

图 4.7　振型图

(a) 第一阶主振型；(b) 第二阶主振型；(c) 第三阶主振型

例 4.6　图 4.8 所示为一轴带有三圆盘的扭振系统，轴的转动惯量不计，3 个圆盘绕自身轴线的转动惯量为 J_1, J_2, J_3，且 $J_1 = J_2 = J_3 = J$，轴的 A 端固定，轴端的扭转刚度 $k_{t1} = k_{t2} = k_{t3} = k_t$。求系统的固有频率及主振型。

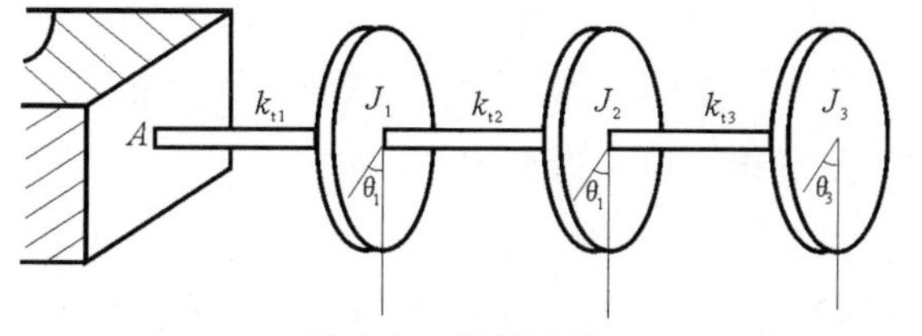

图 4.8　扭振系统

解：取 3 个圆盘的转角 $\theta_1, \theta_2, \theta_3$ 为广义坐标，用拉格朗日方程建立系统的运动微分方程。

系统的动能为

$$T = \frac{1}{2}(J_1\dot{\theta}_1^2 + J_2\dot{\theta}_2^2 + J_3\dot{\theta}_3^2)$$

系统的势能为

$$U = \frac{1}{2}[k_{t1}\theta_1^2 + k_{t2}(\theta_1 - \theta_2)^2 + k_{t3}(\theta_3 - \theta_2)^2]$$

将动能和势能代入式(4.2),整理得矩阵形式的运动微分方程为

$$\boldsymbol{M}\ddot{\boldsymbol{\theta}} + \boldsymbol{K}\boldsymbol{\theta} = \boldsymbol{0}$$

式中

$$\boldsymbol{M} = \begin{bmatrix} J_1 & 0 & 0 \\ 0 & J_2 & 0 \\ 0 & 0 & J_3 \end{bmatrix} = J\begin{bmatrix} 1 & 0 & 0 \\ 0 & 1 & 0 \\ 0 & 0 & 1 \end{bmatrix}$$

$$\boldsymbol{K} = \begin{bmatrix} k_{t1} + k_{t2} & -k_{t2} & 0 \\ -k_{t2} & k_{t2} + k_{t3} & -k_{t3} \\ 0 & -k_{t3} & k_{t3} \end{bmatrix} = k_t\begin{bmatrix} 2 & -1 & 0 \\ -1 & 2 & -1 \\ 0 & -1 & 1 \end{bmatrix}$$

代入式(4.29),得

$$\left(k_t\begin{bmatrix} 2 & -1 & 0 \\ -1 & 2 & -1 \\ 0 & -1 & 1 \end{bmatrix} - \omega^2 J\begin{bmatrix} 1 & 0 & 0 \\ 0 & 1 & 0 \\ 0 & 0 & 1 \end{bmatrix}\right)\begin{bmatrix} X_1 \\ X_2 \\ X_3 \end{bmatrix} = \begin{bmatrix} 0 \\ 0 \\ 0 \end{bmatrix} \tag{a}$$

故系统的特征方程为

$$\begin{vmatrix} 2k_t - J\omega^2 & -k_t & 0 \\ -k_t & 2k_t - J\omega^2 & -k_t \\ 0 & -k_t & k_t - J\omega^2 \end{vmatrix} = 0$$

将上式展开整理得

$$\omega^6 - 5(k_t/J)\omega^4 + 6(k_t/J)^2\omega^2 + (k_t/J)^3 = 0$$

由上式解得 3 个固有频率为

$$\omega_1^2 = 0.198k_t/J, \quad \omega_2^2 = 1.555k_t/J, \quad \omega_3^2 = 3.247k_t/J$$

即

$$\omega_1 = 0.445\sqrt{k_t/J}, \quad \omega_2 = 1.247\sqrt{k_t/J}, \quad \omega_3 = 1.802\sqrt{k_t/J}$$

将 $\omega_1^2,\omega_2^2,\omega_3^2$ 值分别代入(a)式中的前二式,分别令 $X_1^{(1)} = 1, X_1^{(2)} = 1$ 及 $X_1^{(3)} = 1$,解得

$$X_2^{(1)} = 1.802, \quad X_3^{(1)} = 2.247$$

$$X_2^{(2)} = 0.445, \quad X_3^{(2)} = -0.802$$

$$X_2^{(3)} = -1.247, \quad X_3^{(3)} = 0.555$$

可得,系统的第一阶、第二阶和第三阶主振型为

$$\boldsymbol{X}^{(1)} = \begin{bmatrix} 1 \\ 1.802 \\ 2.247 \end{bmatrix}, \quad \boldsymbol{X}^{(2)} = \begin{bmatrix} 1 \\ 0.445 \\ -0.802 \end{bmatrix}, \quad \boldsymbol{X}^{(3)} = \begin{bmatrix} 1 \\ -1.247 \\ 0.555 \end{bmatrix}$$

3 个主振型如图 4.9 所示。

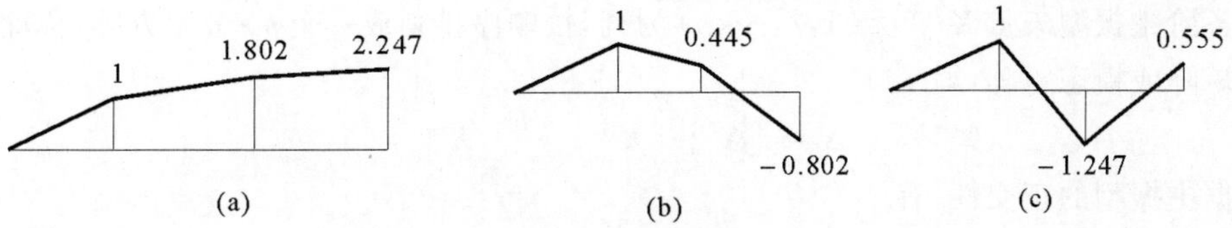

图 4.9　振型图

(a) 第一阶主振型;(b) 第二阶主振型;(c) 第三阶主振型

4.3　主坐标和正则坐标

4.3.1　主振型的正交性

主振型的一个重要性质是正交性。这种正交性表现为关于质量矩阵与刚度矩阵的加权正交,即当 $i \neq j$ 时,有

$$\boldsymbol{X}^{(j)\mathrm{T}}\boldsymbol{M}\boldsymbol{X}^{(i)} = \boldsymbol{0},\quad \boldsymbol{X}^{(j)\mathrm{T}}\boldsymbol{K}\boldsymbol{X}^{(i)} = \boldsymbol{0} \tag{4.35}$$

其证明过程如下:

$\boldsymbol{X}^{(i)}$ 和 $\boldsymbol{X}^{(j)}$ 分别为系统对应于固有频率 ω_i 与 ω_j 的两个主振型,由式(4.29) 有

$$\boldsymbol{K}\boldsymbol{X}^{(i)} = \omega_i^2\boldsymbol{M}\boldsymbol{X}^{(i)} \tag{4.36}$$

$$\boldsymbol{K}\boldsymbol{X}^{(j)} = \omega_j^2\boldsymbol{M}\boldsymbol{X}^{(j)} \tag{4.37}$$

用 $\boldsymbol{X}^{(j)\mathrm{T}}$ 左乘方程式(4.36) 的两边,得

$$\boldsymbol{X}^{(j)\mathrm{T}}\boldsymbol{K}\boldsymbol{X}^{(i)} = \omega_i^2\boldsymbol{X}^{(j)\mathrm{T}}\boldsymbol{M}\boldsymbol{X}^{(i)} \tag{4.38}$$

用 $\boldsymbol{X}^{(i)T}$ 左乘方程式(4.37) 的两边,得

$$\boldsymbol{X}^{(i)\mathrm{T}}\boldsymbol{K}\boldsymbol{X}^{(j)} = \omega_j^2\boldsymbol{X}^{(i)\mathrm{T}}\boldsymbol{M}\boldsymbol{X}^{(j)} \tag{4.39}$$

由于质量矩阵 $\boldsymbol{M}$ 和刚度矩阵 $\boldsymbol{K}$ 均是对称矩阵,根据线性代数知识,将方程式(4.39) 转置,得

$$\boldsymbol{X}^{(j)\mathrm{T}}\boldsymbol{K}\boldsymbol{X}^{(i)} = \omega_j^2\boldsymbol{X}^{(j)\mathrm{T}}\boldsymbol{M}\boldsymbol{X}^{(i)} \tag{4.40}$$

将式(4.38) 与式(4.40) 相减,得

$$(\omega_i^2 - \omega_j^2)\boldsymbol{X}^{(j)\mathrm{T}}\boldsymbol{M}\boldsymbol{X}^{(i)} = \boldsymbol{0} \tag{4.41}$$

因为 $\omega_i \neq \omega_j$,所以

$$\boldsymbol{X}^{(j)\mathrm{T}}\boldsymbol{M}\boldsymbol{X}^{(i)} = \boldsymbol{0} \tag{4.42}$$

将式(4.42) 代入式(4.38),得

$$\boldsymbol{X}^{(j)\mathrm{T}}\boldsymbol{K}\boldsymbol{X}^{(i)} = \boldsymbol{0}$$

于是,式(4.35) 得证。

对于 $i = j$ 的情形,不论 $\boldsymbol{X}^{(j)\mathrm{T}}\boldsymbol{M}\boldsymbol{X}^{(i)}$ 取何有限值,式(4.41) 恒成立。因此可取

$$\boldsymbol{X}^{(i)\mathrm{T}}\boldsymbol{M}\boldsymbol{X}^{(i)} = M_i,\quad \boldsymbol{X}^{(i)\mathrm{T}}\boldsymbol{K}\boldsymbol{X}^{(i)} = K_i \tag{4.43}$$

式中:M_i 称为第 i 阶模态质量,K_i 称为第 i 阶模态刚度。且有

$$\omega_i^2 = \frac{K_i}{M_i} \tag{4.44}$$

式(4.44) 表明,系统第 i 阶固有频率的二次方等于第 i 阶主刚度与主质量的比值。

以各阶主振型矢量 $\boldsymbol{X}^{(i)}(i=1,2,\cdots,n)$ 为列，按顺序排列成一个 $n\times n$ 阶方阵，称此方阵为主振型矩阵或模态矩阵，即

$$\boldsymbol{A}=\begin{bmatrix}\boldsymbol{X}^{(1)} & \boldsymbol{X}^{(2)} & \cdots & \boldsymbol{X}^{(n)}\end{bmatrix} \tag{4.45}$$

根据主振型的正交性，有

$$\boldsymbol{A}^{\mathrm{T}}\boldsymbol{M}\boldsymbol{A}=\begin{bmatrix}M_1 & & & \\ & M_2 & & \\ & & \ddots & \\ & & & M_n\end{bmatrix}=\boldsymbol{M}_{\mathrm{p}},\quad \boldsymbol{A}^{\mathrm{T}}\boldsymbol{K}\boldsymbol{A}=\begin{bmatrix}K_1 & & & \\ & K_2 & & \\ & & \ddots & \\ & & & K_n\end{bmatrix}=\boldsymbol{K}_{\mathrm{p}}$$

式中：$\boldsymbol{M}_{\mathrm{p}}$ 和 $\boldsymbol{K}_{\mathrm{p}}$ 分别称为模态质量矩阵和模态刚度矩阵，也称为主质量矩阵和主刚度矩阵。它们是对角矩阵。

4.3.2 主坐标

由于 $\boldsymbol{M}$ 及 $\boldsymbol{K}$ 一般不是对角矩阵，因此 n 自由度系统的自由振动微分方程式(4.25)是一组相互耦合的微分方程组。当 $\boldsymbol{M}$ 为非对角阵时，称该系统有动力耦合，而当 $\boldsymbol{K}$ 为非对角阵时，称该系统有静力耦合。

根据主振型的正交性，可以通过模态变换来使系统解耦。引入模态变换，即

$$\boldsymbol{x}=\boldsymbol{A}\boldsymbol{x}_{\mathrm{p}} \tag{4.46}$$

式中：$\boldsymbol{x}_{\mathrm{p}}=\begin{bmatrix}x_{\mathrm{p1}} & x_{\mathrm{p2}} & \cdots & x_{\mathrm{p}n}\end{bmatrix}^{\mathrm{T}}$ 是一组新坐标，称为主坐标或模态坐标。将式(4.46)代入式(4.25)，得

$$\boldsymbol{M}\boldsymbol{A}\ddot{\boldsymbol{x}}_{\mathrm{p}}+\boldsymbol{K}\boldsymbol{A}\boldsymbol{x}_{\mathrm{p}}=\boldsymbol{0} \tag{4.47}$$

将式(4.47)左乘 $\boldsymbol{A}^{\mathrm{T}}$，得

$$\boldsymbol{A}^{\mathrm{T}}\boldsymbol{M}\boldsymbol{A}\ddot{\boldsymbol{x}}_{\mathrm{p}}+\boldsymbol{A}^{\mathrm{T}}\boldsymbol{K}\boldsymbol{A}\boldsymbol{x}_{\mathrm{p}}=\boldsymbol{0} \tag{4.48}$$

由于 $\boldsymbol{A}^{\mathrm{T}}\boldsymbol{M}\boldsymbol{A}=\boldsymbol{M}_{\mathrm{p}}$，$\boldsymbol{A}^{\mathrm{T}}\boldsymbol{K}\boldsymbol{A}=\boldsymbol{K}_{\mathrm{p}}$，因此，式(4.48)简化为

$$\boldsymbol{M}_{\mathrm{p}}\ddot{\boldsymbol{x}}_{\mathrm{p}}+\boldsymbol{K}_{\mathrm{p}}\boldsymbol{x}_{\mathrm{p}}=\boldsymbol{0} \tag{4.49}$$

写成标量形式为

$$M_i\ddot{x}_{\mathrm{p}i}+K_ix_{\mathrm{p}i}=0\quad(i=1,2,\cdots,n) \tag{4.50}$$

由此可见，通过上述正交变换系统已完全解耦。在求得 $\boldsymbol{x}_{\mathrm{p}}$ 后，再将其代回式(4.46)，则可求得系统在原广义坐标 $\boldsymbol{x}$ 下的响应。

由物理坐标到模态坐标的转换，是方程解耦的数学过程。从物理意义上讲，是从力的平衡方程变为能量平衡方程的过程。在物理坐标系统中，质量矩阵和刚度矩阵一般是非对角矩阵，使运动方程不能解耦。而在模态坐标系统中，第 i 个模态坐标代表在位移向量中第 i 阶主振型(模态振型)所作的贡献。任何一阶主振型的存在，并不依赖于其他主振型是否同时存在。这就是模态坐标得以解耦的原因。

4.3.3 正则坐标

为方便计算响应，可将各主振型正则化，对于每一阶主振动，定义一组特定的主振型 $\boldsymbol{A}_{\mathrm{N}}^{(i)}$，称为正则振型，它满足条件

$$\boldsymbol{A}_{\mathrm{N}}^{(i)\mathrm{T}}\boldsymbol{M}\boldsymbol{A}_{\mathrm{N}}^{(i)}=1 \tag{4.51}$$

正则振型 $\boldsymbol{A}_{\mathrm{N}}^{(i)}$ 可以从主振型 $\boldsymbol{X}^{(i)}$ 求出，令

$$\boldsymbol{A}_{\mathrm{N}}^{(i)} = \frac{1}{b_i}\boldsymbol{X}^{(i)} \tag{4.52}$$

式中：b_i 是待定常数。将式(4.52) 代入式(4.51)，得

$$\frac{1}{b_i^2}\boldsymbol{X}^{(i)\mathrm{T}}\boldsymbol{M}\boldsymbol{X}^{(i)} = \frac{1}{b_i^2}M_i = 1$$

所以

$$b_i = \pm\sqrt{M_i} \tag{4.53}$$

将式(4.53) 代入式(4.52)，就可求得正则振型 $\boldsymbol{A}_{\mathrm{N}}^{(i)}$。对各阶主振型依次进行上述运算，就可求得对应于 n 阶主振动的 n 个正则振型 $\boldsymbol{A}_{\mathrm{N}}^{(i)}$ $(i = 1,2,\cdots,n)$。

以正则振型 $\boldsymbol{A}_{\mathrm{N}}^{(1)},\boldsymbol{A}_{\mathrm{N}}^{(2)},\cdots,\boldsymbol{A}_{\mathrm{N}}^{(n)}$ 作为列的 $n\times n$ 阶振型矩阵称为正则振型矩阵，记为 $\boldsymbol{A}_{\mathrm{N}}$，即

$$\boldsymbol{A}_{\mathrm{N}} = \begin{bmatrix}\boldsymbol{A}_{\mathrm{N}}^{(1)} & \boldsymbol{A}_{\mathrm{N}}^{(2)} & \cdots & \boldsymbol{A}_{\mathrm{N}}^{(n)}\end{bmatrix} \tag{4.54}$$

显然，正则振型也满足正交条件，即

$$\boldsymbol{A}_{\mathrm{N}}^{(i)\mathrm{T}}\boldsymbol{M}\boldsymbol{A}_{\mathrm{N}}^{(j)} = 0,\quad \boldsymbol{A}_{\mathrm{N}}^{(i)\mathrm{T}}\boldsymbol{K}\boldsymbol{A}_{\mathrm{N}}^{(j)} = 0 \quad (i\neq j) \tag{4.55}$$

根据式(4.51) 和式(4.55)，可得

$$\boldsymbol{A}_{\mathrm{N}}^{\mathrm{T}}\boldsymbol{M}\boldsymbol{A}_{\mathrm{N}} = \boldsymbol{M}_{\mathrm{N}} = \boldsymbol{I} \tag{4.56}$$

式中：$\boldsymbol{I}$ 为 n 阶单位矩阵。

将正则振型 $\boldsymbol{A}_{\mathrm{N}}^{(i)}$ 代入式(4.44)，可得

$$\omega_i^2 = \frac{\boldsymbol{A}_{\mathrm{N}}^{(i)\mathrm{T}}\boldsymbol{K}\boldsymbol{A}_{\mathrm{N}}^{(i)}}{\boldsymbol{A}_{\mathrm{N}}^{(i)\mathrm{T}}\boldsymbol{M}\boldsymbol{A}_{\mathrm{N}}^{(i)}} = \frac{K_{\mathrm{N}i}}{1} = K_{\mathrm{N}i} \quad (i = 1,2,\cdots,n) \tag{4.57}$$

式中：$K_{\mathrm{N}i}$ 称为正则刚度，它等于固有频率二次方 ω_i^2。由式(4.55) 和式(4.57) 得

$$\boldsymbol{A}_{\mathrm{N}}^{\mathrm{T}}\boldsymbol{K}\boldsymbol{A}_{\mathrm{N}} = \boldsymbol{K}_{\mathrm{N}} \tag{4.58}$$

即正则刚度矩阵 $\boldsymbol{K}_{\mathrm{N}}$ 为

$$\boldsymbol{K}_{\mathrm{N}} = \begin{bmatrix} K_{\mathrm{N}1} & & & \\ & K_{\mathrm{N}2} & & \\ & & \ddots & \\ & & & K_{\mathrm{N}n}\end{bmatrix} = \begin{bmatrix} \omega_1^2 & & & \\ & \omega_2^2 & & \\ & & \ddots & \\ & & & \omega_n^2\end{bmatrix} \tag{4.59}$$

用正则振型矩阵 $\boldsymbol{A}_{\mathrm{N}}$ 进行坐标变换，设

$$\boldsymbol{x} = \boldsymbol{A}_{\mathrm{N}}\,\boldsymbol{x}_{\mathrm{N}} \tag{4.60}$$

式中：$\boldsymbol{x}_{\mathrm{N}}$ 称为正则坐标列阵。将式(4.60) 代入式(4.25)，并在方程两边前乘 $\boldsymbol{A}_{\mathrm{N}}^{\mathrm{T}}$，得

$$\boldsymbol{A}_{\mathrm{N}}^{\mathrm{T}}\boldsymbol{M}\boldsymbol{A}_{\mathrm{N}}\,\ddot{\boldsymbol{x}}_{\mathrm{N}} + \boldsymbol{A}_{\mathrm{N}}^{\mathrm{T}}\boldsymbol{K}\boldsymbol{A}_{\mathrm{N}}\boldsymbol{x}_{\mathrm{N}} = \boldsymbol{0} \tag{4.61}$$

将式(4.56) 和式(4.58) 代入式(4.61)，得

$$\ddot{\boldsymbol{x}}_{\mathrm{N}} + \boldsymbol{K}_{\mathrm{N}}\boldsymbol{x}_{\mathrm{N}} = \boldsymbol{0} \tag{4.62}$$

这样，采用正则坐标来描述系统的自由振动，可以得到最简单形式的运动微分方程。

上述用主振型矩阵(或正则振型矩阵) 进行坐标变换，使系统振动方程中的 $\boldsymbol{M}$ 和 $\boldsymbol{K}$ 同时对角化，得到一组彼此独立的、不耦合的运动微分方程组，从而求得多自由度系统响应的方法称

为振型叠加法或模态分析法。

必须指出，无论坐标怎样变换，即分别用原来的广义坐标 $\boldsymbol{x}$ 或新的广义坐标 $\boldsymbol{x}_{\mathrm{p}}$ 或正则坐标 $\boldsymbol{x}_{\mathrm{N}}$ 来表示系统的运动方程，方程的形式虽各有不同，但均不会影响系统的振动特性，系统的各阶固有频率和主振型都不会因此而有所改变。

4.3.4 具有重特征值的系统

在上述的讨论中，曾假设系统的固有频率均不相等，而每个固有频率对应一个主振型。可是，当频率方程出现重根时，结论就有所不同，例如系统的固有频率 $\omega_1 = \omega_2 = \omega_r$，如设 $\boldsymbol{X}^{(1)}$ 及 $\boldsymbol{X}^{(2)}$ 是 ω_1 及 ω_2 对应的主振型，则有

$$\boldsymbol{KX}^{(1)} = \omega_r^2\boldsymbol{MX}^{(1)},\quad \boldsymbol{KX}^{(2)} = \omega_r^2\boldsymbol{MX}^{(2)} \tag{4.63}$$

可以证明 $\boldsymbol{X}^{(1)}$ 及 $\boldsymbol{X}^{(2)}$ 的线性组合 $\boldsymbol{X}^{(r)} = a\boldsymbol{X}^{(1)} + b\boldsymbol{X}^{(2)}$（其中 a,b 是任意常数）仍然是对应于 ω_r 的主振型。事实上，有

$$\boldsymbol{KX}^{(r)} = \boldsymbol{K}(a\boldsymbol{X}^{(1)} + b\boldsymbol{X}^{(2)}) = \omega_r^2(a\boldsymbol{MX}^{(1)} + b\boldsymbol{MX}^{(2)}) = \omega_r^2\boldsymbol{MX}^{(r)} \tag{4.64}$$

仍然满足振动方程。由于其中 a,b 是任意常数，取不同的 a,b 就有不同的主振型 $\boldsymbol{X}^{(r)}$，故可认为有无穷多个主振型的解，所以说对应于 ω_r 的主振型就不能唯一确定，在这种情况下，应该按主振型的正交性来选定对应于两相等固有频率是 ω_1 及 ω_2 的主振型 $\boldsymbol{X}^{(1)}$ 及 $\boldsymbol{X}^{(2)}$，也就是说选定的 $\boldsymbol{X}^{(1)}$ 及 $\boldsymbol{X}^{(2)}$ 之间必须满足关于 $\boldsymbol{M}$、$\boldsymbol{K}$ 的正交条件式(4.41)及式(4.42)。下面举例说明。

例 4.7 如图 4.10 所示的系统中，各个质量块只沿铅垂方向运动。设横梁的质量为 m_1，$m_2 = m_3 = m_4 = m$，弹簧刚度 $k_1 = k_2 = k_3 = k$，求系统的固有频率及主振型。

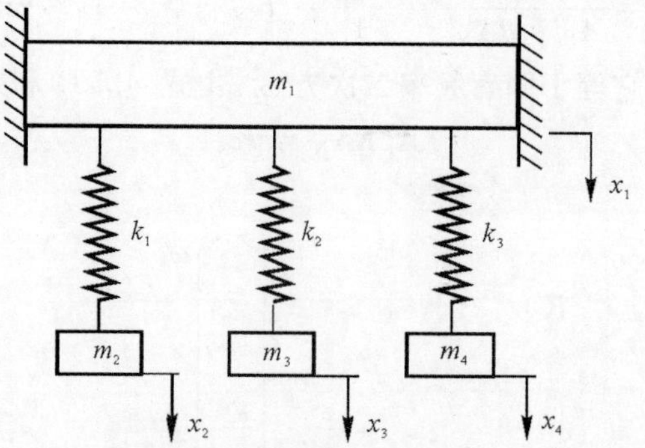

图 4.10 四自由度系统

解：取图示 x_1,x_2,x_3,x_4 为广义坐标（自静平衡位置算起），设定向下为正，则系统的动能为

$$T = \frac{1}{2}m_1\dot{x}_1^2 + \frac{1}{2}m(\dot{x}_2^2 + \dot{x}_3^2 + \dot{x}_4^2)$$

系统的势能为

$$U = \frac{1}{2}k[(x_2 - x_1)^2 + (x_3 - x_1)^2 + (x_4 - x_1)^2]$$

质量矩阵为

$$\boldsymbol{M} = \begin{bmatrix} m_1 & 0 & 0 & 0 \\ 0 & m & 0 & 0 \\ 0 & 0 & m & 0 \\ 0 & 0 & 0 & m \end{bmatrix}$$

刚度矩阵为

$$\boldsymbol{K}=\begin{bmatrix}3k & -k & -k & -k\\ -k & k & 0 & 0\\ -k & 0 & k & 0\\ -k & 0 & 0 & k\end{bmatrix}$$

系统的特征方程为

$$\omega^2(k-m\omega^2)^2[(m_1+3m)k-mm_1\omega^2]=0$$

可得,系统的固有频率为

$$\omega_1^2=0,\quad \omega_2^2=\omega_3^2=k/m,\quad \omega_4^2=\frac{(m_1+3m)k}{mm_1}$$

对应于 ω_1^2 及 ω_4^2 的主振型为

$$\boldsymbol{X}^{(1)}=[1\quad 1\quad 1\quad 1]^{\mathrm{T}}$$

$$\boldsymbol{X}^{(4)}=\left[-\frac{3m}{m_1}\quad 1\quad 1\quad 1\right]^{\mathrm{T}}$$

而对应于 $\omega_2^2=\omega_3^2=k/m$,有

$$k\begin{bmatrix}3-\dfrac{m_1}{m} & -1 & -1 & -1\\ -1 & 0 & 0 & 0\\ -1 & 0 & 0 & 0\\ -1 & 0 & 0 & 0\end{bmatrix}\begin{bmatrix}X_1^{(i)}\\ X_2^{(i)}\\ X_3^{(i)}\\ X_4^{(i)}\end{bmatrix}=\begin{bmatrix}0\\0\\0\\0\end{bmatrix}\quad (i=2,3)$$

因此得

$$X_1^{(i)}=0,\quad X_2^{(i)}+X_3^{(i)}+X_4^{(i)}=0\quad (i=2,3)$$

要求 $\boldsymbol{X}^{(2)}$ 与 $\boldsymbol{X}^{(3)}$ 必须按关于 $\boldsymbol{M}$ 与 $\boldsymbol{K}$ 的正交条件来选定,由

$$\boldsymbol{X}^{(i)\mathrm{T}}\boldsymbol{M}\boldsymbol{X}^{(1)}=0\quad (i=2,3)$$

且

$$\boldsymbol{X}^{(i)\mathrm{T}}\boldsymbol{M}\boldsymbol{X}^{(4)}=0\quad (i=2,3)$$

得

$$X_2^{(i)}+X_3^{(i)}+X_4^{(i)}=0\quad (i=2,3)$$

对于 $\boldsymbol{X}^{(2)}$ 有两个元素可任意选取,例如取 $X_3^{(2)}=X_4^{(2)}=1$,于是有 $X_2^{(2)}=-2$,则有

$$\boldsymbol{X}^{(2)}=[0\quad -2\quad 1\quad 1]^{\mathrm{T}}$$

对于 $\boldsymbol{X}^{(3)}$,由 $\boldsymbol{X}^{(3)\mathrm{T}}\boldsymbol{M}\boldsymbol{X}^{(2)}=0$,即

$$[0\quad X_2^{(3)}\quad X_3^{(3)}\quad X_4^{(3)}]\begin{bmatrix}m_1 & & & \\ & m & & \\ & & m & \\ & & & m\end{bmatrix}\begin{bmatrix}0\\ -2\\ 1\\ 1\end{bmatrix}=0$$

得

$$-2X_2^{(3)}+X_3^{(3)}+X_4^{(4)}=0$$

又因为

$$X_2^{(3)}+X_3^{(3)}+X_4^{(3)}=0$$

于是有 $X_2^{(3)}=0$,这时 $\boldsymbol{X}^{(3)}$ 中只有一个元素可以任选,例如取 $X_4^{(3)}=1$,则有 $X_3^{(3)}=-1$,即有

$$\boldsymbol{X}^{(3)}=[0\quad 0\quad -1\quad 1]^{\mathrm{T}}$$

这样就得到全部彼此独立且互相正交的主振型。当然,这种对应于 ω_2 及 ω_3 的相互独立又正交的主振型仍可以取无穷多组。

4.4 无阻尼振动系统对初始条件的响应

无阻尼自由振动微分方程为式(4.25),假定当 $t=0$ 时,系统的初始条件为

$$\boldsymbol{x}(0)=\boldsymbol{x}_0=\begin{bmatrix}x_{10}\\x_{20}\\\vdots\\x_{n0}\end{bmatrix},\quad \dot{\boldsymbol{x}}(0)=\dot{\boldsymbol{x}}_0=\begin{bmatrix}\dot{x}_{10}\\\dot{x}_{20}\\\vdots\\\dot{x}_{n0}\end{bmatrix}\tag{4.65}$$

确定系统对初始条件的响应。

求解方法是利用主坐标变换或正则坐标变换,将系统的运动微分方程解耦,求得用主坐标或正则坐标表示的响应,再反变换至原物理坐标求出 n 自由度无阻尼系统对初始条件的响应。

将正则坐标变换式(4.60)代入式(4.25)中,得到用正则坐标表示的运动微分方程为

$$\ddot{\boldsymbol{x}}_{\mathrm{N}}+\boldsymbol{K}_{\mathrm{N}}\boldsymbol{x}_{\mathrm{N}}=\boldsymbol{0}$$

或

$$\ddot{x}_{\mathrm{N}i}+\omega_i^2x_{\mathrm{N}i}=0\qquad(i=1,2,\cdots,n)\tag{4.66}$$

由单自由度系统振动理论,可求得式(4.66)对初始条件的响应为

$$x_{\mathrm{N}i}=x_{\mathrm{N}i}(0)\cos\omega_it+\frac{\dot{x}_{\mathrm{N}i}(0)}{\omega_i}\sin\omega_it\qquad(i=1,2,\cdots,n)\tag{4.67}$$

式中:$x_{\mathrm{N}i}(0)$ 和 $\dot{x}_{\mathrm{N}i}(0)(i=1,2,\cdots,n)$ 分别为正则坐标的初始位移和初始速度,它们由给定的原坐标的初始条件式(4.65)来确定。由式(4.60)得

$$\boldsymbol{x}_{\mathrm{N}}=\boldsymbol{A}_{\mathrm{N}}^{-1}\boldsymbol{x}\tag{4.68}$$

为避免求逆阵运算,又由于 $\boldsymbol{A}_{\mathrm{N}}^{\mathrm{T}}\boldsymbol{M}\boldsymbol{A}_{\mathrm{N}}=\boldsymbol{I}$,因此有

$$\boldsymbol{A}_{\mathrm{N}}^{-1}=\boldsymbol{A}_{\mathrm{N}}^{\mathrm{T}}\boldsymbol{M}\tag{4.69}$$

将式(4.69)代入式(4.68),得

$$\boldsymbol{x}_{\mathrm{N}}=\boldsymbol{A}_{\mathrm{N}}^{\mathrm{T}}\boldsymbol{M}\boldsymbol{x}\tag{4.70}$$

由式(4.70)可得正则坐标向量的初始条件为

$$\left.\begin{aligned}\boldsymbol{x}_{\mathrm{N}}(0)&=\boldsymbol{A}_{\mathrm{N}}^{\mathrm{T}}\boldsymbol{M}\boldsymbol{x}_0\\\dot{\boldsymbol{x}}_{\mathrm{N}}(0)&=\boldsymbol{A}_{\mathrm{N}}^{\mathrm{T}}\boldsymbol{M}\dot{\boldsymbol{x}}_0\end{aligned}\right\}\tag{4.71}$$

所以正则坐标的初始位移 $\boldsymbol{x}_{\mathrm{N}i}(0)$ 和初始速度 $\dot{\boldsymbol{x}}_{\mathrm{N}i}(0)$ 可以表示为

$$\boldsymbol{x}_{\mathrm{N}i}(0)=\boldsymbol{A}_{\mathrm{N}i}^{\mathrm{T}}\boldsymbol{M}\boldsymbol{x}_0,\quad \dot{\boldsymbol{x}}_{\mathrm{N}i}(0)=\boldsymbol{A}_{\mathrm{N}i}^{\mathrm{T}}\boldsymbol{M}\dot{\boldsymbol{x}}_0\quad(i=1,2,\cdots,n)\tag{4.72}$$

由式(4.60)求出系统的响应为

$$\boldsymbol{x}=\boldsymbol{A}_{\mathrm{N}}\boldsymbol{x}_{\mathrm{N}}=\sum_{i=1}^{n}\boldsymbol{A}_{\mathrm{N}}^{(i)}\left(\boldsymbol{A}_{\mathrm{N}}^{(i)\mathrm{T}}\boldsymbol{M}\boldsymbol{x}_0\cos\omega_it+\frac{1}{\omega_I}\boldsymbol{A}_{\mathrm{N}}^{(i)\mathrm{T}}\boldsymbol{M}\dot{\boldsymbol{x}}_0\sin\omega_it\right)\tag{4.73}$$

式(4.73)表明,系统的响应是由各阶振型按一定比例叠加得到的。

例 4.8　如图 4.11 所示的二自由度系统。已知 $m_1=m, m_2=2m, k_1=k_2=k_3=k$。若给定初始条件 $x_1(0)=0, x_2(0)=0, \dot{x}_1(0)=v_0, \dot{x}_2(0)=0$,试求系统的响应。

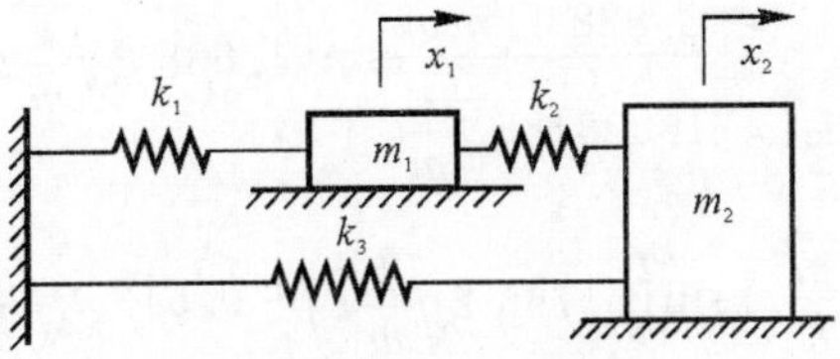

图 4.11　二自由度系统

解:取 x_1, x_2 为广义坐标,系统的运动微分方程为

$$\begin{bmatrix} m & 0 \\ 0 & 2m \end{bmatrix}\begin{bmatrix} \ddot{x}_1 \\ \ddot{x}_2 \end{bmatrix}+\begin{bmatrix} 2k & -k \\ -k & 2k \end{bmatrix}\begin{bmatrix} x_1 \\ x_2 \end{bmatrix}=\begin{bmatrix} 0 \\ 0 \end{bmatrix}$$

其特征方程为

$$\Delta(\omega^2)=\begin{vmatrix} 2k-\omega^2 m & -k \\ -k & 2k-2\omega^2 m \end{vmatrix}=2m^2\omega^4-6km\omega^2+3k^2=0$$

求得系统的固有频率为

$$\omega_1=\sqrt{\frac{3}{2}\left(1-\frac{1}{\sqrt{3}}\right)\frac{k}{m}}=0.796\ 2\sqrt{\frac{k}{m}},\quad \omega_2=\sqrt{\frac{3}{2}\left(1+\frac{1}{\sqrt{3}}\right)\frac{k}{m}}=1.538\ 2\sqrt{\frac{k}{m}}$$

将固有频率代入式(4.29),有

$$(2k-\omega_r^2 m)X_1^{(r)}-kX_2^{(r)}=0$$

$$-kX_1^{(r)}+(2k-2\omega_r^2 m)X_2^{(r)}=0$$

解得固有振型为

$$\boldsymbol{X}^{(1)}=\begin{bmatrix} 1 \\ 1.366\ 0 \end{bmatrix},\quad \boldsymbol{X}^{(2)}=\begin{bmatrix} 1 \\ -0.366\ 0 \end{bmatrix}$$

主刚度矩阵为

$$\boldsymbol{M}_{\mathrm{p}}=\boldsymbol{A}^{\mathrm{T}}\boldsymbol{M}\boldsymbol{A}=\begin{bmatrix} 4.732\ 1m & 0 \\ 0 & 1.267\ 0m \end{bmatrix}$$

由此得到正则振型为

$$\boldsymbol{A}_{\mathrm{N}}^{(1)}=\frac{1}{\sqrt{m}}\begin{bmatrix} 0.459\ 7 \\ 0.628\ 0 \end{bmatrix},\qquad \boldsymbol{A}_{\mathrm{N}}^{(2)}=\frac{1}{\sqrt{m}}\begin{bmatrix} 0.888\ 1 \\ -0.325\ 1 \end{bmatrix}$$

由式(4.71)求得正则坐标及速度的初始值为

$$\begin{bmatrix} x_{\mathrm{N1}}(0) \\ x_{\mathrm{N2}}(0) \end{bmatrix}=\frac{1}{\sqrt{m}}\begin{bmatrix} 0.459\ 7 & 0.888\ 1 \\ 0.628\ 0 & -0.325\ 1 \end{bmatrix}^{\mathrm{T}}\begin{bmatrix} m & 0 \\ 0 & 2m \end{bmatrix}\begin{bmatrix} 0 \\ 0 \end{bmatrix}=\begin{bmatrix} 0 \\ 0 \end{bmatrix}$$

$$\begin{bmatrix} \dot{x}_{\mathrm{N1}}(0) \\ \dot{x}_{\mathrm{N2}}(0) \end{bmatrix}=\frac{1}{\sqrt{m}}\begin{bmatrix} 0.459\ 7 & 0.888\ 1 \\ 0.628\ 0 & -0.325\ 1 \end{bmatrix}^{\mathrm{T}}\begin{bmatrix} m & 0 \\ 0 & 2m \end{bmatrix}\begin{bmatrix} v_0 \\ 0 \end{bmatrix}=\begin{bmatrix} 0.459\ 7 \\ 0.888\ 1 \end{bmatrix}\sqrt{m}v_0$$

将其代入到式(4.73),得系统对于初始条件的响应为

$$x=\frac{1}{\sqrt{m}}\begin{bmatrix}0.4597\\0.6280\end{bmatrix}\left(\frac{0.4597\sqrt{m}v_0}{0.7962\sqrt{\frac{k}{m}}}\sin\left(0.7962\sqrt{\frac{k}{m}}t\right)\right)+$$

$$\frac{1}{\sqrt{m}}\begin{bmatrix}0.8880\\-0.3251\end{bmatrix}\left(\frac{0.8881\sqrt{m}v_0}{1.538188\sqrt{\frac{k}{m}}}\sin\left(1.5382\sqrt{\frac{k}{m}}t\right)\right)$$

$$=\begin{bmatrix}0.2654\sqrt{\frac{m}{k}}v_0\sin\left(0.7962\sqrt{\frac{k}{m}}t\right)+0.5127\sqrt{\frac{m}{k}}v_0\sin\left(1.5382\sqrt{\frac{k}{m}}t\right)\\0.3625\sqrt{\frac{m}{k}}v_0\sin\left(0.7962\sqrt{\frac{k}{m}}t\right)-0.1876\sqrt{\frac{m}{k}}v_0\sin\left(1.5382\sqrt{\frac{k}{m}}t\right)\end{bmatrix}$$

4.5 无阻尼多自由度系统的强迫振动

由 4.4 节已知,通过坐标变换,多自由度系统在正则坐标或主坐标下的振动方程已经解耦,这给系统强迫振动的分析带来了很大的方便。重写式(4.16)表示的 n 自由度无阻尼系统的强迫振动微分方程,则有

$$\boldsymbol{M}\ddot{\boldsymbol{x}}+\boldsymbol{K}\boldsymbol{x}=\boldsymbol{F}(t) \tag{4.74}$$

式中:$\boldsymbol{F}(t)$ 为激振力向量。

下面应用振型叠加法来求多自由度系统在激扰力 $\boldsymbol{F}(t)$ 作用下的响应。

4.5.1 主振型分析法

引入主坐标,进行主坐标变换,即

$$\boldsymbol{x}=\boldsymbol{A}\boldsymbol{x}_{\mathrm{P}} \tag{4.75}$$

将式(4.75)代入式(4.74),并在方程两端左乘 $\boldsymbol{A}^{\mathrm{T}}$,得

$$\boldsymbol{A}^{\mathrm{T}}\boldsymbol{M}\boldsymbol{A}\ddot{\boldsymbol{x}}_{\mathrm{P}}+\boldsymbol{A}^{\mathrm{T}}\boldsymbol{K}\boldsymbol{A}\boldsymbol{x}_{\mathrm{P}}=\boldsymbol{A}^{\mathrm{T}}\boldsymbol{F} \tag{4.76}$$

根据主振型的正交性,可得

$$\boldsymbol{M}_{\mathrm{P}}\ddot{\boldsymbol{x}}_{\mathrm{P}}+\boldsymbol{K}_{\mathrm{P}}\boldsymbol{x}_{\mathrm{P}}=\boldsymbol{F}_{\mathrm{P}} \tag{4.77}$$

式中:$\boldsymbol{F}_{\mathrm{P}}=\boldsymbol{A}^{\mathrm{T}}\boldsymbol{F}$ 为主坐标下的激振力,称为广义激振力或模态激振力。

式(4.77)是以主坐标表示的强迫振动方程式,它是一组 n 个独立的单自由度方程,即

$$M_i\ddot{x}_{\mathrm{P}i}+K_ix_{\mathrm{P}i}=F_{\mathrm{P}i}\quad(i=1,2,\cdots,n) \tag{4.78}$$

由式(4.75),得

$$\boldsymbol{x}_{\mathrm{P}}=\boldsymbol{A}^{-1}\boldsymbol{x}=\boldsymbol{M}_{\mathrm{P}}^{-1}\boldsymbol{A}\boldsymbol{M}\boldsymbol{x} \tag{4.79}$$

于是主坐标下的初始条件为

$$\boldsymbol{x}_{\mathrm{P}}(0)=\boldsymbol{M}_{\mathrm{P}}^{-1}\boldsymbol{A}\boldsymbol{M}\boldsymbol{x}(0),\quad\dot{\boldsymbol{x}}_{\mathrm{P}}(0)=\boldsymbol{M}_{\mathrm{P}}^{-1}\boldsymbol{A}\boldsymbol{M}\dot{\boldsymbol{x}}(0) \tag{4.80}$$

这样，系统在第 i 个主坐标的响应为

$$x_{Pi}(t) = (x_{Pi}(0)\cos\omega_i t + \frac{\dot{x}_{Pi}(0)}{\omega_i}\sin\omega_i t) + \frac{1}{M_i\omega_i}\int_0^t F_{Pi}\sin\omega_i(t-\tau)\mathrm{d}\tau \tag{4.81}$$

式中

$$x_{Pi}(0) = \frac{1}{M_i}\boldsymbol{X}_i^{\mathrm{T}}\boldsymbol{M}\boldsymbol{x}(0),\quad \dot{x}_{Pi}(0) = \frac{1}{M_i}\boldsymbol{X}_i^{\mathrm{T}}\boldsymbol{M}\dot{\boldsymbol{x}}(0) \tag{4.82}$$

最后将式(4.81) 代入式(4.75)，便可得到系统在激振力 $\boldsymbol{F}(t)$ 作用下的响应。

4.5.2　正则振型分析法

引入正则坐标，进行正则坐标变换，即

$$\boldsymbol{x} = \boldsymbol{A}_{\mathrm{N}}\boldsymbol{x}_{\mathrm{N}} \tag{4.83}$$

将式(4.83) 代入式(4.74)，并在方程两端左乘 $\boldsymbol{A}_{\mathrm{N}}^{\mathrm{T}}$，得

$$\boldsymbol{A}_{\mathrm{N}}^{\mathrm{T}}\boldsymbol{M}\boldsymbol{A}_{\mathrm{N}}\ddot{\boldsymbol{x}}_{\mathrm{N}} + \boldsymbol{A}_{\mathrm{N}}^{\mathrm{T}}\boldsymbol{K}\boldsymbol{A}_{\mathrm{N}}\boldsymbol{x}_{\mathrm{N}} = \boldsymbol{A}_{\mathrm{N}}^{\mathrm{T}}\boldsymbol{F} \tag{4.84}$$

根据振型的正交性，可得

$$\ddot{\boldsymbol{x}}_{\mathrm{N}} + \boldsymbol{K}_{\mathrm{N}}\boldsymbol{x}_{\mathrm{N}} = \boldsymbol{F}_{\mathrm{N}} \tag{4.85}$$

式中：$\boldsymbol{F}_{\mathrm{N}} = \boldsymbol{A}_{\mathrm{N}}{}^{\mathrm{T}}\mathrm{F}$ 为正则坐标下的激振力，称为正则激振力。

式(4.85) 是以正则坐标表示的强迫振动方程，它是一组 n 个独立的单自由度方程，即

$$\ddot{x}_{\mathrm{N}i} + \omega_i^2 x_{\mathrm{N}i} = F_{\mathrm{N}i}\qquad (i = 1,2,\cdots,n) \tag{4.86}$$

假定系统有式(4.65) 所示的初始条件，由单自由度系统的振动理论，得系统在第 i 个正则坐标的响应为

$$x_{\mathrm{N}i}(t) = (x_{\mathrm{N}i}(0)\cos\omega_i t + \frac{\dot{x}_{\mathrm{N}i}(0)}{\omega_i}\sin\omega_i t) + \frac{1}{\omega_i}\int_0^t F_{\mathrm{N}i}\sin\omega_i(t-\tau)\mathrm{d}\tau \tag{4.87}$$

将各个正则坐标的响应代入式(4.83) 便得到系统对任意激振力的响应。

例 4.9　图 4.12 所示为三自由度无阻尼系统，已知 $m_1 = m_2 = m_3 = m, k_1 = k_4 = 2k$，$k_2 = k_3 = k$，在第一个质量块上作用有阶跃函数激振力 $\boldsymbol{F}(t) = [F_1\quad 0\quad 0]^{\mathrm{T}}$，系统初始时处于静止状态，试求系统的响应。

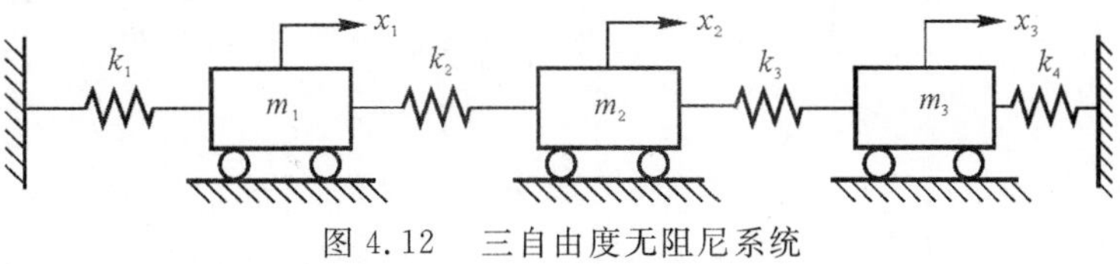

图 4.12　三自由度无阻尼系统

解：系统的振动微分方程为

$$\boldsymbol{M}\ddot{\boldsymbol{x}} + \boldsymbol{K}\boldsymbol{x} = \boldsymbol{F}$$

式中

$$\boldsymbol{M} = \begin{bmatrix} m_1 & & \\ & m_2 & \\ & & m_3 \end{bmatrix} = m\begin{bmatrix} 1 & & \\ & 1 & \\ & & 1 \end{bmatrix}$$

$$\boldsymbol{K}=\begin{bmatrix}k_1+k_2 & -k_2 & 0\\ -k_2 & k_2+k_3 & -k_3\\ 0 & -k_3 & k_3+k_4\end{bmatrix}=k\begin{bmatrix}3 & -1 & 0\\ -1 & 2 & -1\\ 0 & -1 & 3\end{bmatrix}$$

求解特征值问题,得系统的固有频率与主振型为

$$\omega_1=\sqrt{\frac{k}{m}},\quad \omega_2=\sqrt{\frac{3k}{m}},\quad \omega_3=2\sqrt{\frac{k}{m}}$$

$$\boldsymbol{X}^{(1)}=\begin{bmatrix}1\\2\\1\end{bmatrix},\quad \boldsymbol{X}^{(2)}=\begin{bmatrix}1\\0\\-1\end{bmatrix},\quad \boldsymbol{X}^{(3)}=\begin{bmatrix}1\\-1\\1\end{bmatrix}$$

主振型矩阵为

$$\boldsymbol{A}=\begin{bmatrix}1 & 1 & 1\\ 2 & 0 & -1\\ 1 & -1 & 1\end{bmatrix}$$

主质量分别为

$$M_1=\boldsymbol{X}^{(1)\mathrm{T}}\boldsymbol{M}\boldsymbol{X}^{(1)}=[1\quad 2\quad 1]\begin{bmatrix}m & & \\ & m & \\ & & m\end{bmatrix}\begin{bmatrix}1\\2\\1\end{bmatrix}=6m$$

$$M_2=\boldsymbol{X}^{(2)\mathrm{T}}\boldsymbol{M}\boldsymbol{X}^{(2)}=[1\quad 0\quad -1]\begin{bmatrix}m & & \\ & m & \\ & & m\end{bmatrix}\begin{bmatrix}1\\0\\-1\end{bmatrix}=2m$$

$$M_3=\boldsymbol{X}^{(3)\mathrm{T}}\boldsymbol{M}\boldsymbol{X}^{(3)}=[1\quad -1\quad 1]\begin{bmatrix}m & & \\ & m & \\ & & m\end{bmatrix}\begin{bmatrix}1\\-1\\1\end{bmatrix}=3m$$

可求得

$$\boldsymbol{A}_{\mathrm{N}}^{(1)}=\frac{1}{\sqrt{m}}\begin{bmatrix}0.408\,3\\0.816\,6\\0.408\,3\end{bmatrix},\quad \boldsymbol{A}_{\mathrm{N}}^{(2)}=\frac{1}{\sqrt{m}}\begin{bmatrix}0.707\,2\\0\\0.707\,2\end{bmatrix},\quad \boldsymbol{A}_{\mathrm{N}}^{(3)}=\frac{1}{\sqrt{m}}\begin{bmatrix}0.577\,4\\0.577\,4\\0.577\,4\end{bmatrix}$$

正则振型矩阵为

$$\boldsymbol{A}_{\mathrm{N}}=\frac{1}{\sqrt{m}}\begin{bmatrix}0.408\,3 & 0.707\,2 & 0.577\,4\\ 0.816\,6 & 0 & -0.577\,4\\ 0.408\,3 & -0.707\,2 & 0.577\,4\end{bmatrix}$$

正则坐标下的激振力为

$$\boldsymbol{F}_{\mathrm{N}}=\boldsymbol{A}_{\mathrm{N}}^{\mathrm{T}}\boldsymbol{F}=\frac{1}{\sqrt{m}}\begin{bmatrix}0.408\,3 & 0.816\,6 & 0.408\,3\\ 0.707\,2 & 0 & -0.707\,2\\ 0.577\,4 & -0.577\,4 & 0.577\,4\end{bmatrix}\begin{bmatrix}F\\0\\0\end{bmatrix}=\frac{F_1}{\sqrt{m}}\begin{bmatrix}0.408\,3\\0.707\,2\\0.577\,4\end{bmatrix}=\begin{bmatrix}F_{\mathrm{N1}}\\F_{\mathrm{N1}}\\F_{\mathrm{N3}}\end{bmatrix}$$

由式(4.87),可求出阶跃函数的响应为

$$x_{Ni} = \frac{F_{Ni}}{\omega_i}(1-\cos\omega_i t)$$

进而可求得正则坐标的响应列阵为

$$\boldsymbol{x}_N = \begin{bmatrix} x_{N1} \\ x_{N1} \\ x_{N3} \end{bmatrix} = \begin{bmatrix} \dfrac{0.408\ 3F_1}{\sqrt{m\omega_1^2}}(1-\cos\omega_1 t) \\ \dfrac{0.707\ 2F_1}{\sqrt{m\omega_2^2}}(1-\cos\omega_2 t) \\ \dfrac{0.577\ 4F_1}{\sqrt{m\omega_3^2}}(1-\cos\omega_3 t) \end{bmatrix}$$

由式(4.83),反变换至原坐标,原坐标的响应为

$$\boldsymbol{x} = \boldsymbol{A}_N\boldsymbol{x}_N = \frac{F_1}{k}\begin{bmatrix} 0.408\ 3 & 0.707\ 2 & 0.577\ 4 \\ 0.816\ 6 & 0 & -0.577\ 4 \\ 0.408\ 3 & -0.707\ 2 & 0.577\ 4 \end{bmatrix}\begin{bmatrix} 0.408\ 3(1-\cos\omega_1 t) \\ 0.235\ 7(1-\cos\omega_2 t) \\ 0.144\ 4(1-\cos\omega_3 t) \end{bmatrix}$$

$$= \frac{F_1}{k}\begin{bmatrix} 0.166\ 7(1-\cos\omega_1 t)+0.166\ 7(1-\cos\omega_2 t)+0.083\ 4(1-\cos\omega_3 t) \\ 0.333\ 4(1-\cos\omega_1 t)-0.083\ t(1-\cos\omega_3 t) \\ 0.166\ 7(1-\cos\omega_1 t)-0.166\ 7(1-\cos\omega_2 t)+0.083\ 4(1-\cos\omega_3 t) \end{bmatrix}$$

$$= \frac{F_1}{k}\begin{bmatrix} 0.4136\ 8-0.166\ 7\cos\omega_1 t-0.166\ 7\cos\omega_2 t-0.083\ t\cos\omega_3 t \\ 0.25-0.333\ 4\cos\omega_1 t+0.083\ 4\cos\omega_3 t \\ 0.083\ 4-0.166\ 7\cos\omega_1 t+0.166\ 7\cos\omega_2 t-0.083\ 4\cos\omega_3 t \end{bmatrix}$$

4.6　有阻尼多自由度系统的强迫振动

4.6.1　多自由度系统的阻尼

4.5 节讨论多自由度系统的强迫振动中忽略了阻尼的作用,这只有当阻尼很小且系统的激扰持续时间很短,激扰频率远离共振区时,阻尼对系统的稳态强迫振动影响不大,才可略去不计。在工程实际中,阻尼总是存在的,如摩擦、速度二次方阻尼、材料阻尼、结构阻尼、黏性阻尼等,并对系统的振动产生影响。由于各种阻尼的机理比较复杂,在线性系统振动分析中,往往将各种阻尼简化为黏性阻尼,其阻尼力的大小与速度成正比。阻尼系数须由工程上各种理论与经验公式给出,或直接根据实验数据确定。

对于一般具有黏性阻尼的多自由度系统,在激振力作用下,它的运动微分方程为

$$\boldsymbol{M}\ddot{\boldsymbol{x}} + \boldsymbol{C}\dot{\boldsymbol{x}} + \boldsymbol{K}\boldsymbol{x} = \boldsymbol{F} \tag{4.88}$$

式中:$\boldsymbol{C}$ 为 $n \times n$ 阶的阻尼矩阵。

如引进正则坐标变换,即

$$\boldsymbol{x} = \boldsymbol{A}_N\boldsymbol{x}_N \tag{4.89}$$

将式(4.89)代入式(4.88),并在方程两端左乘 $\boldsymbol{A}_N^T$,得

$$\boldsymbol{A}_N^T\boldsymbol{M}\boldsymbol{A}_N\ddot{\boldsymbol{x}}_N+\boldsymbol{A}_N^T\boldsymbol{C}\boldsymbol{A}_N\dot{\boldsymbol{x}}_N+\boldsymbol{A}_N^T\boldsymbol{K}\boldsymbol{A}_N\boldsymbol{x}_N=\boldsymbol{A}_N^T\boldsymbol{F}$$

根据振型的正交性,可得

$$\ddot{\boldsymbol{x}}_N+\boldsymbol{C}_N\dot{\boldsymbol{x}}_N+\boldsymbol{K}_N\boldsymbol{x}_N=\boldsymbol{F}_N \tag{4.90}$$

式中:$\boldsymbol{C}_N$ 称为正则坐标的阻尼矩阵,是由原坐标的阻尼矩阵 $\boldsymbol{C}$ 变换得到的,即

$$\boldsymbol{C}_N=\boldsymbol{A}_N^T\boldsymbol{C}\boldsymbol{A}_N \tag{4.91}$$

一般来说,$\boldsymbol{C}_N$ 并非对角矩阵,所以式(4.90)仍是一组通过速度 $\dot{\boldsymbol{x}}_N$ 相互耦合的微分方程,无法应用前述的振型叠加法求解。因此,阻尼矩阵 $\boldsymbol{C}$ 在正则坐标变换下能否转化为对角矩阵是式(4.88)解耦的关键。

可以证明,阻尼矩阵 $\boldsymbol{C}$ 可借助实模态变换转化为对角矩阵的充分必要条件为

$$\boldsymbol{C}\boldsymbol{M}^{-1}\boldsymbol{K}=\boldsymbol{K}\boldsymbol{M}^{-1}\boldsymbol{C} \tag{4.92}$$

与之等价的条件为

$$\boldsymbol{M}\boldsymbol{K}^{-1}\boldsymbol{C}=\boldsymbol{C}\boldsymbol{K}^{-1}\boldsymbol{M} \text{ 或 } \boldsymbol{M}\boldsymbol{C}^{-1}\boldsymbol{K}=\boldsymbol{K}\boldsymbol{C}^{-1}\boldsymbol{M}$$

式中:$\boldsymbol{K}$ 和 $\boldsymbol{C}$ 假定为正定矩阵。满足式(4.92)或其等价条件的阻尼称为经典阻尼。而文献中常提到的所谓比例阻尼定义为

$$\boldsymbol{C}=a\boldsymbol{M}+b\boldsymbol{K} \tag{4.93}$$

式中:a,b 为实常数。式(4.93)是经典阻尼的一种特例。

当式(4.90)中的阻尼是经典阻尼时,则有

$$\boldsymbol{C}_N=\boldsymbol{A}_N^T\boldsymbol{C}\boldsymbol{A}_N=\begin{bmatrix} c_{N1} & & & \\ & c_{N2} & & \\ & & \ddots & \\ & & & c_{Nn}\end{bmatrix} \tag{4.94}$$

即 $\boldsymbol{C}_N$ 为对角矩阵。于是式(4.90)展开为

$$\ddot{x}_{Nr}+c_{Nr}\dot{x}_{Nr}+\omega_r^2x_{Nr}=F_{Nr}\qquad(r=1,2,\cdots,n) \tag{4.95}$$

这是一组相互独立的二阶常系数微分方程,彼此可独立求解。

利用正则坐标变换使方程解耦的分析方法称为实模态分析法或振型叠加法。

4.6.2 有阻尼多自由度系统的强迫振动

对具有弱阻尼系统在激振力作用下的强迫振动响应问题,采用振型叠加法来进行求解较为简单。现在分别对有阻尼振动系统在简谐激振力、周期激振力和任意激振力作用下的响应计算问题进行阐述。

1. 简谐激振力

假定具有黏性阻尼的多自由度系统,在各广义坐标上作用有同频率、同相位的简谐激振力。令激振力矢量为

$$\boldsymbol{F}(t)=\boldsymbol{F}_0\sin pt \tag{4.96}$$

只要系统阻尼较小，各阶固有频率各不相等且不非常接近，式(4.95)就可表示为

$$\ddot{x}_{Nr}+2\zeta_r\omega_r\dot{x}_{Nr}+\omega_r^2x_{Nr}=f_{Nr}\sin pt \quad (r=1,2,\cdots,n) \tag{4.97}$$

式中：$\zeta_r=\frac{c_{Nr}}{2\omega_r}$，$f_{Nr}$ 为 $\boldsymbol{A}_N^T\boldsymbol{F}_0$ 的第 r 个分量。直接利用单自由度系统强迫振动结果，得到正则坐标的响应为

$$x_{Nr}=\frac{f_{Nr}}{\omega_r^2}\beta_r\sin(pt-\varphi_r) \quad (r=1,2,\cdots,n) \tag{4.98}$$

式中，放大因子 β_r 为

$$\beta_r=\frac{1}{\sqrt{[1-(p/\omega_r)^2]^2+(2\zeta_r p/\omega_r)^2}} \tag{4.99}$$

相位角 φ_r 为

$$\varphi_r=\arctan\frac{2\zeta_r p/\omega_r}{1-(p/\omega_r)^2} \tag{4.100}$$

根据式(4.89)，可求出系统原坐标的稳态响应为

$$\boldsymbol{x}=\sum_{r=1}^{n}\boldsymbol{A}_{Ni}^{(r)}x_{Nr}=\sum_{r=1}^{n}\frac{\boldsymbol{A}_N^{(r)}f_{Nr}}{\omega_r^2}\beta_r\sin(pt-\varphi_r) \tag{4.101}$$

式(4.101)表示，将 n 自由度系统的强迫振动位移矢量按固有振型展开成 n 项级数时，正则坐标 x_{Nr} 是振型列阵的系数。当激振力频率与第 r 阶固有频率 ω_r 接近，即 $p/\omega_r\approx 1$ 时，第 r 阶正则坐标 x_{Nr} 的稳态强迫振动的振幅值很大，这与单自由度系统中的共振现象是类似的。

2. 周期激振力

设系统作用有与周期函数 $f(t)$ 成比例的激振力，此时可将激振力表示为

$$\boldsymbol{F}(t)=[F_1\quad F_2\quad\cdots\quad F_n]^T f(t)=\boldsymbol{F}_0 f(t)$$

周期函数 $f(t)$ 可展开为傅里叶级数

$$f(t)=\frac{a_0}{2}+\sum_{j=1}^{\infty}(a_j\cos j\omega t+b_j\sin j\omega t) \tag{4.102}$$

在正则坐标中，激振力向量为

$$\boldsymbol{A}_N^T\boldsymbol{F}(t)=\boldsymbol{A}_N^T\boldsymbol{F}_0 f(t)=\boldsymbol{F}_N f(t) \tag{4.103}$$

即

$$f_{Nr}f(t)=\boldsymbol{A}_N^{(r)\,T}\boldsymbol{F}_0 f(t) \quad (r=1,2,\cdots,n)$$

由式(4.95)，一般周期激振力作用下的振动微分方程为

$$\ddot{x}_{Nr}+2\zeta_r\omega_r\dot{x}_{Nr}+\omega_r^2x_{Nr}=f_{Nr}f(t) \quad (r=1,2,\cdots,n) \tag{4.104}$$

式(4.104)与单自由度系统的方程形式完全相同，故正则坐标的稳态响应为

$$x_{Nr}=\frac{f_{Nr}}{\omega_r^2}\{a_0+\sum_{j=1}^{\infty}\beta_{rj}[a_j\cos(j\omega t-\varphi_{rj})+b_j\sin(j\omega t-\varphi_{rj})]\} \tag{4.105}$$

式中，放大因子为

$$\beta_{rj}=\frac{1}{\sqrt{[1-(j\omega/\omega_r)^2]^2+(2\zeta_r j\omega/\omega_r)^2}} \tag{4.106}$$

相位角为

$$\varphi_{rj} = \arctan \frac{2\zeta_r j\omega/\omega_r}{1-(j\omega/\omega_r)^2} \tag{4.107}$$

由式(4.105)可见，对于任意阶(例如第 r 阶)正则坐标的响应是多个具有不同频率的激振力引起响应的叠加，因而就一般周期性激振力来说，产生共振(当 $j\omega=\omega_r$ 时)的可能性要比简谐力作用时大得多。

系统在原坐标的响应可由式(4.89)求出。

3. 任意激振力

如果激振力是任意随时间变化的力，系统的响应也可用振型叠加法进行求解。其求解步骤如下：

1) 由系统选取的广义坐标 $\boldsymbol{x}$ 建立系统的无阻尼自由振动微分方程，按无阻尼自由振动微分方程解出系统的各阶固有频率 ω_i 及主振型 $\boldsymbol{A}^{(i)}$。

2) 将主振型 $\boldsymbol{A}^{(i)}$ 正则化后，求得各阶正则振型矩阵 $\boldsymbol{A}_{\mathrm{N}}$。

3) 应用正则振型矩阵进行坐标变换，使方程解耦。

4) 对原坐标的初始条件和激扰力进行坐标变换得出正则坐标的初始条件与激扰力，进而求得正则坐标的响应，如激振力为非周期函数，可应用卷积积分进行计算。

5) 进行坐标逆变换，由正则坐标求出原坐标的响应。

例 4.10 如图 4.13 所示有阻尼的三自由度弹簧质量振动系统，各质量上作用有激振力 $F_1=F_2=F_3=F_0\sin pt$，$p=1.25\sqrt{\frac{k}{m}}$。已知 $k_1=k_2=k_3=k$，$m_1=m_2=m_3=m$，各阶振型阻尼比为 $\zeta_1=\zeta_2=\zeta_3=0.015$，试求系统的响应。

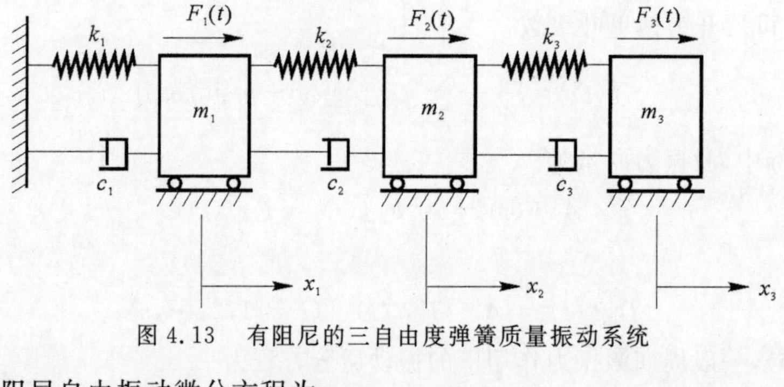

图 4.13　有阻尼的三自由度弹簧质量振动系统

解：系统无阻尼自由振动微分方程为

$$\boldsymbol{M}\ddot{\boldsymbol{x}}+\boldsymbol{K}\boldsymbol{x}=\boldsymbol{0}$$

质量矩阵及刚度矩阵分别为

$$\boldsymbol{M}=\begin{bmatrix} m_1 & 0 & 0 \\ 0 & m_2 & 0 \\ 0 & 0 & m_3 \end{bmatrix},\quad \boldsymbol{K}=\begin{bmatrix} k_1+k_2 & -k_2 & 0 \\ -k_2 & k_2+k_3 & -k_3 \\ 0 & -k_3 & k_3 \end{bmatrix}$$

特征值问题为

$$\begin{bmatrix} 2k - m\omega_2 & -k & 0 \\ -k & 2k - m\omega^2 & -k \\ 0 & -k & k - m\omega^2 \end{bmatrix} \begin{bmatrix} x_1 \\ x_2 \\ x_3 \end{bmatrix} = \begin{bmatrix} 0 \\ 0 \\ 0 \end{bmatrix} \tag{a}$$

特征方程为

$$(\omega^2)^3 - 5\frac{k}{m}(\omega^2)^2 + 6\left(\frac{k}{m}\right)^2 \omega^2 + \left(\frac{k}{m}\right)^3 = 0$$

解得

$$\omega_1^2 = 0.198\frac{k}{m}, \quad \omega_2^2 = 1.555\frac{k}{m}, \quad \omega_3^2 = 3.247\frac{k}{m}$$

故

$$\omega_1 = 0.445\sqrt{\frac{k}{m}}, \quad \omega_2 = 1.247\sqrt{\frac{k}{m}}, \quad \omega_3 = 1.802\sqrt{\frac{k}{m}}$$

将求出的 3 个固有频率代入式(a)，进而求得主振型，有

$$\boldsymbol{X}^{(1)} = [1 \quad 1.802 \quad 2.247]^{\mathrm{T}}, \quad \boldsymbol{X}^{(2)} = [1 \quad 0.445 \quad -0.802]^{\mathrm{T}}, \quad \boldsymbol{X}^{(3)} = [1 \quad -1.247 \quad 0.555]^{\mathrm{T}}$$

建立主振型矩阵，得

$$\boldsymbol{A} = \begin{bmatrix} 1 & 1 & 1 \\ 1.802 & 0.455 & -1.247 \\ 2.247 & -0.802 & 0.555 \end{bmatrix}$$

计算各阶主质量，得

$$M_1 = \boldsymbol{X}^{(1)\mathrm{T}}\boldsymbol{M}\boldsymbol{X}^{(1)} = [1 \quad 1.802 \quad 2.247]\begin{bmatrix} m & & \\ & m & \\ & & m \end{bmatrix}\begin{bmatrix} 1 \\ 1.802 \\ 2.247 \end{bmatrix} = 9.296m$$

$$M_2 = \boldsymbol{X}^{(2)\mathrm{T}}\boldsymbol{M}\boldsymbol{X}^{(2)} = [1 \quad 0.445 \quad -0.802]\begin{bmatrix} m & & \\ & m & \\ & & m \end{bmatrix}\begin{bmatrix} 1 \\ 0.445 \\ -0.802 \end{bmatrix} = 1.841m$$

$$M_3 = \boldsymbol{X}^{(3)\mathrm{T}}\boldsymbol{M}\boldsymbol{X}^{(3)} = [1 \quad -1.247 \quad 0.555]\begin{bmatrix} m & & \\ & m & \\ & & m \end{bmatrix}\begin{bmatrix} 1 \\ -1.247 \\ 0.555 \end{bmatrix} = 2.863m$$

正则振型矩阵为

$$\boldsymbol{A}_{\mathrm{N}} = \frac{1}{\sqrt{m}}\begin{bmatrix} 0.328 & 0.737 & 0.591 \\ 0.591 & 0.628 & -0.737 \\ 0.737 & -0.591 & 0.328 \end{bmatrix}$$

正则坐标下激振力为

$$\boldsymbol{F}_{\mathrm{N}}(t) = \begin{bmatrix} f_{\mathrm{N1}} \\ f_{\mathrm{N2}} \\ f_{\mathrm{N3}} \end{bmatrix} = \frac{1}{\sqrt{m}}\begin{bmatrix} 0.328 & 0.591 & 0.737 \\ 0.737 & 0.328 & -0.591 \\ 0.591 & -0.737 & 0.328 \end{bmatrix}\begin{bmatrix} F_0 \\ F_0 \\ F_0 \end{bmatrix}\sin pt = \begin{bmatrix} 1.656 \\ 0.474 \\ 0.182 \end{bmatrix}\frac{F_0}{\sqrt{m}}\sin pt$$

由式(4.99)，计算放大因子得

$$\beta_1 = 1/[(1-1.563/0.198)^2 + (2\times 0.015\times 1.25/0.445)^2]^{\frac{1}{2}} = 0.145$$

$$\beta_2 = 1/[(1-1.563/1.555)^2 + (2\times 0.015\times 1.25/1.247)^2]^{\frac{1}{2}} = 31.746$$

$$\beta_3 = 1/[(1-1.563/3.247)^2 + (2\times 0.015\times 1.25/1.802)^2]^{\frac{1}{2}} = 1.927$$

由式(4.98) 求出正则坐标的响应，有

$$X_{N1} = \frac{1.656}{0.198}\frac{F_0}{\sqrt{m}}\frac{m}{k}\times 0.145\sin(pt-\omega_1) = 1.213\frac{F_0}{k}\sqrt{m}\sin(pt-\omega_1)$$

$$X_{N2} = \frac{0.474}{1.555}\frac{F_0}{\sqrt{m}}\frac{m}{k}\times 31.746\sin(pt-\omega_2) = 9.677\frac{F_0}{k}\sqrt{m}\sin(pt-\omega_2)$$

$$X_{N3} = \frac{0.182}{3.247}\frac{F_0}{\sqrt{m}}\frac{m}{k}\times 1.927\sin(pt-\omega_3) = 0.108\frac{F_0}{k}\sqrt{m}\sin(pt-\omega_3)$$

式中，ω 值由式(4.100) 求出，有

$$\omega_1 = \arctan\frac{2\times 0.015\times 1.25/0.445}{1-(1.563/0.198)}\arctan(-0.012\,22) = 179°18'$$

$$\omega_2 = \arctan\frac{2\times 0.015\times 1.25/1.247}{1-(1.563/1.555)}\arctan(-5.845\,28) = 99°42'$$

$$\omega_3 = \arctan\frac{2\times 0.015\times 1.25/1.802}{1-(1.563/3.247)}\arctan(-0.040\,125) = 2°17'$$

最后，由式(4.101) 可求出原坐标的位移响应为

$$\boldsymbol{X} = \begin{bmatrix} x_1 \\ x_2 \\ x_3 \end{bmatrix} = \frac{1.213F_0}{k}\begin{bmatrix} 0.328 \\ 0.591 \\ 0.737 \end{bmatrix}\sin(pt-\omega_1) + \frac{9.677F_0}{k}\begin{bmatrix} 0.737 \\ 0.328 \\ -0.737 \end{bmatrix}\sin(pt-\omega_2) +$$

$$\frac{0.108F_0}{k}\begin{bmatrix} 0.591 \\ -0.737 \\ 0.328 \end{bmatrix}\sin(pt-\omega_3)$$

整理后得

$$\boldsymbol{X} = \begin{bmatrix} x_1 \\ x_2 \\ x_3 \end{bmatrix} = \frac{F_0}{k}\begin{bmatrix} 0.398\sin(pt-\omega_1) + 7.132\sin(pt-\omega_2) + 0.064sin(pt-\omega_3) \\ 0.717\sin(pt-\omega_1) + 3.174\sin(pt-\omega_2) + 0.079sin(pt-\omega_3) \\ 0.894\sin(pt-\omega_1) + 5.719\sin(pt-\omega_2) + 0.035sin(pt-\omega_3) \end{bmatrix}$$

习　题

4.1　如图 4.14 所示弹簧质量系统，$m_1 = m_2 = m_3 = m$，$k_1 = k_2 = k_3 = k$，建立系统运动微分方程。

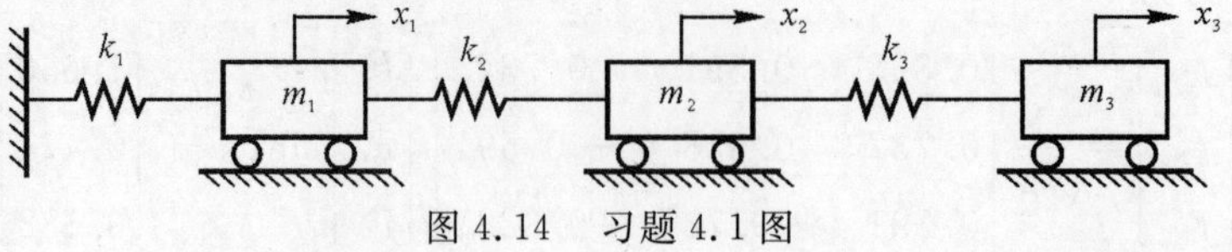

图 4.14　习题 4.1 图

4.2　写出图 4.15 所示轴盘扭转系统的刚度矩阵。

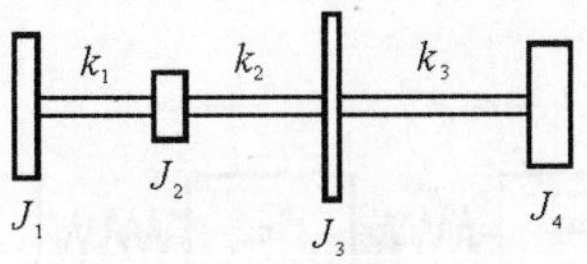

图 4.15　习题 4.2 图

4.3　写出图 4.16 所示梁的柔度矩阵。梁的质量忽略不计，抗弯刚度为 EI。

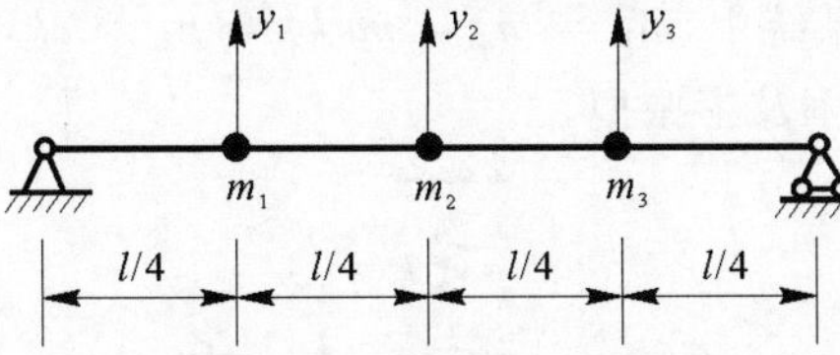

图 4.16　习题 4.3 图

4.4　3 个质量由两根弹性梁对称地连接在一起，可粗略地作为飞机的简化模型，如图 4.17 所示。设中间的质量为 M，两端的质量均为 m，梁的刚度为 k，梁的质量忽略不计。只考虑各个质量沿铅垂方向的运动，求系统的固有频率和主振型。

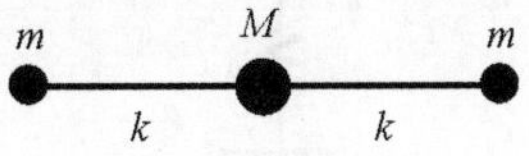

图 4.17　习题 4.4 图

4.5　图 4.18 所示匀质杆的质量为 m，长度为 L。以 x，θ 为广义坐标，确定系统的固有频率和振型。

4.6　图 4.19 所示三摆系统，如 $m_1 = m_2 = m_3 = m$，$L_1 = L_2 = L_3 = L$，求系统的固有频率及主振型。

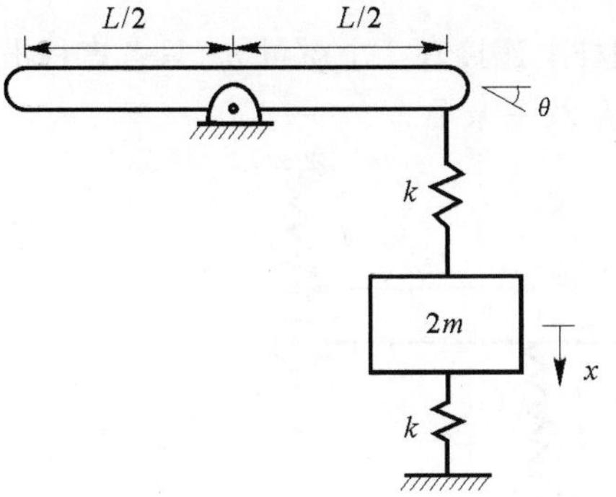

图 4.18　习题 4.5 图

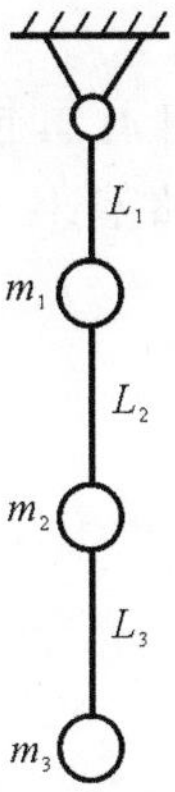

图 4.19　习题 4.6 图

4.7　长为 L 的均匀简支梁，在距二支点 $L/6$ 及中点处分别带有质量 m，如图 4.20 所示。设梁的质量忽略不计，其抗弯刚度为 EI，求系统的固有频率及主振型。

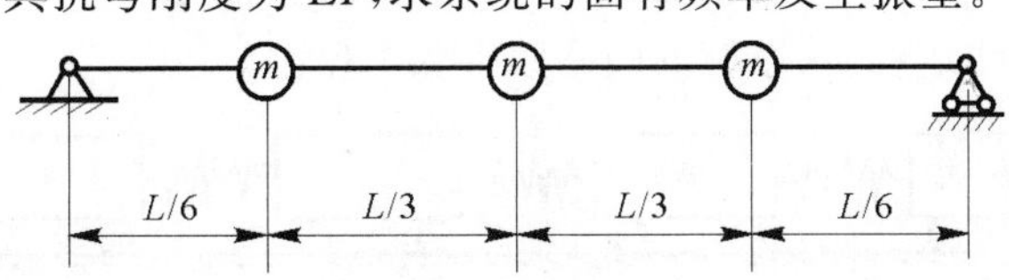

图 4.20　习题 4.7 图

4.8　图 4.21 所示弹簧质量系统，如 $m_1 = m_2 = m, m_3 = 2m, k_1 = k_2 = k, k_3 = 2k$，求系统的固有频率及主振型。

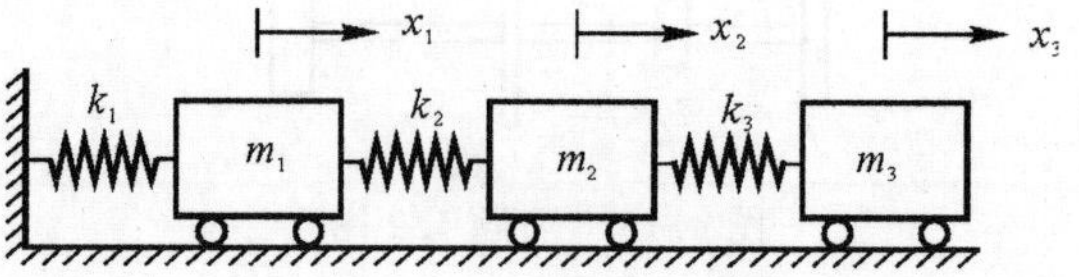

图 4.21　习题 4.8 图

4.9　在图 4.22 所示的系统中，$m_1 = m_2 = m, k_1 = k_2 = 2k, k_3 = k, k_4 = k_5 = 4k$，试求作微幅振动时，系统的固有频率及主振型。

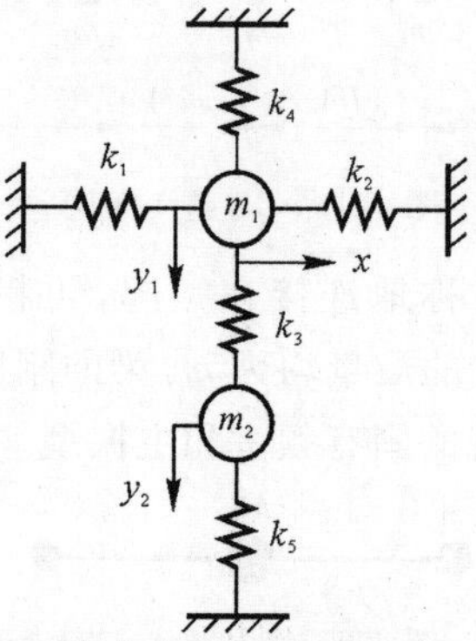

图 4.22　习题 4.9 图

4.10　求图 4.23 所示系统的固有频率及主振型。

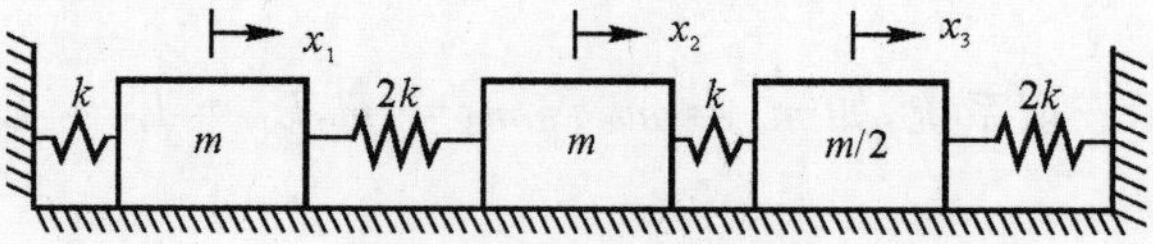

图 4.23　习题 4.10 图

4.11　在图 4.24 所示系统中，水平刚杆上连接有 3 个质量 m。只考虑杆沿铅垂方向的运动，杆的质量忽略不计。试求系统的固有频率及主振型。

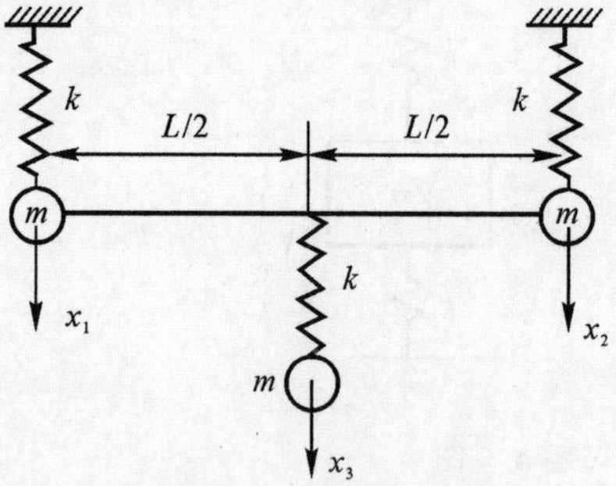

图 4.24　习题 4.11 图

4.12　图 4.25 所示四质量弹簧系统中各个质量块的质量均为 m，每个弹簧刚度均为 k，设系统只能沿水平方向直线运动。求系统的固有频率和主振型。

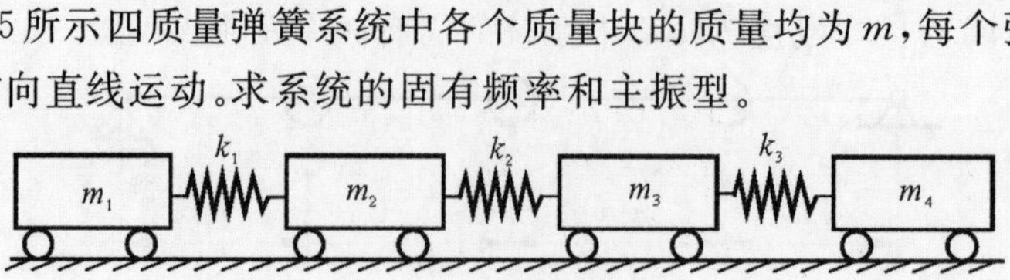

图 4.25　习题 4.12 图

4.13　校核题 4.8 中各阶主振型对系统质量矩阵及刚度矩阵的正交性，并求出各阶正则振型。

4.14　在图 4.21 所示系统中，如 $m_1 = m, m_2 = 2m, m_3 = 3m, k_1 = 3k, k_2 = 2k, k_3 = k$，求系统的固有频率及主振型。

4.15　校核题 4.14 中各阶主振型的正交性，并计算相应于各阶振型的主质量和主刚度以及正则振型矩阵。

4.16　设题 4.12 所述系统中初始条件为 $\boldsymbol{x}(0) = [0\quad 0\quad 0\quad 0]^{\mathrm{T}}, \dot{\boldsymbol{x}}(0) = [v\quad 0\quad 0\quad v]^{\mathrm{T}}$，求系统的自由运动。

4.17　设题 4.12 所述系统原来处于静平衡状态，今在其中第一个与末一个质量块上加以水平方向的阶跃力 $F_1 = F_4 = F$，求系统的响应。

4.18　如图 4.26 所示二自由度系统。

(1) 求系统固有频率和模态矩阵，并画出各阶主振型图形；

(2) 当系统存在初始条件 $\begin{bmatrix} x_1(0) \\ x_2(0) \end{bmatrix} = \begin{bmatrix} 0 \\ x_0 \end{bmatrix}$ 和 $\begin{bmatrix} \dot{x}_1(0) \\ \dot{x}_2(0) \end{bmatrix} = \begin{bmatrix} 0 \\ 0 \end{bmatrix}$ 时，试采用模态叠加法求解系统响应。

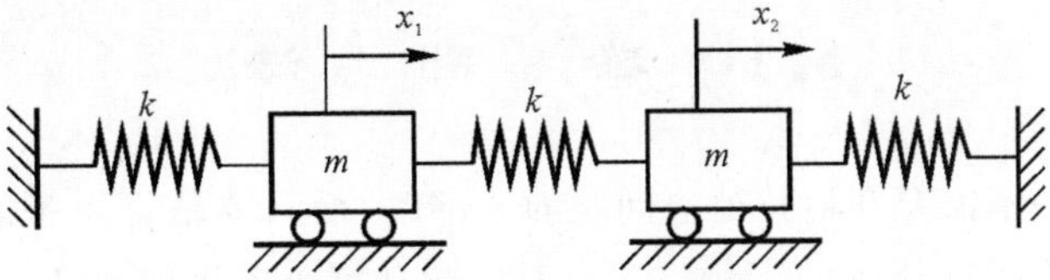

图 4.26　习题 4.18 图

4.19　对题 4.14 所示系统，若有初始条件为 $x_{01} = x_{02} = x_{03} = 1, \dot{x}_{01} = \dot{x}_{02} = \dot{x}_{03} = 0$，求系统对此初始条件的响应。

4.20　如图 4.21 所示系统，设中间质量块上作用有简谐激扰力 $F_2 = \sin pt$，设 $m_1 = 2m$，$m_2 = 1.5m, m_3 = m, k_1 = 3k, k_2 = 2k, 2k_3 = k$，求系统强迫振动的响应。

4.21　如图 4.27 所示，各质量块上的激振力 $F_1 = F_2 = F_3 = F\sin\omega t$，其中 $\omega = 1.25\sqrt{\dfrac{k}{m}}$，各阶正则振型的阻尼系数为 $\zeta_{N1} = \zeta_{N2} = \zeta_{N3} = 0.01$，求系统的稳态响应。

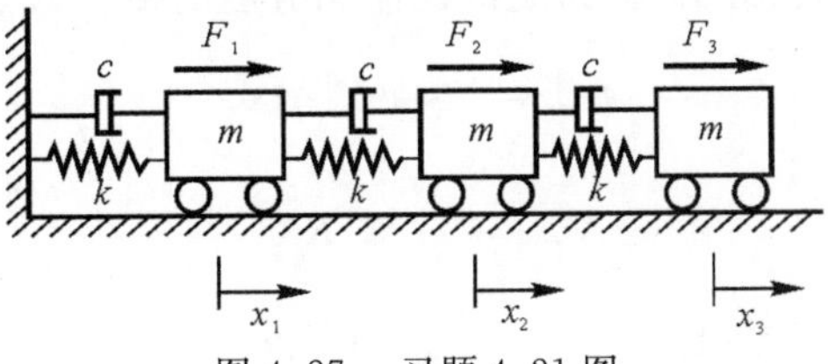

图 4.27　习题 4.21 图

第 5 章　振动分析的近似计算方法

由第 4 章讨论可知，线性多自由度系统的固有频率及主振型的计算，在数学上归结为刚度矩阵和质量矩阵的广义特征值问题，随着系统自由度数的增加而变得极为烦琐，求解计算工作量非常大。因此，在工程上常采用一些近似计算方法来预估固有频率和主振型。目前求解多自由度系统固有频率及主振型的计算方法很多，有些方法已经有标准的计算机程序可供选用。

本章介绍几种常用的近似计算方法，有瑞利法、里茨法、矩阵迭代法、传递矩阵法等。

5.1　瑞　利　法

在有些情况下，并不需要知道特征值问题的全部解，而只要估算系统的低阶固有频率，特别是求出基频(第一阶固有频率) 就足够了，这种基频估算可以用瑞利(Ravleigh) 法来实现。

设系统的某一阶主振动可近似表示为

$$x = X\sin(\bar{\omega} t + \varphi) \tag{5.1}$$

式中：X 与 $\bar{\omega}$ 是假设的振型及固有频率。则系统的动能和势能分别为

$$T = \frac{1}{2} \dot{x}^{\mathrm{T}} M \dot{x} \tag{5.2}$$

$$V = \frac{1}{2} x^{\mathrm{T}} K x \tag{5.3}$$

将式(5.1) 代入式(5.2) 和式(5.3)，得系统的动能和势能的最大值分别为

$$T_{\max} = \frac{1}{2} \bar{\omega}^2 X^{\mathrm{T}} M X \tag{5.4}$$

$$V_{\max} = \frac{1}{2} X^{\mathrm{T}} K X \tag{5.5}$$

对于保守系统，机械能守恒，有 $T_{\max} = V_{\max}$，瑞利商 $R(X)$ 的表达式定义为

$$R(X) = \bar{\omega}^2 = \frac{X^{\mathrm{T}} K X}{X^{\mathrm{T}} M X} \tag{5.6}$$

可以看到，如果假设的振型向量 X 就是第 i 阶主振型 $X^{(i)}$，则瑞利商为

$$R(X) = \bar{\omega}^2 = \frac{X^{(i)\mathrm{T}} K X^{(i)}}{X^{(i)\mathrm{T}} M X^{(i)}} = \frac{M_i}{K_i} = \omega_i^2 \tag{5.7}$$

即瑞利商是第 i 阶固有频率的二次方。当 X 是任意的 n 维向量时，由展开定理，X 可展开为 n 个正则振型的线性组合，即

$$\boldsymbol{X} = a_1\boldsymbol{X}_{\mathrm{N}}^{(1)} + a_2\boldsymbol{X}_{\mathrm{N}}^{(2)} + \cdots + a_n\boldsymbol{X}_{\mathrm{N}}^{(n)} = \boldsymbol{X}_{\mathrm{N}}\boldsymbol{a} \tag{5.8}$$

式中：$\boldsymbol{a} = [a_1 \quad a_2 \quad \cdots \quad a_n]^{\mathrm{T}}$。将式(5.8)代入式(5.6)，可得

$$R(\boldsymbol{X}) = \frac{\boldsymbol{a}^{\mathrm{T}}\boldsymbol{X}_{\mathrm{N}}^{\mathrm{T}}\boldsymbol{K}\boldsymbol{X}_{\mathrm{N}}\boldsymbol{a}}{\boldsymbol{a}^{\mathrm{T}}\boldsymbol{X}_{\mathrm{N}}^{\mathrm{T}}\boldsymbol{M}\boldsymbol{X}_{\mathrm{N}}\boldsymbol{a}} = \frac{\sum_{i=1}^{n}\omega_i^2 a_i^2}{\sum_{i=1}^{n} a_i^2} \tag{5.9}$$

可以证明 ω_1^2 及 ω_n^2 分别是瑞利商的极小值和极大值，即

$$\omega_1^2 \leqslant R(\boldsymbol{X}) \leqslant \omega_n^2 \tag{5.10}$$

事实上，若将式(5.9)右端分子内所有的 ω_i 换为 ω_1，由于 ω_1 为最低一阶固有频率，因而得

$$R(X) \geqslant \frac{\sum_{i=1}^{n}\omega_1^2 a_i^2}{\sum_{i=1}^{n} a_i^2} = \omega_1^2 \tag{5.11}$$

由式(5.7)可知，当 $\boldsymbol{X} = \boldsymbol{X}^{(1)}$ 时，$R(\boldsymbol{X}) = \omega_1^2$，所以 $R(\boldsymbol{X})$ 的极小值为 ω_1^2。同理，可以证明 $R(\boldsymbol{X})$ 的极大值为 ω_n^2。

可以看到，只要振型 $\boldsymbol{X}$ 假设正确，理论上讲，用瑞利商可以计算任意一阶固有频率。但由于高阶主振型很难合理假设，所以瑞利商一般用于求解第一阶固有频率。由式(5.11)知道，由瑞利法求出的基频近似值大于实际的基频 ω_1。这是由于假设振型偏离了第一阶振型，相当于给系统增加了约束，因而增加了刚度，使得求解结果高于真实值。

对于通过柔度矩阵所建立的位移方程，也有相应的瑞利商。系统的柔度矩阵形式的特征方程为

$$(\boldsymbol{I} - \omega^2\boldsymbol{\delta}\boldsymbol{M})\boldsymbol{x} = \boldsymbol{0} \tag{5.12}$$

若用某假设振型向量 $\boldsymbol{X}$ 代入，则有

$$\boldsymbol{I}\boldsymbol{X} = \omega^2\boldsymbol{\delta}\boldsymbol{M}\boldsymbol{X} \tag{5.13}$$

将上式两边同时左乘 $\boldsymbol{X}^{\mathrm{T}}\boldsymbol{M}$，则有

$$\boldsymbol{X}^{\mathrm{T}}\boldsymbol{M}\boldsymbol{X} = \omega^2\boldsymbol{X}^{\mathrm{T}}\boldsymbol{M}\boldsymbol{\delta}\boldsymbol{M}\boldsymbol{X} \tag{5.14}$$

注意，$\boldsymbol{X}$ 只是假设的振型向量，而非模态向量，因此可能并不满足正交性，则有

$$\omega^2 = \frac{\boldsymbol{X}^{\mathrm{T}}\boldsymbol{M}\boldsymbol{X}}{\boldsymbol{X}^{\mathrm{T}}\boldsymbol{M}\boldsymbol{\delta}\boldsymbol{M}\boldsymbol{X}} = R(\boldsymbol{X}) \tag{5.15}$$

若假设的振型接近第一阶主振型，则 R 是基频 ω_1^2 的近似值。

例 5.1　对于例 4.5 所示的三自由度系统，试采用瑞利法估算系统的一阶频率。

解：采用影响系数法直接写出系统的质量矩阵和刚度矩阵为

$$\boldsymbol{M} = \begin{bmatrix} m & 0 & 0 \\ 0 & m & 0 \\ 0 & 0 & m \end{bmatrix}, \quad \boldsymbol{K} = \begin{bmatrix} 2k & -k & 0 \\ -k & 2k & -k \\ 0 & -k & 2k \end{bmatrix}$$

设系统的一阶振型为

$$\boldsymbol{X} = [1 \quad 1 \quad 1]^{\mathrm{T}}$$

将其代入瑞利商表达式，得

$$\bar{\omega}^2 = \frac{\boldsymbol{X}^{\mathrm{T}}\boldsymbol{K}\boldsymbol{X}}{\boldsymbol{X}^{\mathrm{T}}\boldsymbol{M}\boldsymbol{X}} = \frac{\begin{bmatrix}1 & 1 & 1\end{bmatrix}\begin{bmatrix}2k & -k & 0\\ -k & 2k & -k\\ 0 & -k & 2k\end{bmatrix}\begin{bmatrix}1\\1\\1\end{bmatrix}}{\begin{bmatrix}1 & 1 & 1\end{bmatrix}\begin{bmatrix}m & 0 & 0\\ 0 & m & 0\\ 0 & 0 & m\end{bmatrix}\begin{bmatrix}1\\1\\1\end{bmatrix}} = \frac{2k}{3m} \approx 0.667\frac{k}{m}$$

第 4 章求解得到的精确值为 $\omega_1 = \sqrt{(2-\sqrt{2})\frac{k}{m}}$，对比两者，精度误差为

$$\Delta = \frac{\left|\sqrt{0.667\frac{k}{m}} - \sqrt{(2-\sqrt{2})\frac{k}{m}}\right|}{\sqrt{(2-\sqrt{2})\frac{k}{m}}} \times 100\% = 6.7\%$$

第 4 章求解得到一阶模态振型为 $\boldsymbol{X}^{(1)} = \begin{bmatrix}1 & \sqrt{2} & 1\end{bmatrix}^{\mathrm{T}}$，根据该结构特点，有经验的工程师选择的假设振型可以为 $\boldsymbol{X} = \begin{bmatrix}1 & 1.5 & 1\end{bmatrix}^{\mathrm{T}}$，将其代入瑞利商中，得

$$\bar{\omega}^2 = \frac{\boldsymbol{X}^{\mathrm{T}}\boldsymbol{K}\boldsymbol{X}}{\boldsymbol{X}^{\mathrm{T}}\boldsymbol{M}\boldsymbol{X}} = \frac{\begin{bmatrix}1 & 1.5 & 1\end{bmatrix}\begin{bmatrix}2k & -k & 0\\ -k & 2k & -k\\ 0 & -k & 2k\end{bmatrix}\begin{bmatrix}1\\1.5\\1\end{bmatrix}}{\begin{bmatrix}1 & 1.5 & 1\end{bmatrix}\begin{bmatrix}m & 0 & 0\\ 0 & m & 0\\ 0 & 0 & m\end{bmatrix}\begin{bmatrix}1\\1.5\\1\end{bmatrix}} = \frac{10k}{17m} \approx 0.588\frac{k}{m}$$

精度误差为

$$\Delta = \frac{\left|\sqrt{0.588\frac{k}{m}} - \sqrt{(2-\sqrt{2})\frac{k}{m}}\right|}{\sqrt{0.588\frac{k}{m}}} \times 100\% = 0.19\%$$

由此可见，由较为准确的一阶振型假设，可以得到精度较高的基频估算值。

5.2 里 茨 法

瑞利法只限于估算系统的基频。但工程实际中往往需要求出较低的几阶固有频率及主振型，应用瑞利法的困难在于较高阶固有频率的假设振型难于选择，以致误差较大。本节讨论的里茨(Ritz) 法在瑞利法的基础上较好地克服了上述困难，可以用于计算系统的前几阶固有频率及主振型。

里茨法不是直接给出假设振型，而是将瑞利法中的假设振型表示为有限个独立的假设模态的线性组合，即系统的近似主振型假设为

$$\boldsymbol{X} = a_1\boldsymbol{\psi}^{(1)} + a_2\boldsymbol{\psi}^{(2)} + \cdots + a_s\boldsymbol{\psi}^{(s)} \tag{5.16}$$

式中：$\boldsymbol{\psi}^{(1)},\boldsymbol{\psi}^{(2)},\cdots,\boldsymbol{\psi}^{(s)}$ 为预先选取的 s 个线性独立的假设振型，称为里茨基矢量。一般选取 $a_1,a_2,\cdots,a_s$ 为待定系数，将这些振型向量组合成矩阵 $\boldsymbol{\psi}$，它是一个 $n\times s$ 的矩阵：

$$\boldsymbol{\psi}=[\boldsymbol{\psi}^{(1)}\quad \boldsymbol{\psi}^{(2)}\quad \cdots\quad \boldsymbol{\psi}^{(s)}] \tag{5.17}$$

将待定系数写成向量为

$$\boldsymbol{a}=[a_1\quad a_2\quad \cdots\quad a_s]^{\mathrm{T}} \tag{5.18}$$

则式(5.16)可以写成

$$\boldsymbol{X}=\boldsymbol{\psi a} \tag{5.19}$$

将式(5.19)代入瑞利商,得

$$R(\boldsymbol{X})=\frac{\boldsymbol{X}^{\mathrm{T}}\boldsymbol{KX}}{\boldsymbol{X}^{\mathrm{T}}\boldsymbol{MX}}=\frac{\boldsymbol{a}^{\mathrm{T}}\ \boldsymbol{\psi}^{\mathrm{T}}\boldsymbol{K\psi a}}{\boldsymbol{a}^{\mathrm{T}}\ \boldsymbol{\psi}^{\mathrm{T}}\boldsymbol{M\psi a}}=\frac{\boldsymbol{a}^{\mathrm{T}}\tilde{\boldsymbol{K}}\boldsymbol{a}}{\boldsymbol{a}^{\mathrm{T}}\tilde{\boldsymbol{M}}\boldsymbol{a}}=\frac{U_1(\boldsymbol{a})}{T_1(\boldsymbol{a})}=\omega^2 \tag{5.20}$$

式中,$\boldsymbol{a}^{\mathrm{T}}\tilde{\boldsymbol{K}}\mathrm{a}$ 写成关于系数 $\boldsymbol{a}$ 的函数 $U_1(\boldsymbol{a})$,$\boldsymbol{a}^{\mathrm{T}}\tilde{\boldsymbol{M}}\boldsymbol{a}$ 写成 $T_1(\boldsymbol{a})$。由于 $R(\boldsymbol{X})$ 在系统的真实主振型处取驻值,所以 $\boldsymbol{a}$ 的各个元素可由下式确定:

$$\frac{\partial R(\boldsymbol{X})}{\partial a_i}=\frac{1}{(T_1(\boldsymbol{a}))^2}\left[T_1(\boldsymbol{a})\frac{\partial U_1(\boldsymbol{a})}{\partial a_i}-U_1(\boldsymbol{a})\frac{\partial T_1(\boldsymbol{a})}{\partial a_i}\right]=0\quad (i=1,2,\cdots,s)$$

即

$$\frac{\partial U_1(\boldsymbol{a})}{\partial a_i}-\omega^2\frac{\partial T_1(\boldsymbol{a})}{\partial a_i}=0\quad (i=1,2,\cdots,s) \tag{5.21}$$

而

$$\frac{\partial T_1(\boldsymbol{a})}{\partial a_i}=\frac{\partial\ \boldsymbol{a}^{\mathrm{T}}}{\partial a_i}\boldsymbol{\psi}^{\mathrm{T}}\boldsymbol{M\psi a}+\boldsymbol{a}^{\mathrm{T}}\ \boldsymbol{\psi}^{\mathrm{T}}\boldsymbol{M\psi a}\frac{\partial \boldsymbol{a}}{\partial a_i}=2\frac{\partial \boldsymbol{a}^{\mathrm{T}}}{\partial a_i}\boldsymbol{\psi}^{\mathrm{T}}\boldsymbol{M\psi a}=2\ \boldsymbol{\psi}_i^{\mathrm{T}}\boldsymbol{M\psi a} \tag{5.22}$$

同理

$$\frac{\partial U_1(\boldsymbol{a})}{\partial a_i}=2\boldsymbol{\psi}_i^{\mathrm{T}}\boldsymbol{K\psi a} \tag{5.23}$$

于是,式(5.21)可写为

$$\boldsymbol{\psi}_i^{\mathrm{T}}\boldsymbol{K\psi a}-\omega^2\boldsymbol{\psi}_i^{\mathrm{T}}\boldsymbol{M\psi a}=0\quad (i=1,2,\cdots,s) \tag{5.24}$$

将式(5.24)中 s 个方程合并,写成矩阵形式为

$$\boldsymbol{\psi}^{\mathrm{T}}\boldsymbol{K\psi a}-\boldsymbol{\psi}^{\mathrm{T}}\boldsymbol{K\psi a}=\boldsymbol{0} \tag{5.25}$$

令

$$\boldsymbol{K}^*=\boldsymbol{\psi}^{\mathrm{T}}\boldsymbol{K\psi},\quad \boldsymbol{M}^*=\boldsymbol{\psi}^{\mathrm{T}}\boldsymbol{M\psi} \tag{5.26}$$

式中:$\boldsymbol{K}^*$ 和 $\boldsymbol{M}^*$ 是 $s\times s$ 对称阵,分别称为广义刚度矩阵和广义质量矩阵。式(5.25)可写为

$$\boldsymbol{K}^*\boldsymbol{a}-\omega^2\boldsymbol{M}^*\boldsymbol{a}=\boldsymbol{0} \tag{5.27}$$

这样,问题又归结为特征值问题。所不同的是,原系统的自由度数从 n 缩减至 s,由此可见,里茨法是一种缩减系统自由度数的近似方法。可以利用其频率方程

$$|\boldsymbol{K}^*-\omega^2\boldsymbol{M}^*|=0 \tag{5.28}$$

求解出 s 个固有频率,即 n 自由度系统的前 s 阶固有频率。再代回式(5.27)可以求解对应的待定系数 a_i,最后代入式(5.19)得到各固有频率对应的主振型。

例 5.2　用里茨法求图 5.1 所示四自由度振动系统的前二阶固有频率及主振型。

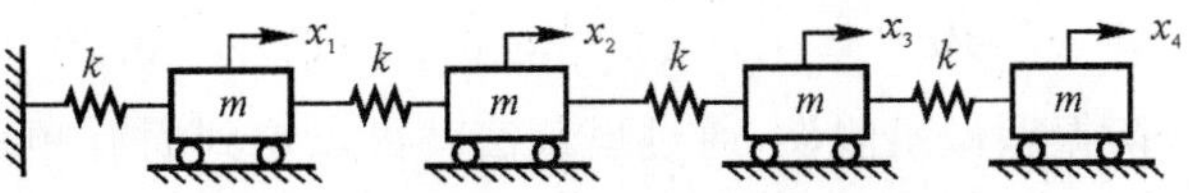

图 5.1　四自由度振动系统

解:采用影响系数法,系统的质量矩阵、刚度矩阵和柔度矩阵分别为

$$\boldsymbol{M}=\begin{bmatrix} m & 0 & 0 & 0\\ 0 & m & 0 & 0\\ 0 & 0 & m & 0\\ 0 & 0 & 0 & m \end{bmatrix},\quad \boldsymbol{K}=\begin{bmatrix} 2k & -k & 0 & 0\\ -k & 2k & -k & 0\\ 0 & -k & 2k & -k\\ 0 & 0 & -k & k \end{bmatrix},\quad \boldsymbol{\delta}=\frac{1}{k}\begin{bmatrix} 1 & 1 & 1 & 1\\ 1 & 2 & 2 & 2\\ 1 & 2 & 3 & 3\\ 1 & 2 & 3 & 4 \end{bmatrix}$$

设振型为

$$\boldsymbol{\Psi}^{(1)}=[0.25\quad 0.50\quad 0.75\quad 1.00]^{\mathrm{T}}$$
$$\boldsymbol{\Psi}^{(2)}=[0.00\quad 0.20\quad 0.60\quad 1.00]^{\mathrm{T}}$$

由式(5.26),广义质量矩阵和广义刚度矩阵分别为

$$\boldsymbol{M}^{*}=\boldsymbol{\Psi}^{\mathrm{T}}\boldsymbol{M}\boldsymbol{\Psi}=m\begin{bmatrix} 1.88 & 1.55\\ 1.55 & 1.40 \end{bmatrix}$$

$$\boldsymbol{K}^{*}=\boldsymbol{\Psi}^{\mathrm{T}}\boldsymbol{K}\boldsymbol{\Psi}=k\begin{bmatrix} 0.25 & 0.25\\ 0.25 & 0.36 \end{bmatrix}$$

将 $\boldsymbol{M}^{*}$,$\boldsymbol{K}^{*}$ 代入式(5.27),得

$$\begin{bmatrix} 0.25k-1.88m\omega^{2} & 0.25k-1.55m\omega^{2}\\ 0.25k-1.55m\omega^{2} & 0.36k-1.40m\omega^{2} \end{bmatrix}\begin{bmatrix} a_1\\ a_2 \end{bmatrix}=\begin{bmatrix} 0\\ 0 \end{bmatrix} \qquad (*)$$

其特征方程为

$$\begin{vmatrix} 0.25k-1.88m\omega^{2} & 0.25k-1.55m\omega^{2}\\ 0.25k-1.55m\omega^{2} & 0.36k-1.40m\omega^{2} \end{vmatrix}=0$$

解得

$$\omega_1^2=0.12\frac{k}{m},\quad \omega_2^2=\frac{k}{m}$$

故

$$\omega_1=0.346\sqrt{\frac{k}{m}},\quad \omega_2=\sqrt{\frac{k}{m}}$$

分别将 ω_1,ω_2 代入式($*$),解得

$$\boldsymbol{a}^{(1)}=\begin{bmatrix} a_1^{(1)}\\ a_2^{(1)} \end{bmatrix}=\begin{bmatrix} -4.00\\ 1.00 \end{bmatrix},\quad \boldsymbol{a}^{(2)}=\begin{bmatrix} a_1^{(2)}\\ a_2^{(2)} \end{bmatrix}=\begin{bmatrix} -0.80\\ 1.00 \end{bmatrix}$$

由式(5.19)求出系统的前二阶主振型近似值为

$$\boldsymbol{A}^{(1)}=\boldsymbol{\Psi}\boldsymbol{a}^{(1)}=\begin{bmatrix} 0.25 & 0.00\\ 0.50 & 0.20\\ 0.75 & 0.60\\ 1.00 & 1.00 \end{bmatrix}\begin{bmatrix} -4.00\\ 1.00 \end{bmatrix}=[-0.79\quad -1.40\quad -1.80\quad -2.20]^{\mathrm{T}}$$

$$\boldsymbol{A}^{(2)}=\boldsymbol{\Psi}\boldsymbol{a}^{(2)}=[-0.20\quad -0.20\quad 0.00\quad 0.20]^{\mathrm{T}}$$

由此可见,只要对前 s 阶振型做出假设,通过里茨法就可以得到固有频率估算值。其求解精度除了与缩减的自由度有关外,最主要的还是取决于假设振型与真实振型的符合程度。

5.3　矩阵迭代法

矩阵迭代法,亦称振型迭代法,是采用逐步逼近的方法来确定系统的主振型和频率。根据其迭代矩阵的形式,矩阵迭代法可以分为刚度矩阵法和柔度矩阵法。

若系统的振动微分方程是用刚度矩阵建立的,则其特征值问题为

$$-\omega^2\boldsymbol{MX}+\boldsymbol{KX}=\boldsymbol{0} \tag{5.29}$$

或

$$\boldsymbol{KX}=\omega^2\boldsymbol{MX} \tag{5.30}$$

用 $\boldsymbol{K}^{-1}$ 左乘式(5.30),得到迭代方程为

$$\boldsymbol{X}=\omega^2\boldsymbol{K}^{-1}\boldsymbol{MX} \tag{5.31}$$

该式可以写为

$$\boldsymbol{K}^{-1}\boldsymbol{MX}=\frac{1}{\omega^2}\boldsymbol{X} \tag{5.32}$$

对于以柔度矩阵形式建立的振动方程,系统的特征值问题为

$$-\omega^2\boldsymbol{\delta MX}+\boldsymbol{IX}=\boldsymbol{0} \tag{5.33}$$

或

$$\boldsymbol{\delta MX}=\frac{1}{\omega^2}\boldsymbol{X} \tag{5.34}$$

可以看到,式(5.32)和式(5.34)的形式实际上是相似的,可以写成统一形式为

$$\boldsymbol{DX}=\lambda\boldsymbol{X} \tag{5.35}$$

式(5.35)称为特征值问题的标准形式,即矩阵迭代法的基本迭代公式。式中,$\boldsymbol{D}=\boldsymbol{K}^{-1}\boldsymbol{M}$ 或 $\boldsymbol{D}=\boldsymbol{\delta M}$ 称为动力矩阵,λ 是矩阵 $\boldsymbol{D}$ 的特征值,根据式(5.32)和式(5.34),对应的各阶固有频率为 $\omega_i=\sqrt{1/\lambda_i}$。显然,任一阶固有频率和主振型都是式(5.35)的精确解。

5.3.1　第一阶固有频率及主振型

为了便于振型比较,以下采用归一化振型(也称为基准化振型)。所谓归一化就是选取迭代向量的某个分量为基准值1,即将振型中的某一元素化为1,这样振型的绝对大小便被固定下来,可以方便两个振型的比较。以下若不加说明,均选用第一个元素归1。

矩阵迭代法的步骤如下:

(1) 选择某一个归一化的假设振型 $\boldsymbol{A}_0$,代入式(5.35)中,得

$$\boldsymbol{DA}_0=a_1\boldsymbol{A}_1 \tag{5.36}$$

(2) 如果 $\boldsymbol{A}_1\neq\boldsymbol{A}_0$,就再以 $\boldsymbol{A}_1$ 为第二次假设振型,重复上述步骤,得

$$\boldsymbol{DA}_1=a_2\boldsymbol{A}_2 \tag{5.37}$$

(3) 如果 $\boldsymbol{A}_2\neq\boldsymbol{A}_1$,则继续重复上述迭代步骤,若至第 k 次迭代,得

$$\boldsymbol{DA}_{k-1}=a_k\boldsymbol{A}_k \tag{5.38}$$

直至 $\boldsymbol{A}_k = \boldsymbol{A}_{k-1}$（或满足精度误差要求）时停止，此时，$\boldsymbol{A}^{(1)} = \boldsymbol{A}_k$ 即为系统的第一阶振型的近似值，$\lambda_1 = a_k$ 即为第一阶特征根。

例 5.3 试用矩阵迭代法计算例 5.1 系统的第一阶固有频率和振型。

解：系统的质量矩阵和刚度矩阵分别为

$$\boldsymbol{M} = \begin{bmatrix} m & 0 & 0 \\ 0 & m & 0 \\ 0 & 0 & m \end{bmatrix}, \quad \boldsymbol{K} = \begin{bmatrix} 2k & -k & 0 \\ -k & 2k & -k \\ 0 & -k & 2k \end{bmatrix}$$

系统的动力矩阵为

$$\boldsymbol{D} = \boldsymbol{K}^{-1}\boldsymbol{M} = \begin{bmatrix} \frac{3m}{4k} & \frac{m}{2k} & \frac{m}{4k} \\ \frac{m}{2k} & \frac{m}{k} & \frac{m}{2k} \\ \frac{m}{4k} & \frac{m}{2k} & \frac{3m}{4k} \end{bmatrix}$$

取初始假设振型为 $\boldsymbol{A}_0 = [1 \quad 1 \quad 1]^{\mathrm{T}}$，代入式(5.36)中，得

$$\boldsymbol{DA}_0 = \begin{bmatrix} \frac{3m}{4k} & \frac{m}{2k} & \frac{m}{4k} \\ \frac{m}{2k} & \frac{m}{k} & \frac{m}{2k} \\ \frac{m}{4k} & \frac{m}{2k} & \frac{3m}{4k} \end{bmatrix} \begin{bmatrix} 1 \\ 1 \\ 1 \end{bmatrix} = \begin{bmatrix} \frac{3m}{2k} \\ \frac{2m}{k} \\ \frac{3m}{2k} \end{bmatrix} = \frac{3m}{2k} \begin{bmatrix} 1 \\ \frac{4}{3} \\ 1 \end{bmatrix} = a_1 \boldsymbol{A}_1$$

即经过一次迭代后，得到的振型向量为

$$\boldsymbol{A}_1 = \begin{bmatrix} 1 & \frac{4}{3} & 1 \end{bmatrix}^{\mathrm{T}}$$

对比 $\boldsymbol{A}_0$ 和 $\boldsymbol{A}_1$，发现偏差较大，继续将 $\boldsymbol{A}_1$ 作为输入迭代[如式(5.37)]。

第二次迭代：

$$\boldsymbol{DA}_1 = \begin{bmatrix} \frac{3m}{4k} & \frac{m}{2k} & \frac{m}{4k} \\ \frac{m}{2k} & \frac{m}{k} & \frac{m}{2k} \\ \frac{m}{4k} & \frac{m}{2k} & \frac{3m}{4k} \end{bmatrix} \begin{bmatrix} 1 \\ \frac{4}{3} \\ 1 \end{bmatrix} = \begin{bmatrix} \frac{5\mathrm{m}}{3k} \\ \frac{7m}{3k} \\ \frac{5m}{3k} \end{bmatrix} = \frac{5m}{3k} \begin{bmatrix} 1 \\ \frac{7}{5} \\ 1 \end{bmatrix} = a_2 \boldsymbol{A}_2$$

对比 $\boldsymbol{A}_1$ 和 $\boldsymbol{A}_2$，发现仍然偏差较大，继续将 $\boldsymbol{A}_2$ 作为输入迭代。

继续迭代：

$$\boldsymbol{DA}_2 = \frac{17m}{10k} \begin{bmatrix} 1 \\ \frac{24}{17} \\ 1 \end{bmatrix} = a_3 \boldsymbol{A}_3$$

$$\boldsymbol{DA}_3=\frac{29m}{17k}\begin{bmatrix}1\\ \frac{41}{29}\\ 1\end{bmatrix}=a_4\boldsymbol{A}_4$$

$$\boldsymbol{DA}_4=\frac{99m}{58k}\begin{bmatrix}1\\ \frac{140}{99}\\ 1\end{bmatrix}=a_5\boldsymbol{A}_5$$

$$\boldsymbol{DA}_5=\frac{169m}{99k}\begin{bmatrix}1\\ \frac{239}{169}\\ 1\end{bmatrix}=a_6\boldsymbol{A}_6$$

$$\boldsymbol{DA}_6=\frac{577m}{338k}\begin{bmatrix}1\\ \frac{816}{577}\\ 1\end{bmatrix}=a_7\boldsymbol{A}_7$$

$$\boldsymbol{DA}_7=\frac{985m}{577k}\begin{bmatrix}1\\ \frac{1\ 393}{985}\\ 1\end{bmatrix}=a_8\boldsymbol{A}_8$$

$$\boldsymbol{DA}_8=\frac{3\ 363m}{1\ 970k}\begin{bmatrix}1\\ \frac{4\ 756}{3\ 363}\\ 1\end{bmatrix}=a_9\boldsymbol{A}_9$$

对比 $\boldsymbol{A}_8$，$\boldsymbol{A}_9$ 可以发现，此时前后两次迭代的振型之间的误差非常小了，可以近似认为相等。

此时，系统固有频率为

$$\omega_1=\sqrt{\frac{1}{a_9}}=\sqrt{\frac{1}{\frac{3\ 363m}{1\ 970k}}}=0.765\sqrt{\frac{k}{m}}$$

对应的一阶振型为

$$\boldsymbol{A}^{(1)}=\boldsymbol{A}_9=\begin{bmatrix}1 & \frac{4\ 756}{3\ 363} & 1\end{bmatrix}^{\mathrm{T}}\approx[1\quad 1.414\quad 1]^{\mathrm{T}}$$

根据第 4 章例 4.5，该系统基频的精确解为 $\omega_1=\sqrt{(2-\sqrt{2})\frac{k}{m}}$，一阶振型的精确解为 $\boldsymbol{X}^{(1)}=\begin{bmatrix}1 & \sqrt{2} & 1\end{bmatrix}^{\mathrm{T}}$。通过对比，可以看到该数值解与精确解非常接近。当然，从求解过程来看，矩阵迭代法似乎并不比前面的精确解或者瑞利商来得简便。但是，这里重点介绍矩阵迭代法的具体计算过程，该方法是非常便于编程在计算机中实现的，上述计算过程可以借助于计算机完成。而且，只要动力矩阵正确，无论初始假设振型如何，总能得到精度很高的近似估计。

例 5.4　对图 5.2 所示三自由度系统，建立系统的柔度矩阵，并采用矩阵迭代法求系统的第一阶固有频率和主振型。

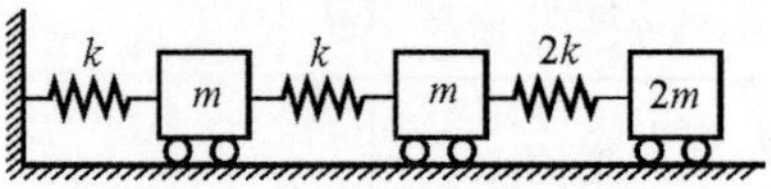

图 5.2　三自由度系统

解：系统的柔度矩阵、质量矩阵分别为

$$\boldsymbol{\delta} = \frac{1}{k}\begin{bmatrix} 1 & 1 & 1 \\ 1 & 2 & 2 \\ 1 & 2 & 2.5 \end{bmatrix}, \quad \boldsymbol{M} = m\begin{bmatrix} 1 & 0 & 0 \\ 0 & 1 & 0 \\ 0 & 0 & 2 \end{bmatrix}$$

系统的动力矩阵为

$$\boldsymbol{D} = \boldsymbol{\delta M} = \frac{m}{k}\begin{bmatrix} 1 & 1 & 2 \\ 1 & 2 & 4 \\ 1 & 2 & 5 \end{bmatrix}$$

假设系统的初始振型为 $\boldsymbol{A}_0 = [1 \quad 1 \quad 1]^{\mathrm{T}}$，第一次迭代并归一化

$$\boldsymbol{DA}_0 = \frac{m}{k}\begin{bmatrix} 1 & 1 & 2 \\ 1 & 2 & 4 \\ 1 & 2 & 5 \end{bmatrix}\begin{bmatrix} 1 \\ 1 \\ 1 \end{bmatrix} = \frac{4m}{k}\begin{bmatrix} 1 \\ 1.75 \\ 2 \end{bmatrix} = a_1\boldsymbol{A}_1$$

第二次迭代并归一化，有

$$\boldsymbol{DA}_1 = \frac{m}{k}\begin{bmatrix} 1 & 1 & 2 \\ 1 & 2 & 4 \\ 1 & 2 & 5 \end{bmatrix}\begin{bmatrix} 1 \\ 1.75 \\ 2 \end{bmatrix} = \frac{3.375m}{k}\begin{bmatrix} 1 \\ 1.852 \\ 2.148 \end{bmatrix} = a_2\boldsymbol{A}_2$$

继续迭代

$$\boldsymbol{DA}_2 = \frac{3.327\,6m}{k}\begin{bmatrix} 1 \\ 1.860 \\ 2.161 \end{bmatrix} = a_3\boldsymbol{A}_3$$

$$\boldsymbol{DA}_3 = \frac{3.323\,7m}{k}\begin{bmatrix} 1 \\ 1.861 \\ 2.162 \end{bmatrix} = a_4\boldsymbol{A}_4$$

$$\boldsymbol{DA}_4 = \frac{3.323\,4m}{k}\begin{bmatrix} 1 \\ 1.860 \\ 2.162 \end{bmatrix} = a_5\boldsymbol{A}_5$$

可以看到后几次迭代结果之间的差距已经很小了，因此系统的一阶固有频率为

$$\omega_1 = \sqrt{\frac{1}{a_5}} = 0.373\,08\sqrt{\frac{k}{m}}$$

一阶振型为

$$A^{(1)} = A_5 = [1 \quad 1.860 \quad 2.162]^{T}$$

若采用第 4 章介绍的常规方法，计算结果为 $\omega_1 = 0.373\sqrt{\frac{k}{m}}$，$X^{(1)} = [1 \quad 1.861 \quad 2.162]^{T}$，一阶固有 频率误差为 0.2%，振型精确到三位小数，基本一致。

5.3.2　较高阶固有频率和振型

当需要应用矩阵迭代法求二阶、三阶等高阶固有频率及振型时，其关键步骤是要在所设振型中消去较低阶的主振型成分。根据振型展开定理，任意的假设振型 A 可以表示为各阶主振型 $A^{(i)}$ 的线性组合，即

$$A = c_1 A^{(1)} + c_2 A^{(2)} + \cdots + c_n A^{(n)} \tag{5.39}$$

式中，$c_i (i = 1,2,\cdots,n)$ 为待定系数。

若采用上节理论，已经求出一阶振型 $A^{(1)}$，则对式(5.39) 左乘 $A^{(1)T}M$，并利用主振型的正交性，可以写为

$$A^{(1)T}MA = A^{(1)T}M(c_1 A^{(1)} + c_2 A^{(2)} + \cdots + c_n A^{(n)}) = c_1 A^{(1)T}MA^{(1)} = c_1 M_1 \tag{5.40}$$

则有

$$c_1 = \frac{A^{(1)T}MA}{M_1} \tag{5.41}$$

式中：A 为假设振型，$A^{(1)}$ 为精确的第一阶振型。

若要求解高阶振型，则需要在假设振型中清除上述一阶振型。对假设振型 A 修正如下：

$$A - c_1 A^{(1)} = A - \frac{A^{(1)T}MA}{M_1}A^{(1)} = \left(I - \frac{A^{(1)}A^{(1)T}M}{M_1}\right)A \tag{5.42}$$

式中：I 为单位矩阵。令

$$Q^{(1)} = I - \frac{A^{(1)}A^{(1)T}M}{M_1} \tag{5.43}$$

将式(5.43) 代入式(5.42)，得

$$A - c_1 A^{(1)} = Q^{(1)}A \tag{5.44}$$

式中：$Q^{(1)}$ 称为一阶振型的清除矩阵，简称清除矩阵。使用修正后的振型$Q^{(1)}A$ 进行迭代，则可求得二阶固有频率和振型。

如果在假设振型中消去前 p 阶主振型成分，则需取新的假设振型，即

$$A - c_1 A^{(1)} - c_2 A^{(2)} - \cdots - c_p A^{(p)} = A - \sum_{i=1}^{p} c_i A^{(i)} = A - \sum_{i=1}^{p} \frac{A^{(i)T}MA}{M_i}A^{(i)}$$

$$= \left(I - \sum_{i=1}^{p} \frac{A^{(i)}A^{(i)T}M}{M_i}\right)A = Q^{(p)}A \tag{5.45}$$

式中

$$Q^{(p)} = I - \sum_{i=1}^{p} \frac{A^{(i)}A^{(i)T}M}{M_i} \tag{5.46}$$

式中：$Q^{(p)}$ 称为前 p 阶振型的清除矩阵。将$Q^{(p)}A$ 作为假设振型进行迭代，可得 $p+1$ 阶固有频率及主振型。

需要注意的是，在运算中不可避免地存在舍入误差，即在迭代过程中难免会引入一些低阶主振型成分，所以在每一次迭代前都必须重新进行清除运算。为了便于编程计算，可以把迭代运算和清除运算合并在一起，即将清除矩阵合并入动力矩阵中。

由式(5.39)，得

$$\boldsymbol{DA} = \boldsymbol{D}(c_1\boldsymbol{A}^{(1)} + c_2\boldsymbol{A}^{(2)} + \cdots + c_n\boldsymbol{A}^{(n)}) \tag{5.47}$$

式中

$$c_i = \frac{(\boldsymbol{A}^{(i)})^{\mathrm{T}}\boldsymbol{MA}}{(\boldsymbol{A}^{(i)})^{\mathrm{T}}\boldsymbol{MA}^{(i)}} = \frac{(\boldsymbol{A}^{(i)})^{\mathrm{T}}\boldsymbol{MA}^{(i)}}{M_i}$$

从 $\boldsymbol{DA}$ 中清除 $\boldsymbol{A}^{(1)}$，即

$$\boldsymbol{DA} - \boldsymbol{D}c_1\boldsymbol{A}^{(1)} = \boldsymbol{DA} - \frac{\boldsymbol{A}^{(1)\mathrm{T}}\boldsymbol{MA}}{\boldsymbol{A}^{(1)\mathrm{T}}\boldsymbol{MA}^{(1)}}\lambda_1\boldsymbol{A}^{(1)} = \left(\boldsymbol{D} - \lambda_1\frac{\boldsymbol{A}^{(1)}\boldsymbol{A}^{(1)\mathrm{T}}\boldsymbol{M}}{\boldsymbol{A}^{(1)\mathrm{T}}\boldsymbol{MA}^{(1)}}\right)\boldsymbol{A} \tag{5.48}$$

定义 $\widetilde{\boldsymbol{D}}^{(1)}$ 为一阶动力清除矩阵，有

$$\widetilde{\boldsymbol{D}}^{(1)} = \boldsymbol{D} - \lambda_1\frac{\boldsymbol{A}^{(1)}\boldsymbol{A}^{(1)\mathrm{T}}\boldsymbol{M}}{\boldsymbol{A}^{(1)\mathrm{T}}\boldsymbol{MA}^{(1)}} \tag{5.49}$$

用矩阵 $\widetilde{\boldsymbol{D}}^{(1)}$ 进行迭代将得到二阶固有频率及其振型。

包含前 p 阶清除矩阵的动力矩阵为

$$\widetilde{\boldsymbol{D}}^{(p)} = \boldsymbol{D} - \sum_{i=1}^{p}\lambda_i\frac{\boldsymbol{A}^{(i)}\boldsymbol{A}^{(i)\mathrm{T}}\boldsymbol{M}}{\boldsymbol{A}^{(i)\mathrm{T}}\boldsymbol{MA}^{(i)}} \tag{5.50}$$

由上述分析可以看出，相比于瑞利法而言，矩阵迭代法的精度较高，而且对假设振型的合理性依赖较小，经过一定次数的迭代后，可以得到满足精度要求的固有频率和振型。从上述计算过程可知，合理的假设振型能够加快计算收敛速度。因此，为了使迭代尽快地收敛于基频和对应振型，选用的假设振型应接近真实的一阶主振型。影响振型迭代法收敛速度的另一个因素是比值 ω_1^2/ω_2^2 的大小，若一、二阶频率很接近，则迭代收敛较慢。

如果系统有相等的固有频率，仍可用矩阵迭代法求出这几个相等的固有频率及对应的彼此正交的主振型。当然，这种正交的主振型并不是唯一的，选用不同的初始迭代向量，会得到形式不同的正交的主振型组。对于半正定系统，由于刚度矩阵是奇异阵，动力矩阵不存在，故须经过一定的处理，才能应用矩阵迭代法。

例 5.5　试用矩阵迭代法计算例 5.1 系统中的二阶固有频率及主振型。

解：系统的质量矩阵和刚度矩阵分别为

$$\boldsymbol{M} = \begin{bmatrix} m & 0 & 0 \\ 0 & m & 0 \\ 0 & 0 & m \end{bmatrix},\quad \boldsymbol{K} = \begin{bmatrix} 2k & -k & 0 \\ -k & 2k & -k \\ 0 & -k & 2k \end{bmatrix}$$

系统的动力矩阵为

$$\boldsymbol{D} = \boldsymbol{K}^{-1}\boldsymbol{M} = \frac{m}{4k}\begin{bmatrix} 3 & 2 & 1 \\ 2 & 4 & 2 \\ 1 & 2 & 3 \end{bmatrix}$$

由例题5.3计算得到系统的一阶振型为 $\boldsymbol{A}^{(1)} = [1\quad 1.414\quad 1]^{\mathrm{T}}$，对应的 $\lambda_1 = 1.707\dfrac{m}{k}$，代入式

(5.49) 中,得到一阶动力清除矩阵为

$$\widetilde{\boldsymbol{D}}^{(1)}=\frac{m}{4k}\begin{bmatrix}3&2&1\\2&4&2\\1&2&3\end{bmatrix}-1.707\frac{m}{k}\frac{\begin{bmatrix}1\\1.414\\1\end{bmatrix}\begin{bmatrix}1&1.414&1\end{bmatrix}\begin{bmatrix}m&0&0\\0&m&0\\0&0&m\end{bmatrix}}{\begin{bmatrix}1&1.414&1\end{bmatrix}\begin{bmatrix}m&0&0\\0&m&0\\0&0&m\end{bmatrix}\begin{bmatrix}1\\1.414\\1\end{bmatrix}}$$

$$=\frac{m}{k}\begin{bmatrix}0.3231&-0.1035&-0.1768\\-0.1035&0.1466&-0.1035\\-0.1768&-0.1035&0.3232\end{bmatrix}$$

假设初始的迭代振型为 $\boldsymbol{A}_0=[1\quad 1\quad 1]^{\mathrm{T}}$,进行迭代,有

$$\widetilde{\boldsymbol{D}}^{(1)}\boldsymbol{A}_0=\frac{m}{k}\begin{bmatrix}0.0429\\-0.0604\\0.0429\end{bmatrix}=0.0429\frac{m}{k}\begin{bmatrix}1\\-1.4079\\1\end{bmatrix}=a_1\boldsymbol{A}_1$$

继续迭代,有

$$\widetilde{\boldsymbol{D}}^{(1)}\boldsymbol{A}_1=0.2921\frac{m}{k}\begin{bmatrix}1\\-1.4156\\1\end{bmatrix}=a_2\boldsymbol{A}_2$$

$$\widetilde{\boldsymbol{D}}^{(1)}\boldsymbol{A}_2=0.2929\frac{m}{k}\begin{bmatrix}1\\-1.4155\\1\end{bmatrix}=a_3\boldsymbol{A}_3$$

$$\widetilde{\boldsymbol{D}}^{(1)}\boldsymbol{A}_3=0.2929\frac{m}{k}\begin{bmatrix}1\\-1.4155\\1\end{bmatrix}=a_4\boldsymbol{A}_4$$

第三、第四次迭代结果一致,停止迭代。得到系统的二阶固有频率为

$$\omega_2=\sqrt{\frac{1}{a_4}}=1.848\sqrt{\frac{k}{m}}$$

二阶振型为

$$\boldsymbol{A}^{(2)}=\boldsymbol{A}_4=[1\quad -1.4155\quad 1]^{\mathrm{T}}$$

例 5.6　如图 5.3 所示为三自由度扭转振动系统,已知 $J_1=J_2=J_3=J$,扭转刚度皆为 k_t,试用矩阵迭代法求系统的固有频率及主振型。

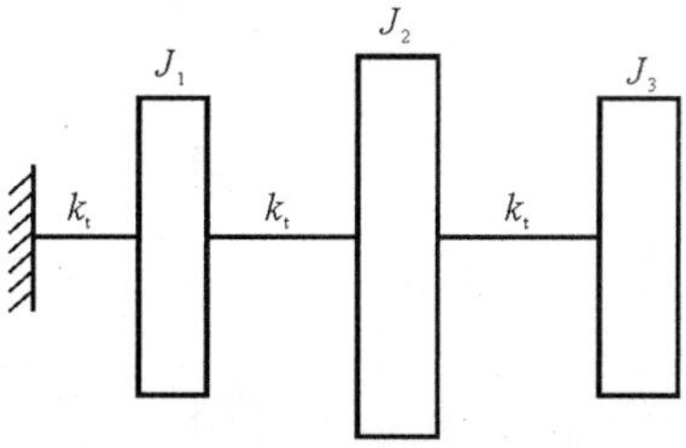

图 5.3　三自由度扭转振动系统

解:取 3 个圆盘的转角 $\theta_1,\theta_2,\theta_3$ 为广义坐标,系统的质量矩阵及刚度矩阵分别为

$$\boldsymbol{M}=J\begin{bmatrix}1&0&0\\0&1&0\\0&0&1\end{bmatrix},\quad \boldsymbol{K}=k_{\mathrm{t}}\begin{bmatrix}2&-1&0\\-1&2&-1\\0&-1&1\end{bmatrix}$$

而其柔度矩阵为

$$\boldsymbol{\delta}=\frac{1}{k_{\mathrm{t}}}\begin{bmatrix}1&1&1\\1&2&2\\1&2&3\end{bmatrix}$$

故动力矩阵为

$$\boldsymbol{D}=\boldsymbol{\delta M}=\frac{J}{k_{\mathrm{t}}}\begin{bmatrix}1&1&1\\1&2&2\\1&2&3\end{bmatrix}$$

(1) 先求系统的一阶固有频率及主振型。取初始迭代向量为 $\boldsymbol{A}_0=[1\quad 1\quad 1]^{\mathrm{T}}$,进行第一次迭代,有

$$\boldsymbol{DA}_0=\frac{J}{k_{\mathrm{t}}}\begin{bmatrix}1&1&1\\1&2&2\\1&2&3\end{bmatrix}\begin{bmatrix}1\\1\\1\end{bmatrix}=\frac{J}{k_{\mathrm{t}}}\begin{bmatrix}3\\5\\6\end{bmatrix}=\frac{3J}{k_{\mathrm{t}}}\begin{bmatrix}1.0000\\1.6667\\2.0000\end{bmatrix}=\frac{3J}{k_{\mathrm{t}}}\boldsymbol{A}_1$$

重复上式过程,有

$$\boldsymbol{DA}_1=\frac{J}{k_{\mathrm{t}}}\begin{bmatrix}1&1&1\\1&2&2\\1&2&3\end{bmatrix}\begin{bmatrix}1.0000\\1.6667\\2.0000\end{bmatrix}=\frac{4.6667J}{k_{\mathrm{t}}}\begin{bmatrix}1.0000\\1.7857\\2.2143\end{bmatrix}=4.6667\frac{J}{k_{\mathrm{t}}}\boldsymbol{A}_2$$

$$\boldsymbol{DA}_2=\frac{5.0000J}{k_{\mathrm{t}}}\begin{bmatrix}1.0000\\1.8000\\2.2429\end{bmatrix}=5.0000\frac{J}{k_{\mathrm{t}}}\boldsymbol{A}_3$$

$$\boldsymbol{DA}_3=\frac{5.0429J}{k_{\mathrm{t}}}\begin{bmatrix}1.0000\\1.8017\\2.2465\end{bmatrix}=5.0429\frac{J}{k_{\mathrm{t}}}\boldsymbol{A}_4$$

$$\boldsymbol{DA}_4=\frac{5.0482J}{k_{\mathrm{t}}}\begin{bmatrix}1.0000\\1.8019\\2.2469\end{bmatrix}=5.0482\frac{J}{k_{\mathrm{t}}}\boldsymbol{A}_5$$

$$\boldsymbol{DA}_5=\frac{5.0488J}{k_{\mathrm{t}}}\begin{bmatrix}1.0000\\1.8019\\2.2470\end{bmatrix}=5.0488\frac{J}{k_{\mathrm{t}}}\boldsymbol{A}_6$$

$$\boldsymbol{DA}_6=\frac{5.0489J}{k_{\mathrm{t}}}\begin{bmatrix}1.0000\\1.8019\\2.2470\end{bmatrix}=5.0489\frac{J}{k_{\mathrm{t}}}\boldsymbol{A}_7$$

由于 $A_7 \approx A_6$，因此 λ_1 的近似解为 $\lambda_1 = 5.0489\dfrac{J}{k_t}$，系统的一阶固有频率 $\omega_1 = \sqrt{\dfrac{k_t}{5.0489J}} = 0.445\sqrt{\dfrac{k_t}{J}}$，它对应的主振型为

$$A^{(1)} = A_7 = [1.0000 \quad 1.8019 \quad 2.2470]^T$$

(2) 求二阶固有频率及主振型。将上述计算得到的系统一阶振型为 $A^{(1)}$ 对应的 $\lambda_1 = 5.0489\dfrac{J}{k_t}$ 代入式(5.49)，得一阶动力清除矩阵为

$$\widetilde{D}^{(1)} = D - \lambda_1 \frac{A^{(1)}A^{(1)T}M}{A^{(1)T}MA^{(1)}}$$

$$= \frac{J}{k_t}\begin{bmatrix} 1 & 1 & 1 \\ 1 & 2 & 2 \\ 1 & 2 & 3 \end{bmatrix} - 5.0489\frac{J}{k_t}\frac{\begin{bmatrix} 1 \\ 1.8019 \\ 2.2470 \end{bmatrix}[1 \quad 1.8019 \quad 2.2470]\begin{bmatrix} J & 0 & 0 \\ 0 & J & 0 \\ 0 & 0 & J \end{bmatrix}}{[1 \quad 1.8019 \quad 2.2470]\begin{bmatrix} J & 0 & 0 \\ 0 & J & 0 \\ 0 & 0 & J \end{bmatrix}\begin{bmatrix} 1 \\ 1.8019 \\ 2.2470 \end{bmatrix}}$$

$$= \frac{J}{k_t}\begin{bmatrix} 0.4568 & 0.0213 & -0.2205 \\ 0.0213 & 0.2365 & -0.1991 \\ -0.2205 & -0.1991 & 0.2576 \end{bmatrix}$$

取初始迭代向量为 $A_0 = [1 \quad 1 \quad 1]^T$，进行迭代，有

$$\widetilde{D}^{(1)}A_0 = a_1 A_1$$

经 12 次迭代后，得 $\lambda_2 = 0.6430\sqrt{\dfrac{J}{k_t}}$，解得二阶频率 $\omega_2^2 = 1.555\dfrac{k_t}{J}$，它对应的主振型为

$$A^{(2)} = A_{12} = [1.0000 \quad 0.4452 \quad -0.8020]^T$$

(3) 求三阶固有频率及主振型。由上述计算可得

$$\lambda_1 = 5.0489\frac{J}{k_t}, \quad A^{(1)} = [1.0000 \quad 1.8019 \quad 2.2470]^T$$

$$\lambda_2 = 0.6430\frac{J}{k_t}, \quad A^{(2)} = [1.0000 \quad 0.4452 \quad -0.8020]^T$$

将其代入式(5.50)，得前二阶振型的清除矩阵为

$$\widetilde{D}^{(2)} = D - \sum_{i=1}^{2}\lambda_i \frac{A^{(i)}A^{(i)T}M}{A^{(i)T}MA^{(i)}} = \frac{J}{k_t}\begin{bmatrix} 0.1076 & -0.1342 & 0.0595 \\ -0.1342 & 0.1673 & -0.0744 \\ 0.0595 & -0.0744 & 0.0330 \end{bmatrix}$$

取初始迭代向量为 $A_0 = [1 \quad 1 \quad 1]^T$，进行迭代，得 $\lambda_3 = 0.3080\dfrac{J}{k_t}$，即 $\omega_3^2 = 3.2467\dfrac{k_t}{J}$，它对应的主振型为

$$A^{(3)} = [1 \quad -1.2470 \quad 0.5545]^T$$

5.4 传递矩阵法

工程上有些结构是由具有重复性的相同区段像链条那样依次链接而成的。例如多个圆盘的扭振、连续梁、气轮机和发电机的转轴系统等，可以简化为由一系列弹性元件和惯性元件组成的链状系统。计算这类链状结构固有频率和主振型时，宜采用传递矩阵法。传递矩阵法要求将系统分解成若干单元，每一个小的单元与邻近单元在分界面上用位移协调和力的平衡条件予以联系。将对全系统的计算分解为阶数很低的各个单元的计算，然后加以综合，从而大大减少计算工作量。

5.4.1 弹簧质量链式系统

图 5.4 所示为弹簧质量链式系统的一部分。它是由质量块和弹簧组成的系统，其中，第 i 个质量块的质量为 m_i，第 i 个弹簧的刚度为 k_i。系统的运动由各个质量块坐标确定，并约定各个质量块的位移向右为正，作用于各个质量块右端的力向右为正，作用于左端的力向左为正。

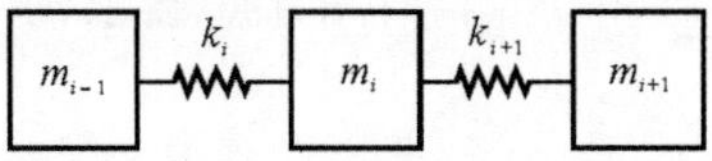

图 5.4 链式系统

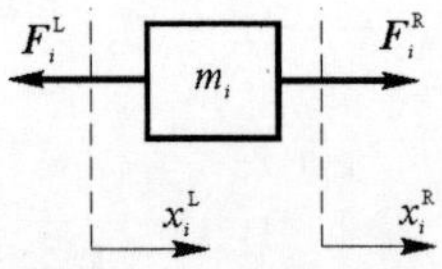

图 5.5 第 i 个质量块受力

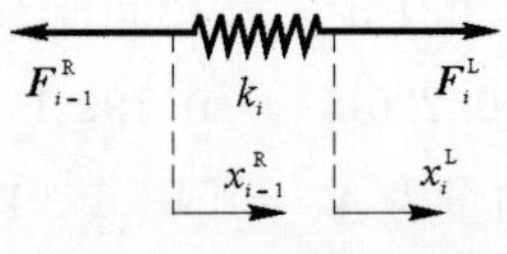

图 5.6 第 i 段弹簧受力

考察第 i 个质量块，受力如图 5.5 所示，其位移为 x_i。由于质量元件为刚体，其左右两端的位移应相等，即

$$x_i = x_i^{\mathrm{R}} = x_i^{\mathrm{L}} \tag{5.51}$$

式中：上标 L 和 R 分别表示左端和右端。

在该质量块的右端，由广义位移 x_i^{R} 和广义力 F_i^{R} 组成的状态向量为

$$\boldsymbol{Z}_i^{\mathrm{R}} = \begin{bmatrix} x \\ F \end{bmatrix}_i^{\mathrm{R}} \tag{5.52}$$

质量块左端的状态向量为

$$\boldsymbol{Z}_i^{\mathrm{L}} = \begin{bmatrix} x \\ F \end{bmatrix}_i^{\mathrm{L}} \tag{5.53}$$

由牛顿第二定律，有

$$m_i \ddot{x}_i = F_i^{\mathrm{R}} - F_i^{\mathrm{L}} \tag{5.54}$$

设第 i 个质量块 m_i 作简谐振动，其加速度为

$$\ddot{x}_i = -\omega^2 x_i \tag{5.55}$$

式中：ω 为系统的固有频率，将式(5.55) 代入式(5.54)，得

$$F_i^{\mathrm{R}} = F_i^{\mathrm{L}} - m_i \omega^2 x_i^{\mathrm{L}} \tag{5.56}$$

将式(5.51)与式(5.56)合并，写成矩阵形式为

$$\begin{bmatrix} x \\ F \end{bmatrix}_i^{\mathrm{R}} = \begin{bmatrix} 1 & 0 \\ -m_i\omega^2 & 1 \end{bmatrix} \begin{bmatrix} x \\ F \end{bmatrix}_i^{\mathrm{L}} \tag{5.57}$$

式(5.57)可简写为

$$\boldsymbol{Z}_i^{\mathrm{R}} = \begin{bmatrix} 1 & 0 \\ -m_i\omega^2 & 1 \end{bmatrix} \boldsymbol{Z}_i^{\mathrm{L}} = \boldsymbol{H}_i^{\mathrm{P}} \boldsymbol{Z}_i^{\mathrm{L}} \tag{5.58}$$

式中：$\boldsymbol{Z}_i^{\mathrm{L}}$，$\boldsymbol{Z}_i^{\mathrm{R}}$ 分别为质量元件左、右两端的状态向量，它表明了其运动状态和受力状态。$\boldsymbol{H}_i^{\mathrm{P}}$ 称为点传递矩阵，它表明了质量元件 m_i 左、右两端状态向量的传递关系。

分析图5.6中第 i 段弹簧 k_i，这时弹簧左、右两端的位移分别为 x_{i-1}^{R} 与 x_i^{L}，弹簧左端的位移与第 $i-1$ 质量块的右端位移 x_{i-1}^{R} 相等，弹簧右端位移与第 i 个质量块的左端位移 x_i^L 相等。同理，弹簧左、右两端的力分别为 F_{i-1}^{R} 与 F_i^{L}，由弹簧变形特性有

$$F_i = k_i(x_i^{\mathrm{L}} - x_{i-1}^{\mathrm{R}}) \tag{5.59}$$

或

$$x_i^{\mathrm{L}} - x_{i-1}^{\mathrm{R}} = \frac{F_i}{k_i} \tag{5.60}$$

由于不计弹簧的质量，则有

$$F_i = F_{i-1}^{\mathrm{R}} = F_i^{\mathrm{L}} \tag{5.61}$$

将式(5.60)与式(5.61)合并，写成矩阵形式为

$$\begin{bmatrix} x \\ F \end{bmatrix}_i^{\mathrm{L}} = \begin{bmatrix} 1 & \dfrac{1}{k_i} \\ 0 & 1 \end{bmatrix} \begin{bmatrix} x \\ F \end{bmatrix}_{i-1}^{\mathrm{R}} \tag{5.62}$$

采用式(5.52)和式(5.53)状态变量表示符号，式(5.62)可简写成

$$\boldsymbol{Z}_i^{\mathrm{L}} = \begin{bmatrix} 1 & \dfrac{1}{k_i} \\ 0 & 1 \end{bmatrix} \boldsymbol{Z}_{i-1}^{\mathrm{R}} = \boldsymbol{H}_i^{\mathrm{F}} \boldsymbol{Z}_{i-1}^{\mathrm{R}} \tag{5.63}$$

式中：$\boldsymbol{H}_i^{\mathrm{F}}$ 称为场传递矩阵，它表明了第 i 段弹簧左、右两端状态向量的传递关系。

将式(5.63)代入式(5.58)，得

$$\boldsymbol{Z}_i^{\mathrm{R}} = \boldsymbol{H}_i^{\mathrm{P}} \boldsymbol{Z}_i^{\mathrm{L}} = \boldsymbol{H}_i^{\mathrm{P}} \boldsymbol{H}_i^{\mathrm{F}} \boldsymbol{Z}_{i-1}^{\mathrm{R}} = \boldsymbol{T}_i \boldsymbol{Z}_{i-1}^{\mathrm{R}} \tag{5.64}$$

式中：$\boldsymbol{T}_i$ 为第 i 段的传递矩阵，它表明了系统第 $i-1$ 个质量块右端与第 i 个质量块右端的状态向量的传递关系。

$$\boldsymbol{T}_i = \boldsymbol{H}_i^{\mathrm{P}} \boldsymbol{H}_i^{\mathrm{F}} = \begin{bmatrix} 1 & 0 \\ -m_i\omega^2 & 1 \end{bmatrix} \begin{bmatrix} 1 & 1/k_i \\ 0 & 1 \end{bmatrix} = \begin{bmatrix} 1 & 1/k_i \\ -m_i\omega^2 & 1 - \dfrac{m_i\omega^2}{k_i} \end{bmatrix} \tag{5.65}$$

对于一个复杂或者连续系统，可以被划分成有限个弹簧质量单元，针对每个元件都可以建立如式(5.65)所示的传递矩阵，系统整体的链接关系可以递推出来。在上述系统中，末端的状态向量 $\boldsymbol{Z}_n^{\mathrm{R}}$ 与始端(即支承处)的状态向量 $\boldsymbol{Z}_0^{\mathrm{R}}$ 之间有如下关系：

$$\boldsymbol{Z}_n^{\mathrm{R}} = \boldsymbol{T}_n \boldsymbol{Z}_{n-1}^{\mathrm{R}} = \boldsymbol{T}_n \boldsymbol{T}_{n-1} \boldsymbol{Z}_{n-2}^{n} = \boldsymbol{T}_n \boldsymbol{T}_{n-1} \cdots \boldsymbol{T}_2 \boldsymbol{T}_1 \boldsymbol{Z}_0^{\mathrm{R}} = \boldsymbol{T} \boldsymbol{Z}_0^{\mathrm{R}} \tag{5.66}$$

式中：$\boldsymbol{T}$ 为系统的总传递矩阵，它是系统各端传递矩阵 $\boldsymbol{T}_i$ 的乘积。根据矩阵的运算关系，它是一

个 2×2 的矩阵。由于 $\boldsymbol{T}$ 中各个元素一般依赖于 ω，即

$$\boldsymbol{T} = \begin{bmatrix} h_{11}(\omega) & h_{12}(\omega) \\ h_{21}(\omega) & h_{22}(\omega) \end{bmatrix} \tag{5.67}$$

由于各传递矩阵已满足各端的微分方程，如果再满足已知的边界条件，就可以求出系统的固有频率及主振型。或者说，对应于各个 ω 值从零端的状态矢量出发，利用式(5.67) 就可以算出末端的状态矢量，其中满足指定边界条件的各个 ω，就是系统的固有频率。

例5.7 如图 5.7 所示二自由度系统，若 $k=1$ N/m，$m=1$ kg，试用传递矩阵法求系统的固有频率与振型。

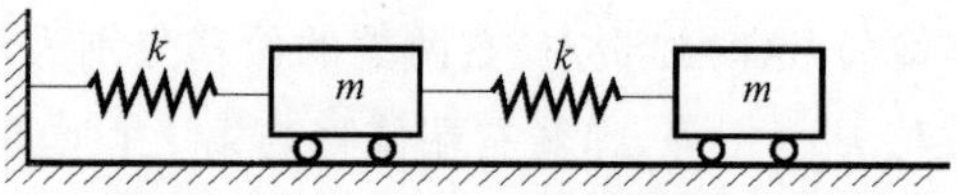

图 5.7 二自由度系统

解：该系统可以视为两个弹簧质量单元的链式结构，分别称为第一子系统和第二子系统，如图 5.8 所示。

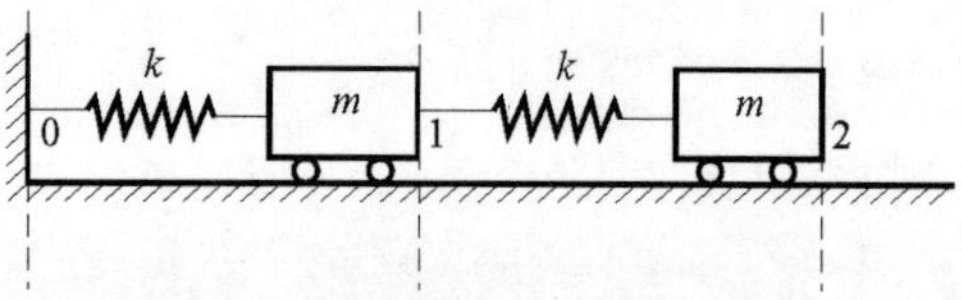

图 5.8 弹簧质量单元的链式结构

采用式(5.65) 分别建立每个子系统的传递矩阵，得

$$\boldsymbol{T}_1 = \boldsymbol{T}_2 = \begin{bmatrix} 1 & \dfrac{1}{k} \\ -m\omega^2 & 1-\dfrac{m\omega^2}{k} \end{bmatrix}$$

将 $k=1$ N/m 和 $m=1$ kg 代入，整个系统的传递矩阵为

$$\boldsymbol{T} = \boldsymbol{T}_2\boldsymbol{T}_1 = \begin{bmatrix} 1-\omega^2 & 2-\omega^2 \\ \omega^4-2\omega^2 & \omega^4-3\omega^2+1 \end{bmatrix} = \begin{bmatrix} h_{11} & h_{12} \\ h_{21} & h_{22} \end{bmatrix}$$

由式(5.66)，从固定面 0 的右端侧直至质量块 2 的右端的状态变量之间的关系为

$$\begin{bmatrix} x \\ F \end{bmatrix}_2^{\mathrm{R}} = \boldsymbol{T} \begin{bmatrix} x \\ F \end{bmatrix}_0^{\mathrm{R}}$$

根据边界条件，$x_0^{\mathrm{R}} \equiv 0$，$F_2^{\mathrm{R}} \equiv 0$，上式可以重写为

$$\begin{bmatrix} x \\ 0 \end{bmatrix}_2^{\mathrm{R}} = \begin{bmatrix} 1-\omega^2 & 2-\omega^2 \\ \omega^4-2\omega^2 & \omega^4-3\omega^2+1 \end{bmatrix} \begin{bmatrix} 0 \\ F \end{bmatrix}_0^{\mathrm{R}}$$

即

$$\begin{cases} x_2^{\mathrm{R}} = (2-\omega^2)F_0^{\mathrm{R}} \\ 0 = (\omega^4-3\omega^2+1)F_0^{\mathrm{R}} \end{cases}$$

显然，第二个方程中的 $F_0^{\mathrm{R}} \neq 0$，否则 0 端的状态向量就变成 $[0 \quad 0]^{\mathrm{T}}$，这样向右传递使得系统各处的位移和受力均为 0，这当然不是主振动。因此，$F_0^{\mathrm{R}} \neq 0$，则有

$$\omega^4 - 3\omega^2 + 1 = 0$$

解得 $\omega_1 = 0.618, \omega_2 = 1.618$。

上述各固有频率对应的振型，可以由状态向量中的 x 值确定。例如，将固有频率 $\omega_1 = 0.618$ 代入式(5.65)，第一子系统两端的状态向量关系为

$$\begin{bmatrix} x \\ F \end{bmatrix}_1^R = \boldsymbol{T}_1 \begin{bmatrix} x \\ F \end{bmatrix}_0^R = \begin{bmatrix} 1 & 1 \\ -0.382 & 0.618 \end{bmatrix} \begin{bmatrix} x \\ F \end{bmatrix}_0^R$$

第二子系统两端的状态向量关系为

$$\begin{bmatrix} x \\ F \end{bmatrix}_2^R = \boldsymbol{T}_2 \begin{bmatrix} x \\ F \end{bmatrix}_1^R = \begin{bmatrix} 1 & 1 \\ -0.382 & 0.618 \end{bmatrix} \begin{bmatrix} x \\ F \end{bmatrix}_1^R$$

根据系统最左端的边界条件，其状态向量可以表示为

$$\begin{bmatrix} x \\ F \end{bmatrix}_0^R = \begin{bmatrix} 0 \\ 1 \end{bmatrix}_0^R$$

代入得

$$\begin{bmatrix} x \\ F \end{bmatrix}_1^R = \begin{bmatrix} 1 & 1 \\ -0.382 & 0.618 \end{bmatrix} \begin{bmatrix} 0 \\ 1 \end{bmatrix}_0^R = \begin{bmatrix} 1 \\ 0.618 \end{bmatrix}_1^R$$

$$\begin{bmatrix} x \\ F \end{bmatrix}_2^R = \begin{bmatrix} 1 & 1 \\ -0.382 & 0.618 \end{bmatrix} \begin{bmatrix} 1 \\ 0.618 \end{bmatrix}_1^R = \begin{bmatrix} 1.618 \\ 0 \end{bmatrix}_2^R$$

则系统一阶固有频率对应的特征向量为

$$\mathbf{A}^{(1)} = [1 \quad 1.618]^T$$

同理，求解系统的二阶模态向量为

$$\mathbf{A}^{(2)} = [1 \quad -0.618]^T$$

5.4.2　轴盘扭转振动

传递矩阵法是分析多轴盘扭振的高效方法，如图 5.9 所示的多轴盘扭振系统，包含 $n-1$ 个盘，对应有 n 个中轴段。

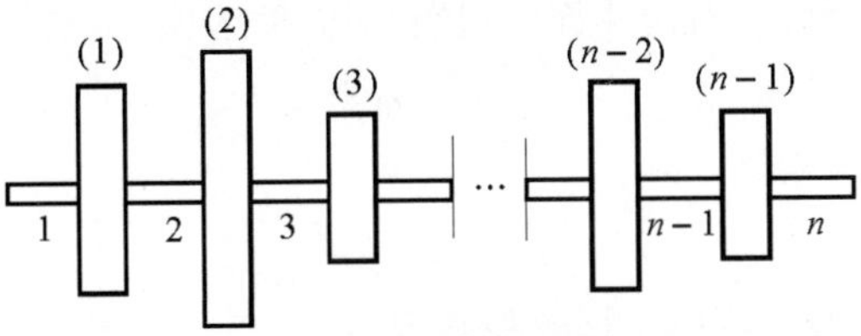

图 5.9　多盘扭振系统

假设中轴本身质量忽略不计，一个典型的单元包括一个无质量的中轴段和一个作为刚体考虑的圆盘。分析第 i 个单元，J_i 为第 i 个圆盘的转动惯量，l_i 为第 i 个单元中轴段的长度，k_i 为第 i 个单元中轴段的扭转刚度，如图 5.10 所示。

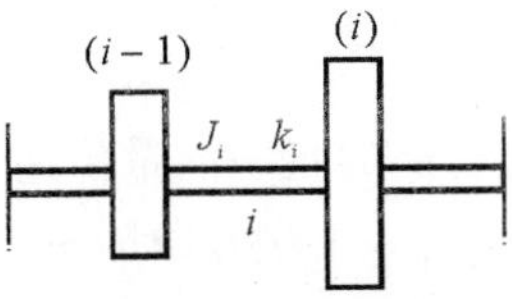

图 5.10　多盘扭振系统中任意一个典型单元

对第 i 个中轴段和圆盘分别进行受力分析，如图 5.11 所示。

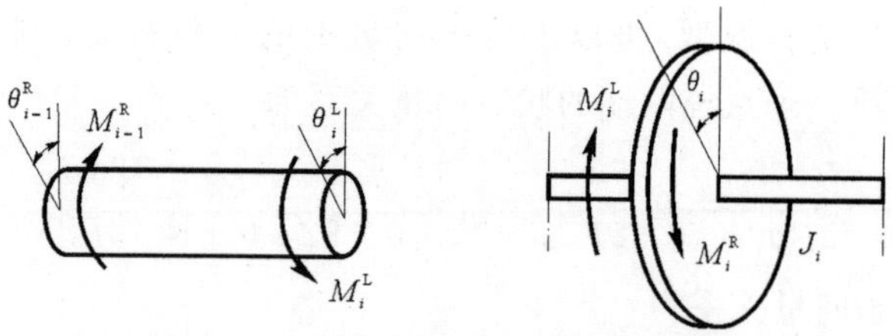

图 5.11　第 i 个中轴段和圆盘受力图

以转角和扭矩作为状态向量，即

$$\boldsymbol{Z}=\begin{bmatrix}\theta\\M\end{bmatrix} \tag{5.68}$$

对第 i 个中轴段，由于中轴段的转动惯量很小，可以忽略不计，故轴两端的扭矩相等，转向相反，即

$$M_i^{\mathrm{L}}=M_{i-1}^{\mathrm{R}} \tag{5.69}$$

式中：上标 L 和 R 分别表示中轴段的左端和右端，则第 i 个中轴段两端的转角关系为

$$\theta_i^{\mathrm{L}}-\theta_{i-1}^{\mathrm{R}}=\frac{1}{k_i}M_{i-1}^{\mathrm{R}} \tag{5.70}$$

将式(5.69) 和式(5.70) 合并，写成状态向量形式为

$$\begin{bmatrix}\theta\\M\end{bmatrix}_i^{\mathrm{L}}=\begin{bmatrix}1&1/k_i\\0&1\end{bmatrix}\begin{bmatrix}\theta\\M\end{bmatrix}_{i-1}^{\mathrm{R}} \tag{5.71}$$

该式可简写为 $\boldsymbol{Z}_i^{\mathrm{L}}=\boldsymbol{H}_i^{\mathrm{F}}\boldsymbol{Z}_{i-1}^{\mathrm{R}}$。中轴段的场传递矩阵 $\boldsymbol{H}_i^{\mathrm{F}}$ 为

$$\boldsymbol{H}_i^{\mathrm{F}}=\begin{bmatrix}1&1/k_i\\0&1\end{bmatrix}_i \tag{5.72}$$

再分析圆盘，其动力学方程为

$$J_i\ddot{\theta}_i=M_i^{\mathrm{R}}-M_i^{\mathrm{L}} \tag{5.73}$$

式中：M_i^{L} 和 M_i^{R} 分别为圆盘左、右两侧面的扭矩，对于简谐振动，根据位移和加速度的关系，有

$$\ddot{\theta}_i=-\omega^2\theta_i \tag{5.74}$$

圆盘左、右两端角位移相等，即

$$\theta_i^{\mathrm{R}}=\theta_i^{\mathrm{L}}=\theta_i \tag{5.75}$$

联立式(5.73) ～ 式(5.75)，写成状态向量形式为

$$\begin{bmatrix}\theta\\M\end{bmatrix}_i^{\mathrm{R}}=\begin{bmatrix}1&0\\-\omega^2J_i&1\end{bmatrix}\begin{bmatrix}\theta\\M\end{bmatrix}_i^{\mathrm{L}} \tag{5.76}$$

式(5.76) 简写为 $\boldsymbol{Z}_i^{\mathrm{R}}=\boldsymbol{H}_i^{\mathrm{P}}\boldsymbol{Z}_i^{\mathrm{L}}$。根据定义，圆盘的点传递矩阵 $\boldsymbol{H}_i^{\mathrm{P}}$ 为

$$\boldsymbol{H}_i^{\mathrm{P}}=\begin{bmatrix}1&0\\-\omega^2J_i&1\end{bmatrix}_i \tag{5.77}$$

则第 $i-1$ 个圆盘右侧到第 i 个圆盘右侧的状态向量传递关系为

$$\boldsymbol{Z}_i^{\mathrm{R}}=\boldsymbol{H}_i^{\mathrm{P}}\boldsymbol{Z}_i^{\mathrm{L}}=\boldsymbol{H}_i^{\mathrm{P}}\boldsymbol{H}_i^{\mathrm{F}}\boldsymbol{Z}_{i-1}^{\mathrm{R}}=\boldsymbol{H}_i\boldsymbol{Z}_{i-1}^{\mathrm{R}}$$

第 i 个中轴段和第 i 个圆盘组成的单元的传递矩阵为

$$\boldsymbol{H}_i = \boldsymbol{H}_i^{\mathrm{P}}\boldsymbol{H}_i^{\mathrm{F}} = \begin{bmatrix} 1 & 0 \\ -\omega^2 J_i & 1 \end{bmatrix}\begin{bmatrix} 1 & \dfrac{1}{k_i} \\ 0 & 1 \end{bmatrix} = \begin{bmatrix} 1 & \dfrac{1}{k_i} \\ -\omega^2 J_i & 1-\dfrac{\omega^2 J_i}{k_i} \end{bmatrix} \tag{5.78}$$

其余的单元可以采用上述相同方法，建立各自的传递矩阵。通过各个单元的传递矩阵，最终可以建立链状结构最左端至最右端的状态向量之间的传递关系。若是 n 个圆盘的扭转振系，最左端至最右端状态向量传递关系为

$$\boldsymbol{Z}_n^{\mathrm{R}} = \boldsymbol{H}_n\boldsymbol{H}_{n-1}\cdots\boldsymbol{H}_1\boldsymbol{Z}_1^{\mathrm{R}} \overset{\mathrm{def}}{=} \begin{bmatrix} h_{11} & h_{12} \\ h_{21} & h_{22} \end{bmatrix}\boldsymbol{Z}_1^{\mathrm{R}} = \boldsymbol{H}\boldsymbol{Z}_1^{\mathrm{R}} \tag{5.79}$$

式中：H 为 ω 的函数。最后利用两端的边界条件，可以确定 ω 的解和对应的模态振型。

例 5.8　如图 5.12 所示，三圆盘扭振系统两个轴段的扭转刚度为 $k_1 = k_2 = 1\ \mathrm{kN\cdot m/rad}$，各个圆盘的转动惯量为 $J_1 = J_2 = J_3 = 1\ \mathrm{kg\cdot m^2}$，采用传递矩阵法求解系统的固有频率和振型。

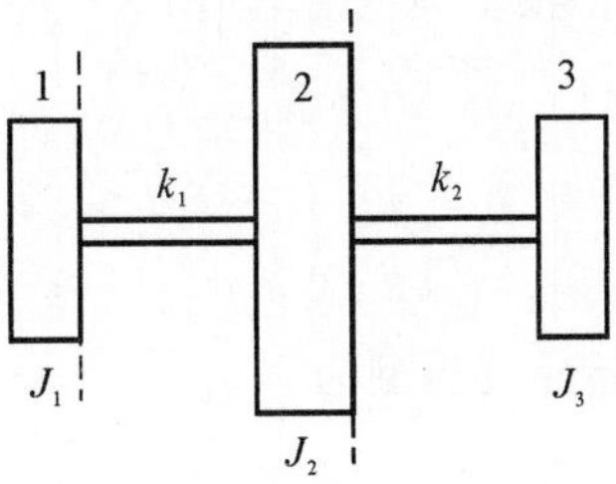

图 5.12　三圆盘扭振系统

解：系统可以视为 3 个轴盘单元组成的链式结构，扭转振动分析以转角和扭矩作为状态向量，即 $\boldsymbol{Z} = [\theta\ \ M]^{\mathrm{T}}$。

根据式(5.79)，从左向右依次 3 个单元(注意最左边的单元只有一个盘，没有轴段，因此没有场传递矩阵)，每个单元的传递矩阵分别为

$$\boldsymbol{Z}_1^{\mathrm{R}} = \boldsymbol{H}_1^{\mathrm{P}}\boldsymbol{Z}_1^{\mathrm{L}} = \begin{bmatrix} 1 & 0 \\ -\omega^2 J_1 & 1 \end{bmatrix}\boldsymbol{Z}_1^{\mathrm{L}} \tag{a}$$

$$\boldsymbol{Z}_2^{\mathrm{R}} = \boldsymbol{H}_2\boldsymbol{Z}_1^{\mathrm{R}} = \boldsymbol{H}_2^{\mathrm{P}}\boldsymbol{H}_2^{\mathrm{F}}\boldsymbol{Z}_1^{\mathrm{R}} = \begin{bmatrix} 1 & \dfrac{1}{k_1} \\ -\omega^2 J_2 & 1-\dfrac{\omega^2 J_2}{k_1} \end{bmatrix}\boldsymbol{Z}_1^{\mathrm{R}} \tag{b}$$

$$\boldsymbol{Z}_3^{\mathrm{R}} = \boldsymbol{H}_3\boldsymbol{Z}_2^{\mathrm{R}} = \boldsymbol{H}_3^{\mathrm{P}}\boldsymbol{H}_3^{\mathrm{F}}\boldsymbol{Z}_2^{\mathrm{R}} = \begin{bmatrix} 1 & \dfrac{1}{k_2} \\ -\omega^2 J_3 & 1-\dfrac{\omega^2 J_3}{k_2} \end{bmatrix}\boldsymbol{Z}_2^{\mathrm{R}} \tag{c}$$

将转动惯量和扭转刚度值代入，得系统总的传递矩阵为

$$\boldsymbol{H} = \boldsymbol{H}_3\boldsymbol{H}_2\boldsymbol{H}_1^{\mathrm{P}} = \begin{bmatrix} \omega^2(\omega^2-2)-\omega^2+1 & 2-\omega^2 \\ (-\omega^2)(\omega^4-4\omega^2+3) & (\omega^2-1)^2-\omega^2 \end{bmatrix} \overset{\mathrm{def}}{=} \begin{bmatrix} h_{11} & h_{12} \\ h_{21} & h_{22} \end{bmatrix} \tag{d}$$

系统左、右两端自由，其边界条件为

$$M_1^{\mathrm{L}} = 0,\quad M_3^{\mathrm{R}} = 0 \tag{e}$$

将该边界条件分别代入式(5.79)，得

$$\begin{bmatrix}\theta\\0\end{bmatrix}_3^{\mathrm{R}}=\begin{bmatrix}h_{11}&h_{12}\\h_{21}&h_{22}\end{bmatrix}\begin{bmatrix}\theta\\0\end{bmatrix}_1^{\mathrm{L}}\tag{f}$$

解得

$$0=h_{21}(\omega)\theta_1^{\mathrm{L}}\tag{h}$$

若欲求解固有频率，令 $\theta_1^{\mathrm{L}}\neq0$，则得频率方程为

$$h_{21}(\omega)=(-\omega^2)(\omega^4-4\omega^2+3)=0\tag{i}$$

解得 $\omega_1=0$，$\omega_2=1$，$\omega_3=\sqrt{3}$。

上述各固有频率对应的振型，可以由状态向量中的 θ 值确定。例如：将 $\omega_1=0$ 分别代入式(a) ~ 式(c) 中，令 $\theta_1^{\mathrm{L}}=1$，将边界条件 $M_1^{\mathrm{L}}=0$ 代入式(a)，得

$$\begin{bmatrix}\theta\\M\end{bmatrix}_1^{\mathrm{R}}=\begin{bmatrix}1&0\\0&1\end{bmatrix}\begin{bmatrix}1\\0\end{bmatrix}_1^{\mathrm{L}}=\begin{bmatrix}1\\0\end{bmatrix}_1^{\mathrm{R}}$$

$$\begin{bmatrix}\theta\\M\end{bmatrix}_2^{\mathrm{R}}=\begin{bmatrix}1&1\\0&1\end{bmatrix}\begin{bmatrix}1\\0\end{bmatrix}_1^{\mathrm{R}}=\begin{bmatrix}1\\0\end{bmatrix}_2^{\mathrm{R}}$$

$$\begin{bmatrix}\theta\\M\end{bmatrix}_3^{\mathrm{R}}=\begin{bmatrix}1&1\\0&1\end{bmatrix}\begin{bmatrix}1\\0\end{bmatrix}_2^{\mathrm{R}}=\begin{bmatrix}1\\0\end{bmatrix}_3^{\mathrm{R}}$$

即对应于一阶频率 $\omega_1=0$ 时，其转角的振型为

$$\boldsymbol{A}^{(1)}=\begin{bmatrix}\theta_1^{\mathrm{R}}\\\theta_2^{\mathrm{R}}\\\theta_3^{\mathrm{R}}\end{bmatrix}_1=\begin{bmatrix}1\\1\\1\end{bmatrix}$$

说明此时刚体在整体转动。

同理，采用相同的步骤，将 $\omega_2=1$ 代入式(a) ~ 式(c)，有

$$\begin{bmatrix}\theta\\M\end{bmatrix}_1^{\mathrm{R}}=\begin{bmatrix}1&0\\-1&1\end{bmatrix}\begin{bmatrix}1\\0\end{bmatrix}_1^{\mathrm{L}}=\begin{bmatrix}1\\-1\end{bmatrix}_1^{\mathrm{R}}$$

$$\begin{bmatrix}\theta\\M\end{bmatrix}_2^{\mathrm{R}}=\begin{bmatrix}1&1\\-1&0\end{bmatrix}\begin{bmatrix}1\\-1\end{bmatrix}_1^{\mathrm{R}}=\begin{bmatrix}0\\-1\end{bmatrix}_2^{\mathrm{R}}$$

$$\begin{bmatrix}\theta\\M\end{bmatrix}_3^{\mathrm{R}}=\begin{bmatrix}1&1\\-1&0\end{bmatrix}\begin{bmatrix}0\\-1\end{bmatrix}_2^{\mathrm{R}}=\begin{bmatrix}-1\\0\end{bmatrix}_3^{\mathrm{R}}$$

即对应于二阶频率 $\omega_2=1$ 时，其转角的振型为

$$\boldsymbol{A}^{(2)}=\begin{bmatrix}\theta_1^{\mathrm{R}}\\\theta_2^{\mathrm{R}}\\\theta_3^{\mathrm{R}}\end{bmatrix}_2=\begin{bmatrix}1\\0\\-1\end{bmatrix}$$

用相同的步骤，将 $\omega_3=\sqrt{3}$ 代入式(a) ~ 式(c)，有

$$\begin{bmatrix}\theta\\M\end{bmatrix}_1^{\mathrm{R}}=\begin{bmatrix}1&0\\-3&1\end{bmatrix}\begin{bmatrix}1\\0\end{bmatrix}_1^{\mathrm{L}}=\begin{bmatrix}1\\-3\end{bmatrix}_1^{\mathrm{R}}$$

$$\begin{bmatrix}\theta\\M\end{bmatrix}_2^{\mathrm{R}}=\begin{bmatrix}1&1\\-3&-2\end{bmatrix}\begin{bmatrix}1\\-3\end{bmatrix}_1^{\mathrm{R}}=\begin{bmatrix}-2\\3\end{bmatrix}_2^{\mathrm{R}}$$

$$\begin{bmatrix}\theta\\M\end{bmatrix}_3^{R}=\begin{bmatrix}1 & 1\\-3 & -2\end{bmatrix}\begin{bmatrix}-2\\3\end{bmatrix}_2^{R}=\begin{bmatrix}1\\0\end{bmatrix}_3^{R}$$

即对应于三阶频率 $\omega_3=\sqrt{3}$ 时，其转角的振型为

$$\mathbf{A}^{(3)}=\begin{bmatrix}\theta_1^{R}\\\theta_2^{R}\\\theta_3^{R}\end{bmatrix}_3=\begin{bmatrix}1\\-2\\1\end{bmatrix}$$

5.4.3　梁的横向弯曲振动

传递矩阵法还可用于分析梁的横向弯曲振动。将连续梁离散成若干单元，一个典型单元包括一个无质量梁段(具有弯曲刚度) 和一个集中质量。此时，梁的状态向量共有 4 个元素，即挠度 y、转角 θ、弯矩 M 和剪力 Q，将这些状态变量写成向量形式，即

$$\mathbf{Z}=[y\quad\theta\quad M\quad Q]^{T} \tag{5.80}$$

分析第 i 个梁单元，如图 5.13 所示(虚线之间为第 i 个梁单元)。设第 i 个单元中梁段的梁长为 l_i，抗弯刚度为 E_iI_i。

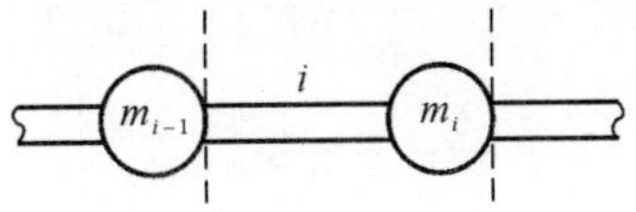

图 5.13　第 i 个梁单元

首先分析梁单元的场矩阵，即取第 i 个弹性梁段进行分析，它连接着左、右两个集中质量。其中，左端的集中质量为 m_{i-1} 右端的集中质量为 m_i，其梁段的变形与受力关系如图 5.14 所示。注意：这里以集中质量为基准，第 i 个集中质量的左端梁记为上标“L”。而对应的梁的左端实际上是上个(即第 $i-1$ 个) 集中质量的右端，因此标记为“R”。

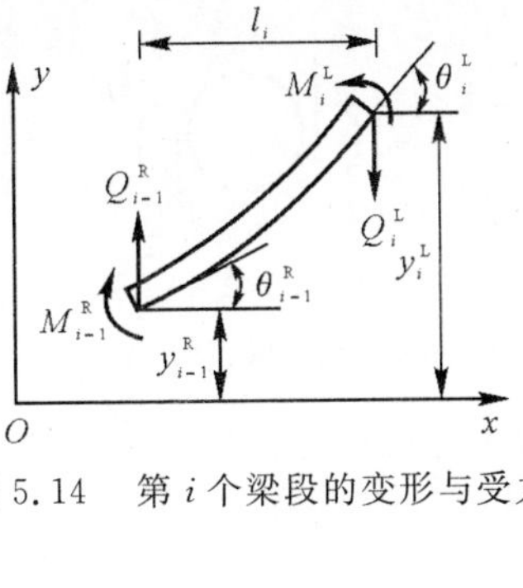

图 5.14　第 i 个梁段的变形与受力

根据力的平衡条件，得

$$Q_i^{L}=Q_{i-1}^{R} \tag{5.81}$$

$$M_i^{L}=M_{i-1}^{R}+Q_{i-1}^{R}l_i \tag{5.82}$$

根据材料力学中均匀梁的弯曲变形关系，得

$$EI\frac{\partial^2 y}{\partial x^2}=EI\frac{\partial\theta}{\partial x}=M(x) \tag{5.83}$$

设第 i 个梁段距离左端 x 远的截面的弯矩、转角和挠度分别为 $M_i(x)$，$\theta_i(x)$，$y_i(x)$。对于该截面，弯矩为

$$M_i(x) = M_{i-1}^{\mathrm{R}} + Q_{i-1}^{\mathrm{R}} x \tag{5.84}$$

该截面的转角为

$$\theta_i(x) = \theta_{i-1}^{\mathrm{R}} + \frac{1}{E_i I_i}\int_0^x M_i(x)\mathrm{d}x = \theta_{i-1}^{\mathrm{R}} + \frac{1}{E_i I_i} M_{i-1}^{\mathrm{R}} x + \frac{1}{2E_i I_i} Q_{i-1}^{\mathrm{R}} x^2 \tag{5.85}$$

该截面的挠度为

$$y_i(x) = y_{i-1}^{\mathrm{R}} + \int_0^x \theta_i(x)\mathrm{d}x = y_{i-1}^{\mathrm{R}} + \theta_{i-1}^{\mathrm{R}} x + \frac{1}{2E_i I_i} M_{i-1}^{\mathrm{R}} x^2 + \frac{1}{6E_i I_i} Q_{i-1}^{\mathrm{R}} x^3 \tag{5.86}$$

欲求这个长为 l_i 的梁段左、右两端转角和挠度的关系，只需将式(5.85)和式(5.86)中 x 的长度值设置为 l_i，即令 $x = l_i$，得该段梁左、右两端转角和挠度的关系为

$$\theta_i^{\mathrm{L}} = \theta_{i-1}^{\mathrm{R}} + \frac{M_{i-1}^{\mathrm{R}} l_i}{E_i I_i} + \frac{F_{s,i-1}^{\mathrm{R}} l_i^2}{2E_i I_i} \tag{5.87}$$

$$y_i^{\mathrm{L}} = y_{i-1}^{\mathrm{R}} + \theta_{i-1}^{\mathrm{R}} l_i + \frac{M_{i-1}^{\mathrm{R}} l_i^2}{2E_i I_i} + \frac{F_{s,i-1}^{\mathrm{R}} l_i^3}{6E_i I_i} \tag{5.88}$$

写成状态变量的形式为

$$\begin{bmatrix} y \\ \theta \\ M \\ Q \end{bmatrix}_i^{\mathrm{L}} = \begin{bmatrix} 1 & l_i & \dfrac{l_i^2}{2E_i I_i} & \dfrac{l_i^3}{6E_i I_i} \\ 0 & 1 & \dfrac{l_i}{E_i I_i} & \dfrac{l_i^2}{2E_i I_i} \\ 0 & 0 & 1 & l_i \\ 0 & 0 & 0 & 1 \end{bmatrix} \begin{bmatrix} y \\ \theta \\ M \\ Q \end{bmatrix}_{i-1}^{\mathrm{R}} \overset{\mathrm{def}}{=} \boldsymbol{H}_i^{\mathrm{F}} \begin{bmatrix} y \\ \theta \\ M \\ Q \end{bmatrix}_{i-1}^{\mathrm{R}} \tag{5.89}$$

式中：$\boldsymbol{H}_i^{\mathrm{F}}$ 为梁单元中弹性梁段的场传递矩阵。

再分析梁单元中集中质量处的点传递矩阵，取第 i 个集中质量进行受力分析，其受到弯矩和剪力作用，如图5.15所示。

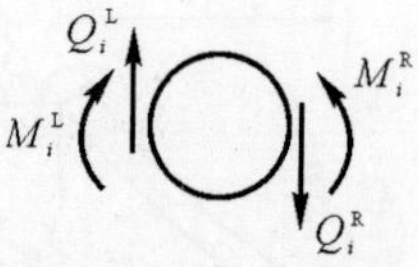

图 5.15　第 i 个集中质量受力图

第 i 个集中质量左、右两端的状态向量满足如下关系：

$$\left.\begin{aligned} y_i^{\mathrm{R}} &= y_i^{\mathrm{L}} \\ \theta_i^{\mathrm{R}} &= \theta_i^{\mathrm{L}} \\ M_i^{\mathrm{R}} &= M_i^{\mathrm{L}} \\ Q_i^{\mathrm{R}} &= Q_i^{\mathrm{L}} - m_i \ddot{y}_i \end{aligned}\right\} \tag{5.90}$$

当系统作简谐振动时，有

$$\ddot{y}_i = -\omega^2 y_i \tag{5.91}$$

左、右两端的剪力关系为

$$Q_i^{\mathrm{R}} = Q_i^{\mathrm{L}} + m_i \omega^2 y_i \tag{5.92}$$

第 i 个集中质量左、右两端状态向量的传递关系为

$$\begin{bmatrix} y \\ \theta \\ M \\ Q \end{bmatrix}_i^R = \begin{bmatrix} 1 & 0 & 0 & 0 \\ 0 & 1 & 0 & 0 \\ 0 & 0 & 1 & 0 \\ \omega^2 m_i & 0 & 0 & 1 \end{bmatrix} \begin{bmatrix} y \\ \theta \\ M \\ Q \end{bmatrix}_i^L = \boldsymbol{H}_i^P \begin{bmatrix} y \\ \theta \\ M \\ Q \end{bmatrix}_i^L \tag{5.93}$$

式中：$\boldsymbol{H}_i^P$ 为该任意梁单元的点传递矩阵。

综上所述，第 i 个集中质量左、右两侧的传递关系为

$$\boldsymbol{Z}_i^R = \boldsymbol{H}_i^P \boldsymbol{Z}_i^L \tag{5.94}$$

由式(5.89)，第 i 个梁段左、右两端的传递关系为

$$\boldsymbol{Z}_i^L = \boldsymbol{H}_i^F \boldsymbol{Z}_{i-1}^R \tag{5.95}$$

从第 $i-1$ 个集中质量右侧直至第 i 个集中质量右侧的状态向量传递关系为

$$\boldsymbol{Z}_i^R = \boldsymbol{H}_i^P \boldsymbol{H}_i^F \boldsymbol{Z}_{i-1}^R \overset{\text{def}}{=} \boldsymbol{H}_i \boldsymbol{Z}_{i-1}^R \tag{5.96}$$

式中：$\boldsymbol{H}_i$ 为第 i 个梁单元的传递矩阵。将 $\boldsymbol{H}_i^F$ 和 $\boldsymbol{H}_i^P$ 的表达式代入式(5.96)，得梁单元的传递矩阵为

$$\boldsymbol{H}_i = \begin{bmatrix} 1 & l_i & \dfrac{l_i^2}{2E_iI_i} & \dfrac{l_i^3}{6E_iI_i} \\ 0 & 1 & \dfrac{l_i}{E_iI_i} & \dfrac{l_i^2}{2E_iI_i} \\ 0 & 0 & 1 & l_i \\ \omega^2 m_i & \omega^2 m_i l_i & \dfrac{\omega^2 m_i l_i^2}{2E_iI_i} & \dfrac{1+\omega^2 m_i l_i^3}{6E_iI_i} \end{bmatrix} \tag{5.97}$$

若整个连续梁被离散成 n 个梁单元，则总能利用各个单元传递矩阵的连乘积导出梁的最左端至最右端状态变量传递关系，同式(5.79)，有

$$\boldsymbol{Z}_n^R = \boldsymbol{H}_n \boldsymbol{H}_{n-1} \cdots \boldsymbol{H}_1 \boldsymbol{Z}_1^R \overset{\text{def}}{=} \begin{bmatrix} h_{11} & h_{12} \\ h_{21} & h_{22} \end{bmatrix} \boldsymbol{Z}_1^R = \boldsymbol{H}\boldsymbol{Z}_1^R \tag{5.98}$$

式中：$\boldsymbol{H}$ 为 ω 的函数。最后利用两端的边界条件，可以确定 ω 的解和对应的振型。

例 5.9　用传递矩阵法求解图 5.16 所示梁系统的固有频率，其中每个梁段的抗弯刚度均为 EI。

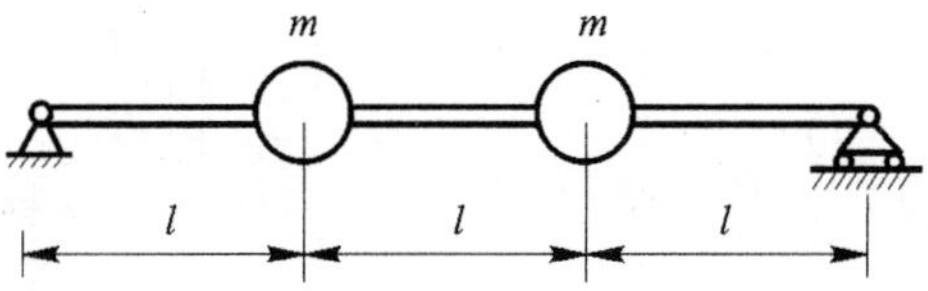

图 5.16　梁系统

解：首先将该系统分解成各个单元，并对单元和单元内的梁段和质量进行编号，如图 5.17 所示。

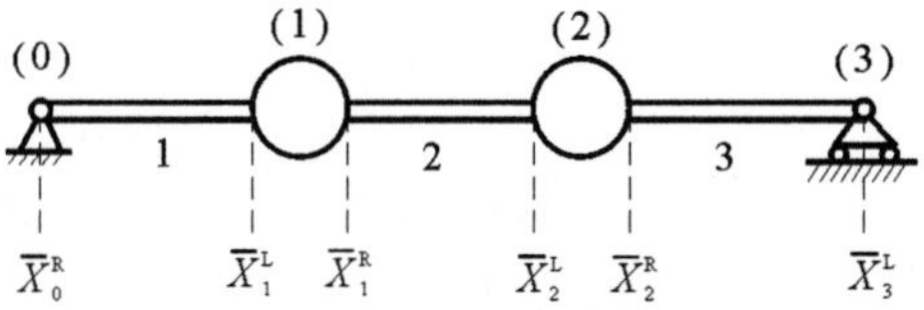

图 5.17　梁系统的分解

梁结构的状态变量为 $\boldsymbol{X} = [y \quad \theta \quad M \quad Q]^T$。两端的边界条件为

$$y_0^R = M_0^R = 0, \quad y_3^L = M_3^L = 0$$

为了便于计算，引入无量纲变量 $\overline{y} = \frac{y}{l}, \overline{M} = \frac{Ml}{EI}, \overline{Q} = \frac{Ql^2}{EI}, \lambda = \frac{ml^3\omega^2}{EI}$，则对应于无量纲变量，原始的状态变量可写为 $\overline{\boldsymbol{X}} = [\overline{y} \quad \theta \quad \overline{M} \quad \overline{Q}]^T$。无量纲边界条件为

$$\overline{y}_0^R = \overline{M}_0^R = 0, \quad \overline{y}_3^L = \overline{M}_3^L = 0$$

对应的场传递矩阵和点传递矩阵也可写成无量纲形式为

$$\overline{\boldsymbol{H}}_i^P = \begin{bmatrix} 1 & 0 & 0 & 0 \\ 0 & 1 & 0 & 0 \\ 0 & 0 & 1 & 0 \\ \lambda & 0 & 0 & 1 \end{bmatrix}, \quad \overline{\boldsymbol{H}}_i^F = \begin{bmatrix} 1 & 1 & 1/2 & 1/6 \\ 0 & 1 & 1 & 1/2 \\ 0 & 0 & 1 & 1 \\ 0 & 0 & 0 & 1 \end{bmatrix}$$

根据式(5.94)和式(5.95)，写出各段的传递关系：

梁段 1： $\overline{\boldsymbol{X}}_1^L = \overline{\boldsymbol{H}}_1^F \overline{\boldsymbol{X}}_0^R$

梁段 2： $\overline{\boldsymbol{X}}_2^L = \overline{\boldsymbol{H}}_2^F \overline{\boldsymbol{X}}_1^R$

梁段 3： $\overline{\boldsymbol{X}}_3^L = \overline{\boldsymbol{H}}_3^F \overline{\boldsymbol{X}}_2^R$

集中质量 1： $\overline{\boldsymbol{X}}_1^R = \overline{\boldsymbol{H}}_1^P \overline{\boldsymbol{X}}_1^L$

集中质量 2： $\overline{\boldsymbol{X}}_2^R = \overline{\boldsymbol{H}}_2^P \overline{\boldsymbol{X}}_2^L$

两支座之间的状态关系为

$$\boldsymbol{X}_3^L = \overline{\boldsymbol{H}}_3^F \overline{\boldsymbol{X}}_2^R = \overline{\boldsymbol{H}}_3^F (\overline{\boldsymbol{H}}_2^P \overline{\boldsymbol{X}}_2^L)$$

由式(5.98)，两支座之间的点矩阵传递关系为

$$\boldsymbol{H} = \boldsymbol{H}_3^F \boldsymbol{H}_2^P \boldsymbol{H}_2^F \boldsymbol{H}_1^P \boldsymbol{H}_1^F = \begin{bmatrix} \alpha_{11} & \alpha_{12} & \alpha_{13} & \alpha_{14} \\ \alpha_{21} & \alpha_{22} & \alpha_{23} & \alpha_{24} \\ \alpha_{31} & \alpha_{32} & \alpha_{33} & \alpha_{34} \\ \alpha_{41} & \alpha_{42} & \alpha_{43} & \alpha_{44} \end{bmatrix}$$

即

$$\begin{bmatrix} \overline{y} \\ \theta \\ \overline{M} \\ \overline{Q} \end{bmatrix}_3^L = \begin{bmatrix} \alpha_{11} & \alpha_{12} & \alpha_{13} & \alpha_{14} \\ \alpha_{21} & \alpha_{22} & \alpha_{23} & \alpha_{24} \\ \alpha_{31} & \alpha_{32} & \alpha_{33} & \alpha_{34} \\ \alpha_{41} & \alpha_{42} & \alpha_{43} & \alpha_{44} \end{bmatrix} \begin{bmatrix} \overline{y} \\ \theta \\ \overline{M} \\ \overline{Q} \end{bmatrix}_0^R$$

根据两端支座边界条件，得

$$\begin{cases} \alpha_{12}\theta_0 + \alpha_{14}\overline{Q}_0 = 0 \\ \alpha_{32}\theta_0 + \alpha_{34}\overline{Q}_0 = 0 \end{cases}$$

非零解条件为

$$\Delta = \begin{vmatrix} \alpha_{12} & \alpha_{14} \\ \alpha_{32} & \alpha_{34} \end{vmatrix} = 0$$

式中：$\alpha_{12} = \alpha_{34} = \frac{\lambda^2}{36} + \frac{5\lambda}{3} + 3$，$\alpha_{14} = \frac{\lambda^2}{216} + \frac{4\lambda}{3} + \frac{9}{2}$，$\alpha_{32} = \lambda(4 + \frac{\lambda}{6})$。

可得频率方程为

$$5\lambda^2 - 96\lambda + 108 = 0$$

解得 $\lambda_1 = 1.1385$，$\lambda_2 = 94.8615$。可得固有频率 $\omega_1 = \sqrt{\frac{1.1385EI}{ml^3}}$，$\omega_2 = \sqrt{\frac{94.8615EI}{ml^3}}$。

当梁段数比较多时，必须采用数值方法，通过编程计算，找到满足频率方程的数值根 ω_i。

习　　题

5.1　如图 5.18 所示，采用瑞利法求解系统的基频。

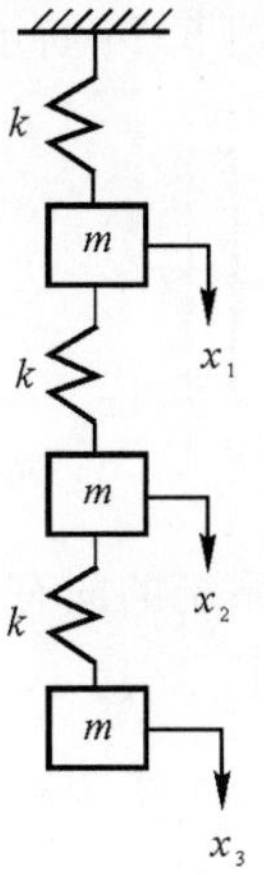

图 5.18　习题 5.1 图

5.2　在图 5.19 所示轴系模型中，轴可看作均匀简支梁，其截面弯曲刚度为 EI，轴长为 l，轴的自身质量不计。轴上各集中质量为 $m_1 = m$，$m_2 = 4m$，$m_3 = 2m$，用瑞利法求系统的基频。

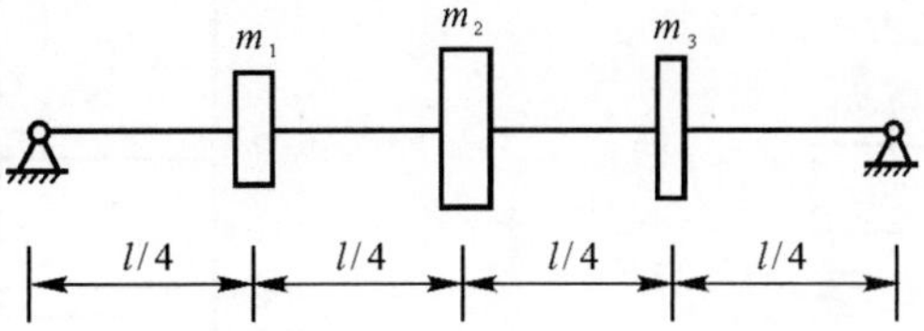

图 5.19　习题 5.2 图

5.3　图 5.20 所示的简支梁的抗弯刚度为 EI，自身质量不计。已知 $m_1 = m_2 = m_3 = m$。试用里茨法求系统的一、二阶固有频率。

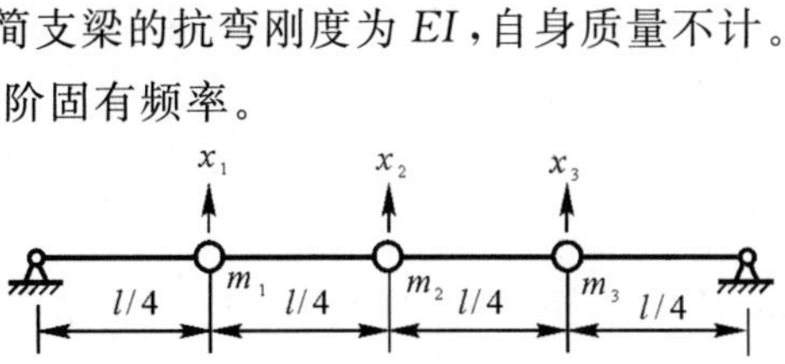

图 5.20　习题 5.3 图

5.4　用矩阵迭代法求图 5.21 所示系统的固有频率及主振型。设 $m_1 = m_2 = m$，$m_3 = 2m$，$k_1 = k_2 = k$，$k_3 = 2k$。

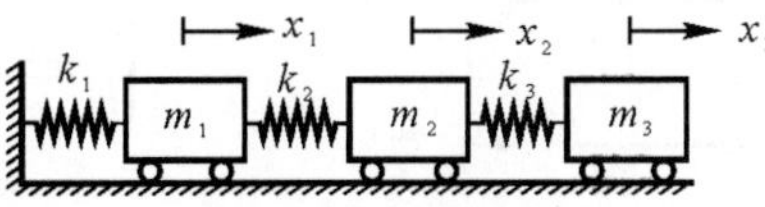

图 5.21　习题 5.4 图

5.5　如图 5.22 所示的长度为 $2L$ 的均匀悬臂梁，其弯曲刚度为 EI，在梁的中点与末端处各有集中质量 $2m$ 与 m，梁的质量不计，试用矩阵迭代法、传递矩阵法求系统的固有频率及主振型。

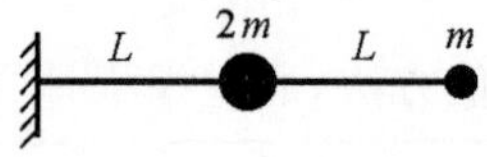

图 5.22　习题 5.5 图

5.6　试用矩阵迭代法、传递矩阵法求图 5.23 所示扭振轴系的前二阶固有频率及主振型。取假设振型为 $\boldsymbol{A} = [0.4\quad 0.7\quad 0.9\quad 1]^{\mathrm{T}}$。

5.7　用矩阵迭代法、传递矩阵法求图 5.24 所示扭振轴系的固有频率及主振型。

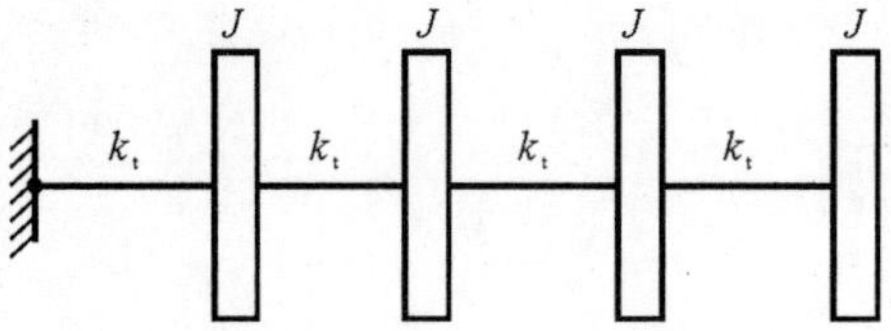

图 5.23　习题 5.6 图

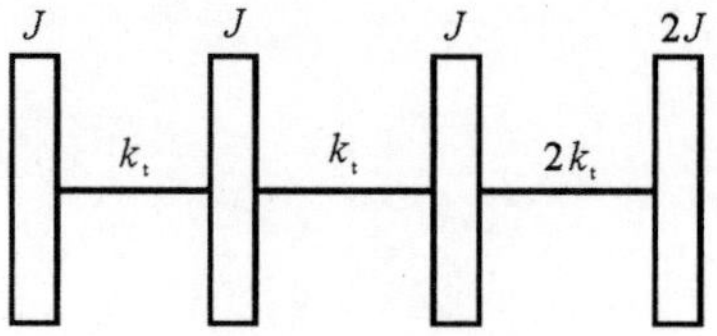

图 5.24　习题 5.7 图

5.8　用矩阵迭代法求图 5.25 所示系统的固有频率和主振型。各个质量块只能沿铅垂方向运动，假设 $m_1 = m_2 = m_3 = m$，$k_1 = k_2 = k_3 = k_4 = k_5 = k_6 = k$。

5.9　采用柔度系数法写出图 5.26 所示系统的矩阵形式的振动方程，并采用矩阵迭代法估算系统的基频和对应的主振型。

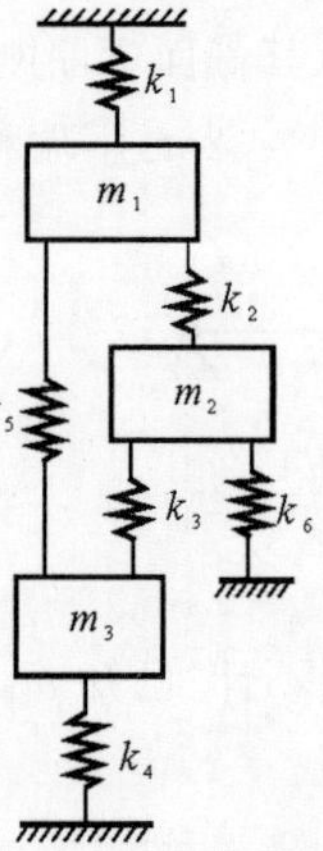

图 5.25　习题 5.8 图

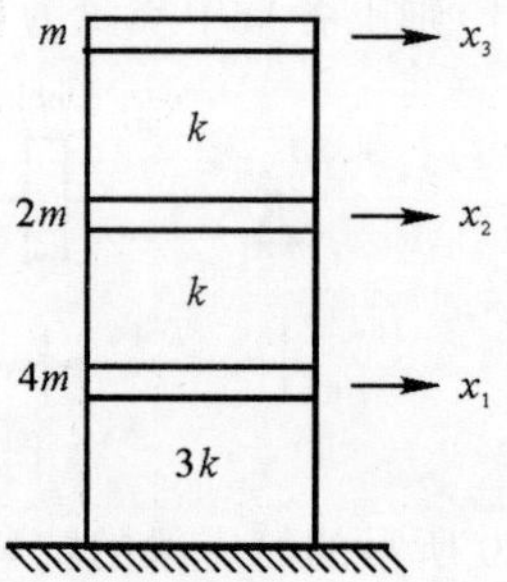

图 5.26　习题 5.9 图

5.10　在图 5.27 所示系统中悬臂梁质量不计，m、l 和 EI 已知，用传递矩阵法计算系统的固有频率。

5.11　用传递矩阵法求图 5.28 所示轴系模型的扭转振动的各阶固有频率和振型。

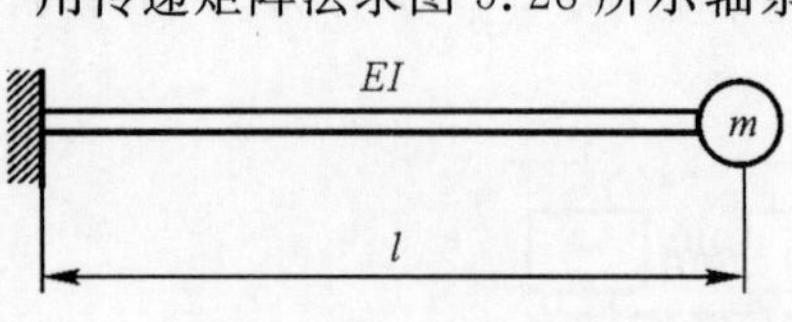

图 5.27　习题 5.10 图

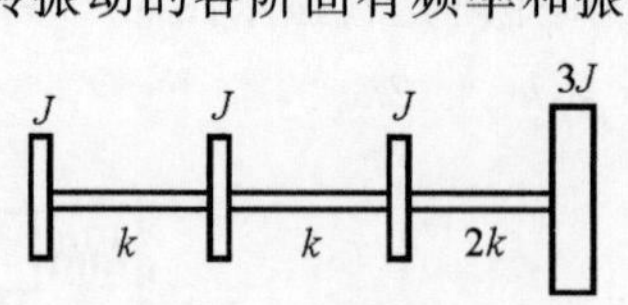

图 5.28　习题 5.11 图

第 6 章　弹性体的振动

实际的振动系统往往是弹性体，它们具有连续分布的质量和弹性，因而又称为连续系统或分布参数系统。弹性体具有无限多个自由度，其运动规律由偏微分方程来确定。由于弹性体振动问题涉及求解相应的偏微分方程，因而只有在一些简单情况下才能求得解析解。例如均匀的弦、杆、轴和梁等的振动问题。对于几何形状比较复杂的构件，一般需要离散化成有限自由度系统进行计算。本章讨论理想弹性体的振动问题，这类弹性体假设为均质和各向同性，并在弹性范围内服从胡克定律。

6.1　弦的振动

有些乐器，如小提琴和吉他，都涉及弦，其固有频率和模态形状在演奏中起着重要作用。工程中很多结构具有这种特点，如高压输电线等，都可以简化为张紧的弦。

图 6.1(a) 所示为一根细弦张紧于两固定点之间，跨长为 l，弦上 x 处的张力和单位长度质量分别为 $T(x)$ 和 $\rho(x)$，横向位移函数为 $y=y(x,t)$，在初始激励下作横向自由振动。

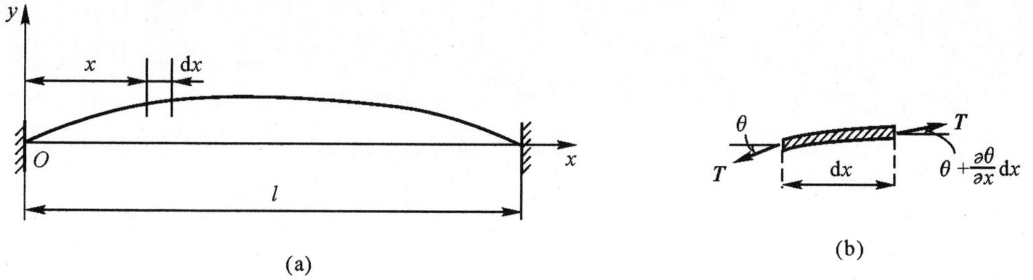

图 6.1　弦模型

在弦上取一微元 dx，受力如图 6.1(b) 所示。根据牛顿运动定律，得

$$\rho \mathrm{d}x \frac{\partial^2 y}{\partial t^2} = T\sin(\theta + \frac{\partial \theta}{\partial x}\mathrm{d}x) - T\sin\theta \tag{6.1}$$

在微小振动时，近似有

$$\theta \approx \sin\theta \approx \tan\theta = \frac{\partial y}{\partial x}$$

则式(6.1) 可写为

$$\rho \mathrm{d}x \frac{\partial^2 y}{\partial t^2} = T(\theta + \frac{\partial \theta}{\partial x}\mathrm{d}x) - T\theta$$

即

$$\rho \mathrm{d}x \frac{\partial^2 y}{\partial t^2} = T \frac{\partial \theta}{\partial x} \mathrm{d}x \tag{6.2}$$

将 $\theta \approx \frac{\partial y}{\partial x}$ 代入式(6.2)，得

$$\frac{\partial^2 y}{\partial t^2} = a^2 \frac{\partial^2 y}{\partial x^2} \tag{6.3}$$

式中：$a = \sqrt{\frac{T}{\rho}}$。式(6.3)是弦作横向振动的运动微分方程，称为一维波动方程，a 为波沿弦长度方向传播的速度。

求解式(6.3)可以采用分离变量法，将 $y(x,t)$ 表示为

$$y(x,t) = X(x)Y(t) \tag{6.4}$$

式中：$X(x)$ 表示弦的振动形态，$Y(t)$ 表示振动方式。将式(6.4)代入式(6.3)，有

$$a^2 \frac{1}{X} \frac{\mathrm{d}^2 X}{\mathrm{d}x^2} = \frac{1}{Y} \frac{\mathrm{d}^2 Y}{\mathrm{d}t^2} \tag{6.5}$$

式(6.5)左端仅依赖于变量 x，右端仅依赖于变量 t，要使该式对任意的 x 与 t 都成立，则方程两端必须都等于同一个常数。设这一常数为 $-\omega^2$，于是便得以下两个常微分方程：

$$a^2 \frac{1}{X} \frac{\mathrm{d}^2 X}{\mathrm{d}x^2} = -\omega^2 \tag{6.6}$$

$$\frac{1}{Y} \frac{\mathrm{d}^2 Y}{\mathrm{d}t^2} = -\omega^2 \tag{6.7}$$

将式(6.6)和式(6.7)简化，得

$$\frac{\mathrm{d}^2 X}{\mathrm{d}x^2} + \beta^2 X = 0 \tag{6.8}$$

$$\frac{\mathrm{d}^2 Y}{\mathrm{d}t^2} + \omega^2 Y = 0 \tag{6.9}$$

式(6.8)中，$\beta = \frac{\omega}{a}$。式(6.8)和式(6.9)的解分别为

$$X(x) = C\sin\beta x + D\cos\beta x \tag{6.10}$$

$$Y(t) = A\sin\omega t + B\cos\omega t \tag{6.11}$$

式中：A,B,C,D 为积分常数。

从图6.1可以看出，弦在两端处的位移为零，即

$$y(0,t) = y(l,t) = 0 \tag{6.12}$$

式(6.12)称为弦的边界条件。由式(6.4)和式(6.12)，得

$$X(0) = 0, \quad X(l) = 0 \tag{6.13}$$

将式(6.13)代入式(6.10)，得

$$D = 0, \quad C\sin(\beta l) = 0$$

式中：$C \neq 0$，故有

$$\sin\beta l = 0 \tag{6.14}$$

式(6.14)称为弦振动的特征方程，即频率方程。由此可确定一系列特征值 β_i：

$$\beta_i = \frac{i\pi}{l} \quad (i = 1,2,\cdots)$$

所以,系统的各阶固有频率为

$$\omega_i = a\beta_i = \frac{i\pi}{l}\sqrt{\frac{T}{\rho}} \quad (i = 1,2,\cdots)$$

与其相应的振型函数为

$$X_i(x) = \sin\frac{i\pi}{l}x \quad (i = 1,\ 2,\cdots) \tag{6.15}$$

则弦对应于各阶固有频率的主振动为

$$y_i(x,t) = (A_i\sin\omega_i t + B_i\cos\omega_i t)\sin\frac{i\pi}{l}x \tag{6.16}$$

弦的任意自由振动可以表示为

$$y(x,t) = \sum_i y_i(x,t) = \sum_i (A_i\sin\omega_i t + B_i\cos\omega_i t)\sin\frac{i\pi x}{l} \tag{6.17}$$

弦的前 4 阶振型函数如图 6.2 所示。

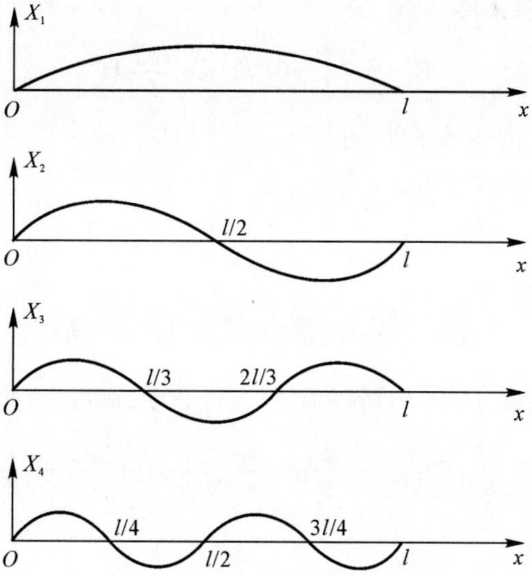

图 6.2　弦的前 4 阶振型函数

例 6.1　图 6.3 所示两端固定张紧的弦,初始时中点拉起高度 h,然后释放,求弦的自由振动响应。

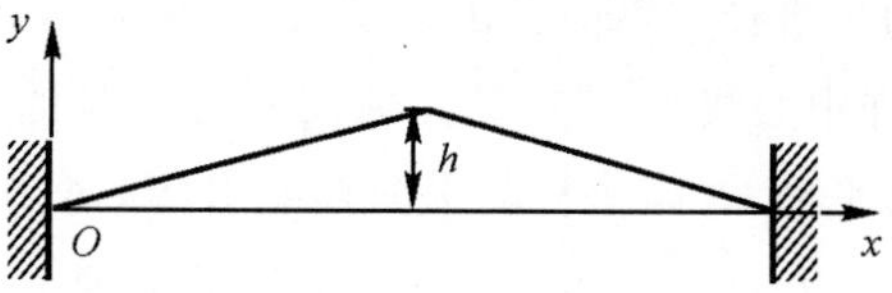

图 6.3　张紧弦

解:弦的位移初始条件为

$$y(x,0) = \begin{cases} \dfrac{2hx}{l}, & 0 \leqslant x \leqslant \dfrac{l}{2} \\ \dfrac{2h(l-x)}{l}, & \dfrac{l}{2} < x \leqslant l \end{cases}$$

采用模态叠加法,假设其解为

$$y(x,t)=\sum_{i=1}^{n}(A_i\sin\omega_i t+B_i\cos\omega_i t)\sin\frac{i\pi}{l}x$$

初始时弦静止，弦的速度初始条件为

$$\dot{y}(x,0)=\sum_{i=1}^{n}\omega_i A_i\sin\frac{i\pi}{l}x=0$$

解得 $A_i=0$。可得，弦的振动解为

$$y(x,t)=\sum_i B_i\cos\omega_i t\sin\frac{i\pi}{l}x$$

初始时位移为 $y(x,0)=\sum_i B_i\sin\frac{i\pi}{l}x$，考虑到正弦函数的正交性，即

$$\int_0^l\sin\frac{i\pi x}{l}\sin\frac{j\pi x}{l}\mathrm{d}x=\begin{cases}0, & i\neq j\\ \dfrac{l}{2}, & i=j\end{cases}$$

利用此性质，考虑初始位移条件，则有

$$B_i=\frac{2}{l}\int_0^l y(x,0)\sin\frac{i\pi x}{l}\mathrm{d}x$$

对应本例中弦中点拉起 h 的初始条件，可得

$$B_i=\frac{2}{l}\left[\int_0^{l/2}\frac{2hx}{l}\sin\frac{i\pi x}{l}\mathrm{d}x+\int_{l/2}^{l}\frac{2h}{l}(l-x)\sin\frac{i\pi x}{l}\mathrm{d}x\right]$$

积分后，可得

$$B_i=\frac{8h}{\pi^2 i^2}\sin\frac{i\pi}{2}\quad(i=1,2,\cdots,n)$$

可以看出，当 $i=2n$ 时，$B_i=0$，所以 B_i 只有奇数项。最后，弦的振动解为

$$y(x,t)=\frac{8h}{\pi^2}\left(\cos\frac{\pi}{l}\sqrt{\frac{T}{\rho}}t\sin\frac{\pi x}{l}-\frac{1}{9}\cos\frac{3\pi}{l}\sqrt{\frac{T}{\rho}}t\sin\frac{3\pi x}{l}+\frac{1}{25}\cos\frac{5\pi}{l}\sqrt{\frac{T}{\rho}}t\sin\frac{5\pi x}{l}\cdots\right)$$

6.2 杆的纵向振动

本节讨论均质等截面细长直杆的纵向自由振动。设杆长为 l，横截面积为 A，单位体积的质量为 ρ，弹性模量为 E。取杆件中心线为 x 轴，原点取在杆的左端面，如图 6.4(a) 所示。假定杆的横截面在振动中始终保持为平面，并略去杆的纵向伸缩引起的横向变形，即同一横截面上各点仅在 x 方向产生相同的位移。以 $u(x,t)$ 表示 x 截面的纵向位移。

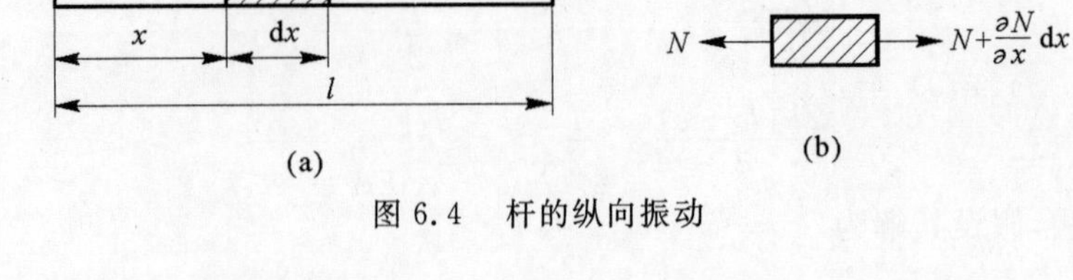

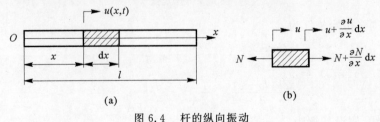

图 6.4　杆的纵向振动

在杆上 x 处取微元段 $\mathrm{d}x$，受力如图 6.4(b) 所示。根据牛顿第二定律，得

$$\rho A\,\mathrm{d}x\,\frac{\partial^2 u}{\partial t^2} = N + \frac{\partial N}{\partial x}\mathrm{d}x - N \tag{6.18}$$

由图 6.4 可见，微段的轴向应变 $\varepsilon = \dfrac{\partial u}{\partial x}$，微段的轴向应力 $\sigma = E\varepsilon = EA\,\dfrac{\partial u}{\partial x}$，故

$$N = A\sigma = EA\,\frac{\partial u}{\partial x} \tag{6.19}$$

将式(6.19) 代入式(6.18)，整理得

$$\frac{\partial^2 u}{\partial t^2} = a^2\,\frac{\partial^2 u}{\partial x^2} \tag{6.20}$$

式中：$a = \sqrt{\dfrac{E}{\rho}}$。式(6.20) 即为杆纵向自由振动微分方程，亦为一维波动方程，与式(6.3) 的形式完全相同。方程的求解仍采用分离变量法，将 $u(x,t)$ 表示为

$$u(x,t) = X(x)U(t)$$

可得到类似于式(6.8) 与式(6.9) 的常微分方程组，由此解得 $U(t)$ 与 $X(x)$ 分别为

$$U(t) = A\sin(\omega t) + B\cos(\omega t)$$

$$X(x) = C\sin(\frac{\omega}{a}x) + D\cos(\frac{\omega}{a}x)$$

式中：固有频率 ω 与振型函数 $X(x)$ 由杆的边界条件确定。典型的边界条件有以下几种：

(1) 固定端。固定端的纵向位移为零，固定端的边界条件为

$$u(0,t) = u(l,t) = 0$$

(2) 自由端。该端的轴向内力为零，自由端的边界条件为

$$\frac{\partial u}{\partial x}(0,t) = \frac{\partial u}{\partial x}(l,t) = 0$$

(3) 弹性支承。设杆的右端为弹性支承[见图 6.5(a)]，则此处轴向内力等于弹性力，即

$$ku(l,t) = -EA\,\frac{\partial u}{\partial x}(l,t)$$

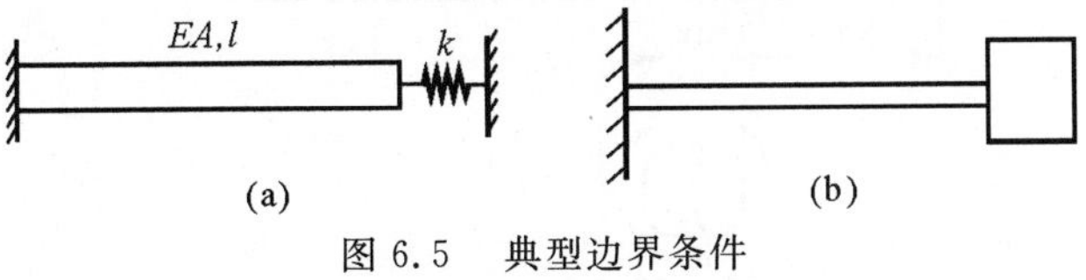

图 6.5　典型边界条件

(4) 惯性载荷。设杆的右端附一集中质量[见图 6.5(b)]，则该处杆的轴向内力等于质量块的惯性力，即

$$m\,\frac{\partial^2 u}{\partial^2 t}(l,t) = -EA\,\frac{\partial u}{\partial x}(l,t)$$

例 6.2　图 6.5(a) 所示一匀质细直杆的左端固定，右端通过弹簧与固定点相连，试求系统的频率方程。

解：杆在两端的边界条件为

$$u(0,t) = 0,\quad ku(l,t) = -EA\,\frac{\partial u}{\partial x}(l,t)$$

即

$$X(0)=0,\quad kX(l)=-EA\frac{\mathrm{d}X}{\mathrm{d}x}(l)$$

将此边界条件代入振型函数 $X(x)$ 中，得

$$D=0$$

$$AE\cdot\frac{\omega}{a}\cos\frac{\omega}{a}l=-k\sin\frac{\omega}{a}l$$

因此可知系统的频率方程为

$$\frac{\tan(\omega l/a)}{\omega l/a}=-\frac{AE}{kl}$$

对应于固有频率 ω_i 的主振型函数为

$$X_i(x)=\sin\frac{\omega_i}{a}x$$

6.3　轴的扭转振动

考虑图 6.6 所示等截面直圆轴的扭转振动。轴的长度为 l，半径为 r，单位体积质量为 ρ，剪切弹性模量为 G，截面的极惯性矩为 I_P。取轴线为 x 轴，原点取在轴的左端面。在轴的 x 截面处取微元段 $\mathrm{d}x$，并取 x 截面相对平衡位置的转角 θ 为广义坐标，则在 $x+\mathrm{d}x$ 截面上的角位移为 $\mathrm{d}\theta=\frac{\partial\theta}{\partial x}\mathrm{d}x$，微元段两端截面的相对扭转角为 $\mathrm{d}\theta=\frac{\partial\theta}{\partial x}\mathrm{d}x$，因此微元段上的角应变 $\frac{\partial^2\theta}{\partial x^2}=\frac{1}{a^2}\frac{\partial^2\theta}{\partial t^2}$，$x$ 截面上的扭矩 $T=GI_P\frac{\partial\theta}{\partial x}$，$x+\mathrm{d}x$ 截面上的扭矩为 $T+\frac{\partial T}{\partial x}\mathrm{d}x=T+GI_P\frac{\partial^2\theta}{\partial^2 x}\mathrm{d}x$，圆柱形微元段对 x 轴的转动惯量为 $\rho I_P\mathrm{d}x$。

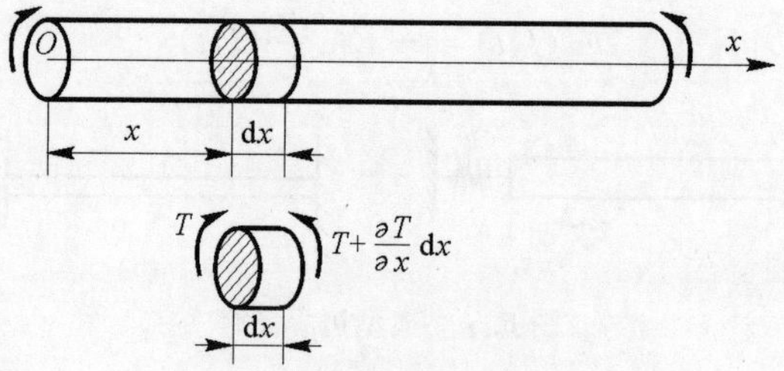

图 6.6　圆轴的扭转振动

根据定轴转动微分方程，得

$$\rho I_P\mathrm{d}x\frac{\partial^2\theta}{\partial t^2}=(T+GI_P\frac{\partial^2\theta}{\partial x^2}\mathrm{d}x)-T$$

整理得

$$\frac{\partial^2\theta}{\partial t^2}=a^2\frac{\partial^2\theta}{\partial x^2}\tag{6.21}$$

式中：$a=\sqrt{\frac{G}{\rho}}$。可见等截面圆轴扭转振动微分方程仍可归结为一维波动方程。

轴扭转振动的边界条件见表 6.1，表中 J_o 为转动惯量，I_P 为截面极惯性矩，G 为剪切模量。

表 6.1　轴扭转振动边界条件

端部约束形式		边界条件
两端自由		扭矩为零，$\dfrac{\partial\theta}{\partial x}(0,t)=\dfrac{\partial\theta}{\partial x}(l,t)=0$
两端固定		转角为零，$\theta(0,t)=\theta(l,t)=0$
一端固定 一端连接 扭转弹簧	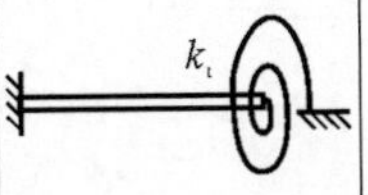	左端转角为零，右端轴向内力等于弹性力 $\theta(0,t)=0,k_t\theta(l,t)=-I_PG\left.\dfrac{\partial\theta(x,t)}{\partial x}\right\|_{x=l}$
	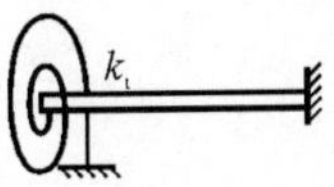	左端轴向内力等于弹性力，右端转角为零 $k_t\theta(0,t)=I_PG\left.\dfrac{\partial\theta(x,t)}{\partial x}\right\|_{x=0},\theta(l,t)=0$
一端固定 一端附加圆盘	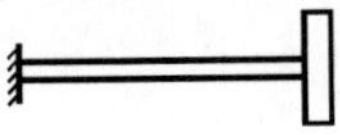	左端转角为零，右端轴向内力等于圆盘的惯性力 $\theta(0,t)=0,J_o\left.\dfrac{\partial^2\theta(x,t)}{\partial t^2}\right\|_{x=l}=I_PG\left.\dfrac{\partial\theta(x,t)}{\partial x}\right\|_{x=l}$
	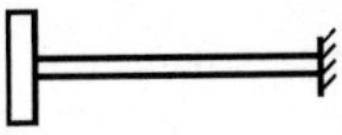	左端轴向内力等于圆盘的惯性力，右端转角为零 $J_o\left.\dfrac{\partial^2\theta(x,t)}{\partial t^2}\right\|_{x=0}=I_PG\left.\dfrac{\partial\theta(x,t)}{\partial x}\right\|_{x=0},\theta(l,t)=0$

本章前 3 节介绍的 3 种物理背景不同的振动都归结为同一数学模型，即一维波动方程。它们的运动具有共同的规律。

6.4　梁的横向振动

6.4.1　梁的横向振动方程

细长杆作垂直于轴线方向的振动时，其主要变形形式是梁的弯曲变形，通常称为横向振动或弯曲振动。在分析这种振动时，假设梁具有对称平面，梁的轴线在振动过程中始终保持在此平面内。梁的长度与横截面尺寸之比较大，可忽略转动惯量与剪切变形的影响。同时假设梁作微幅振动，故可采用材料力学中梁弯曲的简化理论。这种梁模型称为欧拉－伯努利(Euler-Bernoulli) 梁。

设梁长为 l，单位体积质量为 ρ，横截面积为 $A(x)$，弯曲刚度为 EI，建立如图 6.7(a) 所示坐标系。在梁上距左端 x 处取微段 $\mathrm{d}x$，此微段的横向位移用 $y(x,t)$ 表示，受力如图 6.7(b) 所示。剪力左截面向上为正，右截面向下为正；弯矩左截面顺时针为正，右截面逆时针为正。

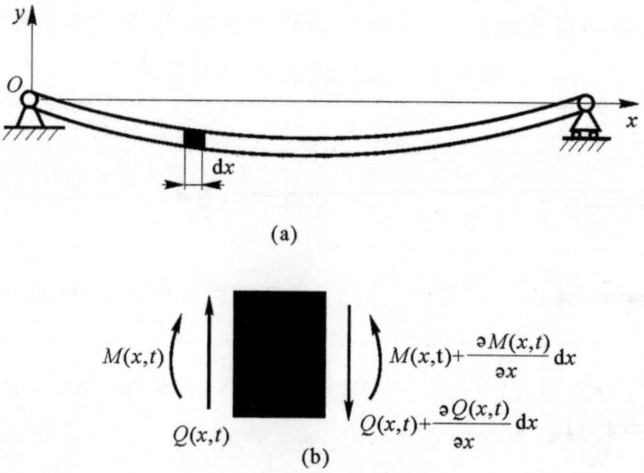

图 6.7　梁横向振动模型

对于微段 dx，由牛顿第二定律，有

$$\rho A(x)\mathrm{d}x\frac{\partial^2 y}{\partial t^2}(x,t)=-\frac{\partial Q}{\partial x}(x,t)\mathrm{d}x$$

消去 dx，得

$$\rho A(x)\frac{\partial^2 y}{\partial t^2}(x,t)=-\frac{\partial Q}{\partial x}(x,t)\tag{6.22}$$

忽略截面绕中性轴的转动惯量，对微元段 dx 的右端面一点取矩，得

$$M(x,t)+\frac{\partial M(x,t)}{\partial x}\mathrm{d}x-M(x,t)-Q(x,t)\mathrm{d}x=0$$

整理，得

$$Q(x,t)=\frac{\partial M(x,t)}{\partial x}$$

由材料力学知，弯矩与梁变形之间有如下关系：

$$M(x,t)=EI\frac{\partial^2 y}{\partial x^2}(x,t)$$

将剪力和弯矩代入式(6.22)简化后，得

$$\rho A(x)\frac{\partial^2 y}{\partial t^2}(x,t)=-\frac{\partial^2}{\partial x^2}\left[EI\frac{\partial^2 y}{\partial x^2}(x,t)\right]\tag{6.23}$$

这就是梁横向振动的偏微分方程，其中包含四阶空间导数和二阶时间导数。求解该方程，需要 2 个初始条件和 4 个边界条件。对于梁的横向振动，基本的边界条件有以下几种：

(1) 固支端。固支端的挠度与转角等于零，即

$$y(x,t)=0,\quad \frac{\partial y(x,t)}{\partial x}=0\quad (x=0\text{ 或 }x=l)$$

(2) 铰支端。铰支端的挠度与弯矩等于零，即

$$y(x,t)=0,\quad EI\frac{\partial^2 y(x,t)}{\partial x^2}=0\quad (x=0\text{ 或 }x=l)$$

(3) 自由端。自由端的弯矩与剪力等于零，即

$$EI\frac{\partial^2 y(x,t)}{\partial x^2}=0,\quad \frac{\partial}{\partial x}\left[EI\frac{\partial^2 y(x,t)}{\partial x^2}\right]=0\quad (x=0 \text{ 或 } x=l)$$

这里对挠度与转角的限制属于几何边界条件，对剪力与弯矩的限制属于力的边界条件。

对于均质梁，式(6.23) 可以简化为

$$EI\frac{\partial^4 y}{\partial x^4}+\rho A\frac{\partial^2 y}{\partial t^2}=0 \tag{6.24}$$

定义参数 $a^2=\dfrac{EI}{\rho A}$，则式(6.24) 可以写为

$$\frac{\partial^4 y}{\partial x^4}+\frac{1}{a^2}\frac{\partial^2 y}{\partial t^2}=0 \tag{6.25}$$

采用分离变量法求解，假设 $y(x,t)=X(x)Y(t)$，代入式(6.25) 整理后，有

$$\frac{1}{Y}\frac{\mathrm{d}^2 Y}{\mathrm{d}t^2}=-\frac{a^2}{X}\frac{\mathrm{d}^4 X}{\mathrm{d}x^4} \tag{6.26}$$

式(6.26) 的左端仅依赖于 t，右端仅依赖于 x，要使左、右两边相等，二者必须等于同一常数。取这一常数为 $-\omega^2$，于是有

$$\frac{1}{Y}\frac{\mathrm{d}^2 Y}{\mathrm{d}t^2}=-\omega^2 \tag{6.27}$$

$$-\frac{a^2}{X}\frac{\mathrm{d}^4 X}{\mathrm{d}x^4}=-\omega^2 \tag{6.28}$$

整理式(6.27) 和式(6.28)，得

$$\frac{\mathrm{d}^2 Y}{\mathrm{d}t^2}+\omega^2 Y=0 \tag{6.29}$$

$$\frac{\mathrm{d}X^4}{\mathrm{d}x^4}-\beta^4 X=0 \tag{6.30}$$

式中：$\beta^2=\dfrac{\omega}{a}$，$\omega$ 是梁自由振动的频率。

方程式(6.29) 的通解为

$$Y(t)=A\sin\omega t+B\cos\omega t \tag{6.31}$$

方程式(6.30) 是一个四阶常系数线性微分方程，其特征方程为

$$\lambda^4-\beta^4=0$$

特征方程的解为

$$\lambda_1=\beta,\quad \lambda_2=-\beta,\quad \lambda_3=\mathrm{i}\beta,\quad \lambda_4=-\mathrm{i}\beta$$

则方程式(6.30) 的通解为

$$X(x)=D_1\mathrm{e}^{\beta x}+D_2\mathrm{e}^{-\beta x}+D_3\mathrm{e}^{\mathrm{i}\beta x}+D_4\mathrm{e}^{-\mathrm{i}\beta x}$$

因为

$$\mathrm{e}^{\pm\lambda x}=\mathrm{ch}\lambda x\pm\mathrm{sh}\lambda x,\quad \mathrm{e}^{\pm\mathrm{i}\lambda x}=\cos\lambda x+\mathrm{i}\sin\lambda x$$

所以方程式(6.30)的通解可改写为

$$X(x) = C_1\cos\beta x + C_2\sin\beta x + C_3\mathrm{ch}\beta x + C_4\mathrm{sh}\beta x \tag{6.32}$$

式中：C_1，C_2，C_3 与 C_4 为积分常数。特征值 β 及振型函数由梁的边界条件来确定。

例 6.3 求图 6.8 所示简支弹性梁的固有频率与振型，梁的长度为 l，密度为 ρ，抗弯刚度为 EI，截面积为 A。

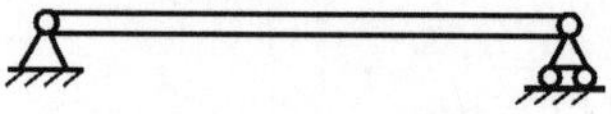

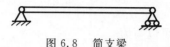

图 6.8 简支梁

解：由简支梁的边界条件，在固定铰链处：挠度和截面弯矩为零，即

$$X(0) = 0,\quad X''(0) = 0 \tag{a}$$

在活动铰链处：挠度和截面弯矩为零，即

$$X(l) = 0,\quad X''(l) = 0 \tag{b}$$

将式(a)代入式(6.32)及其二阶导数，得

$$C_1 = C_3 = 0$$

将式(b)代入式(6.32)及其二阶导数，得

$$\left.\begin{aligned} C_2\sin\beta l + C_4\mathrm{sh}\beta l = 0 \\ -C_2\sin\beta l + C_4\mathrm{sh}\beta l = 0 \end{aligned}\right\} \tag{c}$$

由于 $\beta l \neq 0$ 时，$\mathrm{sh}\beta l \neq 0$，则有

$$C_4 = 0$$

于是，特征方程为

$$\sin\beta l = 0 \tag{d}$$

由此得特征根为

$$\beta_i = \frac{i\pi}{l}\quad (i = 1,2,\cdots) \tag{e}$$

进而可以得到各阶固有频率为

$$\omega_i = (i\pi)^2\sqrt{\frac{EJ}{\rho A l^4}}$$

相应的振型函数为

$$X_i = \sin\frac{i\pi}{l}x\quad (i = 1,2,\cdots)$$

简支梁的自由振动解为

$$y(x,t) = X(x)Y(t) = \sum_{i=1}^{\infty}(A_i\sin\omega_i t + B_i\cos\omega_i t)\sin\frac{i\pi}{l}x$$

简支梁的前 4 阶振型函数如图 6.9 所示。

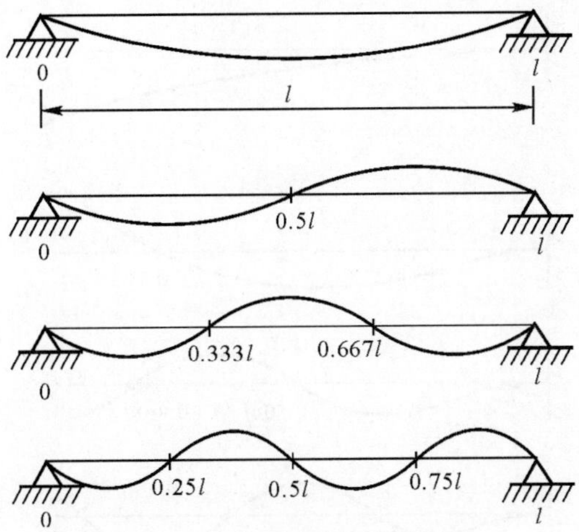

图 6.9　简支梁的前 4 阶振型

例 6.4　求图 6.10 所示悬臂梁的固有频率与振型，梁的长度为 l，密度为 ρ，抗弯刚度为 EI，截面积为 A。

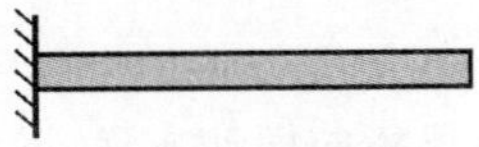

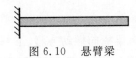

图 6.10　悬臂梁

解：悬臂梁一端固支，一端自由，因此其边界条件为

固支端：挠度与转角为零，即

$$X(0)=0,\quad X'(0)=0 \tag{a}$$

自由端：弯矩与剪力为零，即

$$X''(l)=0,\quad X'''(l)=0 \tag{b}$$

将式(a) 代入式(6.32) 及其二阶导数，得

$$C_1=-C_3,\quad C_2=-C_4$$

将式(b) 代入式(6.32) 及其二阶导数，得

$$\left.\begin{aligned} C_1(\cos\beta l+\mathrm{ch}\beta l)+C_2(\sin\beta l+\mathrm{sh}\beta l)=0 \\ -C_1(\sin\beta l-\mathrm{sh}\beta l)+C_2(\cos\beta l+\mathrm{ch}\beta l)=0 \end{aligned}\right\} \tag{c}$$

要使式(c) 中 C_1 与 C_2 有非零解，其系数行列式必须为零，即

$$\begin{vmatrix} \cos\beta l+\mathrm{ch}\beta l & \sin\beta l+\mathrm{sh}\beta l \\ -\sin\beta l+\mathrm{sh}\beta l & \cos\beta l+\mathrm{ch}\beta l \end{vmatrix}=0 \tag{d}$$

展开式(d) 并化简后得频率方程为

$$\cos\beta l\,\mathrm{ch}\beta l+1=0 \tag{e}$$

对式(e) 进行数值求解，可以解出 βl 的值为

$$\beta_1 l=1.875,\beta_2 l=4.694,\beta_3 l=7.855,\beta_4 l=10.996$$

求出 βl 后，按照定义求出固有频率，即 $\omega=(\beta l)^2\sqrt{\dfrac{EI}{\rho A l^4}}$。悬臂梁前 4 阶振型函数如图 6.11 所示。

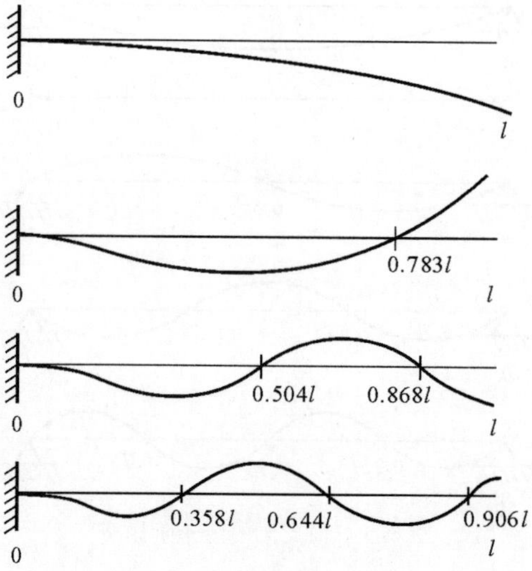

图 6.11　悬臂梁前 4 阶振型

例 6.3 和例 6.4 讨论了简支梁、悬臂梁的固有频率和振型函数，由三种基本边界条件组合的其他梁的横向振动特性见表 6.2 和表 6.3。

表 6.2　均匀梁横向振动方程、通解和固有频率

物理参数	$y = y(x,t)$ 为横向位移，E 为弹性模量，ρ 为单位体积质量，A 为横截面积，J 为截面惯性矩，l 为梁长
振动方程	$\frac{\partial^4 y}{\partial x^4} + \frac{1}{a^2}\frac{\partial^2 y}{\partial t^2} = 0, a^2 = \frac{EI}{\rho A}$
通解	$y(x,t) = \sum_i y_i(x,t) = \sum_i X_i(x)(A_i \sin\omega_i t + B_i \cos\omega_i t)$ $X_i(x) = C_1 \text{ch}\beta_i x + C_2 \text{sh}\beta_i x + C_3 \cos\beta_i x + C_4 \sin\beta_i x,\ \beta_i^4 = \frac{\omega_i^2}{a^2}$
固有频率	$\omega_i = \frac{\lambda_i^2}{l^2}, a = \frac{\lambda_i^2}{l^2}\sqrt{\frac{EI}{\rho A}},\ \lambda_i^2 = \beta_i^2 l^2$

表 6.3　均匀梁横向振动的边界条件、振型函数和特征根

端部状态	边界条件	振型函数	特征根 λ_i
两端固定	$X(0) = X''(0) = 0$ $X(l) = X''(l) = 0$	$\text{ch}\beta_i x - \cos\beta_i x + \gamma_i(\text{sh}\beta_i x - \sin\beta_i x)$	$\beta_1 l = 4.730\ 0$ $\beta_2 l = 7.853\ 2$ $\beta_3 l = 10.995\ 6$
两端自由	$X''(0) = X'''(0) = 0$ $X''(l) = X'''(l) = 0$	$\text{ch}\beta_i x + \cos\beta_i x + \gamma_i(\text{sh}\beta_i x + \sin\beta_i x)$	$\beta_1 l = 4.730\ 0$ $\beta_2 l = 7.853\ 2$ $\beta_3 l = 10.995\ 6$

续表

端部状态	边界条件	振型函数	特征根 λ_i
固支 - 自由	$X(0)=X'(0)=0$ $X''(l)=X'''(l)=0$	$\mathrm{ch}\beta_i x-\cos\beta_i x+\eta_i(\mathrm{sh}\beta_i x-\sin\beta_i x)$	$\beta_1 l=1.875\ 1$ $\beta_2 l=4.694\ 1$ $\beta_3 l=7.854\ 8$
两端简支	$X(0)=X''(0)=0$ $X(l)=X''(l)=0$	$\sin\dfrac{r\pi x}{L}$	$i\pi$
铰支 - 固支	$X(0)=X''(0)=0$ $X(l)=X'(l)=0$	$\mathrm{sh}\beta_i x-\dfrac{\mathrm{sh}\lambda_i}{\sin\lambda_i}\sin\beta_i x$	$\beta_1 l=3.926\ 6$ $\beta_2 l=7.068\ 6$ $\beta_3 l=10.210\ 2$
铰支 - 自由	$X(0)=X''(0)=0$ $X''(l)=X'''(l)=0$	$\mathrm{sh}\beta_i x+\dfrac{\mathrm{sh}\lambda_i}{\sin\lambda_i}\sin\beta_i x$	$\beta_1 l=3.926\ 6$ $\beta_2 l=7.068\ 6$ $\beta_3 l=10.210\ 2$

注：$\gamma_i=-\dfrac{\mathrm{ch}\lambda_i-\cos\lambda_i}{\mathrm{sh}\lambda_i-\sin\lambda_i}$，$\eta_i=-\dfrac{\mathrm{ch}\lambda_i+\cos\lambda_i}{\mathrm{sh}\lambda_i+\sin\lambda_i}$。

6.4.2　振型函数的正交性

对于均质梁，自由振动方程为

$$EI\frac{\partial^4 y}{\partial x^4}+\rho A\frac{\partial^2 y}{\partial t^2}=0 \tag{6.33}$$

采用分离变量法，设 $y(x,t)=X(x)Y(t)$，将其代入式(6.33)后，进行分离变量，可得

$$\ddot{Y}+\omega^2 Y=0 \tag{6.34}$$

$$(EIX'')''-\rho A\omega^2 X=0 \tag{6.35}$$

设 $X_i(x)$ 和 $X_j(x)$ 分别表示对应于 i 阶和 j 阶固有频率 ω_i 和 ω_j 的两个不同的振型函数，于是有

$$(EIX_i'')''-\rho A\omega_i^2 X_i=0 \tag{6.36}$$

$$(EIX_j'')''-\rho A\omega_j^2 X_j=0 \tag{6.37}$$

式(6.36)两边乘以 X_j 并沿梁长对 x 积分，有

$$\int_0^l (EIX_i'')''X_j\mathrm{d}x=\int_0^l \rho A\omega_i^2 X_i X_j\mathrm{d}x \tag{6.38}$$

利用分部积分，式(6.38)左边可表示为

$$\int_0^l (EIX_i'')''X_j\mathrm{d}x=X_j(EIX_i'')'\big|_0^l-X_j'(EIX_i'')\big|_0^l+\int_0^l EIX_i''X_j''\mathrm{d}x \tag{6.39}$$

由于在梁的基本边界上，总有挠度或剪力中的一个与转角或弯矩中的一个同时为零，所以

式(6.39) 右边第一、第二项等于零,式(6.39) 可简化为

$$\int_0^l (EIX_i'')''X_j\mathrm{d}x = \int_0^l EIX_i''X_j''\mathrm{d}x \tag{6.40}$$

将式(6.40) 代入式(6.38),得

$$\int_0^l EIX_i''X_j''\mathrm{d}x = \omega_i^2\int_0^l \rho AX_iX_j\mathrm{d}x \tag{6.41}$$

式(6.37) 两边乘以 X_i 并沿梁长对 x 积分,同样可得

$$\int_0^l EIX_i''X_j''\mathrm{d}x = \omega_j^2\int_0^l \rho AX_iX_j\mathrm{d}x \tag{6.42}$$

式(6.42) 减去式(6.41),整理得

$$(\omega_i^2 - \omega_j^2)\int_0^l \rho AX_iX_j\mathrm{d}x = 0 \tag{6.43}$$

如果 $i \neq j$ 时有 $\omega_i \neq \omega_j$,由式(6.43) 必有

$$\int_0^l \rho AX_iX_j\mathrm{d}x = 0 \quad (i \neq j) \tag{6.44}$$

所以,弹性梁的振型函数关于质量 ρA 是正交的,这也就是简单支承条件下梁的振型函数关于质量的正交条件。将式(6.44) 代入式(6.42),得到振型函数关于刚度的正交性为

$$\int_0^l EIX_i''X_j''\mathrm{d}x = 0 \quad (i \neq j) \tag{6.45}$$

当 $i = j$ 时,$\int_0^l \rho AX_i^2\mathrm{d}x = M_i$,$\int_0^l EI\,(X_i'')^2\mathrm{d}x = K_i$。其中,$M_i$ 称为梁的第 i 阶广义质量,K_i 称为梁的第 i 阶广义刚度。由式(6.42),得

$$\frac{K_i}{M_i} = \omega_i^2$$

6.5 弹性板的振动

6.5.1 板的横向振动方程

考虑一个弹性板的单元,如图 6.12 所示。由牛顿第二定律,有

$$-Q_x\mathrm{d}y + \left(Q_x + \frac{\partial Q_x}{\partial x}\mathrm{d}x\right)\mathrm{d}y - Q_y\mathrm{d}x + \left(Q_y + \frac{\partial Q_y}{\partial y}\mathrm{d}y\right)\mathrm{d}x + q\mathrm{d}x\mathrm{d}y = \rho h\,\mathrm{d}x\mathrm{d}y\,\frac{\partial^2 w}{\partial t^2} \tag{6.46}$$

式中:ρ 是板的密度,h 是板的厚度。式(6.46) 简化后可得

$$\frac{\partial Q_x}{\partial x} + \frac{\partial Q_y}{\partial y} + q = \rho h\,\frac{\partial^2 w}{\partial t^2} \tag{6.47}$$

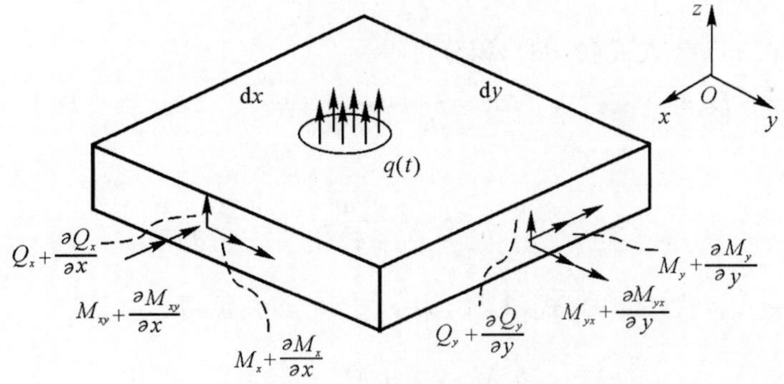

图 6.12　弹性板单元受力图

对过单元中心与 y 平行的轴应用动量矩定理，有

$$M_x\mathrm{d}y-\left(M_x+\frac{\partial M_x}{\partial x}\mathrm{d}x\right)\mathrm{d}y+M_{yx}\mathrm{d}x-\left(M_{yx}+\frac{\partial M_{yx}}{\partial y}\mathrm{d}y\right)\mathrm{d}x+Q_x\mathrm{d}y\cdot\frac{\mathrm{d}x}{2}+$$

$$\left(Q_x+\frac{\partial Q_x}{\partial x}\mathrm{d}x\right)\mathrm{d}y\cdot\frac{\mathrm{d}x}{2}=\rho\left(\frac{h^3}{12}\mathrm{d}x\mathrm{d}y\right)\frac{\partial^2}{\partial t^2}\left(\frac{\partial w}{\partial x}\right) \tag{6.48}$$

式(6.48) 可简化为

$$Q_x-\frac{\partial M_x}{\partial x}-\frac{\partial M_{yx}}{\partial y}=0 \tag{6.49}$$

类似地，对过单元中心与 x 平行的轴应用动量矩定理，有

$$Q_y-\frac{\partial M_{xy}}{\partial x}-\frac{\partial M_y}{\partial y}=0 \tag{6.50}$$

对于薄板，由 Euler-Bernoulli 理论，x 与 y 方向的位移为

$$u=-z\frac{\partial w}{\partial x},\quad v=-z\frac{\partial w}{\partial y} \tag{6.51}$$

相应的应变为

$$\varepsilon_x=\frac{\partial u}{\partial x},\quad \varepsilon_y=\frac{\partial v}{\partial y},\quad \gamma_{xy}=\frac{\partial v}{\partial x}+\frac{\partial u}{\partial y} \tag{6.52}$$

将式(6.51) 代入式(6.52)，有

$$\varepsilon_x=-z\frac{\partial^2 w}{\partial x^2},\quad \varepsilon_y=-z\frac{\partial^2 w}{\partial y^2},\quad \gamma_{xy}=-2z\frac{\partial^2 w}{\partial x\partial y} \tag{6.53}$$

对于各向异性板，其本构关系为

$$\varepsilon_x=\frac{1}{E}(\sigma_x-\nu\sigma_y),\quad \varepsilon_y=\frac{1}{E}(\sigma_y-\nu\sigma_x),\quad \gamma_{xy}=\frac{\tau_{xy}}{G} \tag{6.54}$$

式中：E 是弹性模量，ν 是泊松比，且 $G=\frac{E}{2(1+\nu)}$。

因此，可得

$$\sigma_x=\frac{E}{1-\nu^2}(\varepsilon_x+\nu\varepsilon_y),\quad \sigma_y=\frac{E}{1-\nu^2}(\varepsilon_y+\nu\varepsilon_x),\quad \tau_{xy}=\frac{E}{2(1+\nu)}\gamma_{xy} \tag{6.55}$$

截面上的弯矩为

$$M_x = \int_{-\frac{h}{2}}^{\frac{h}{2}} \sigma_x z \mathrm{d}z, \quad M_y = \int_{-\frac{h}{2}}^{\frac{h}{2}} \sigma_y z \mathrm{d}z, \quad M_{xy} = \int_{-\frac{h}{2}}^{\frac{h}{2}} \tau_{xy} z \mathrm{d}z \tag{6.56}$$

将式(6.51)、式(6.55)代入式(6.56)，积分可得

$$M_x = -D(\kappa_x + \nu\kappa_y), \quad M_y = -D(\kappa_y + \nu\kappa_x), \quad M_{xy} = -D(1-\nu)\kappa_{xy} \tag{6.57}$$

式中

$$\kappa_x = \frac{\partial^2 w}{\partial x^2}, \quad \kappa_y = \frac{\partial^2 w}{\partial y^2}, \quad \kappa_{xy} = \frac{\partial^2 w}{\partial x \partial y} \tag{6.58}$$

而 $D = \dfrac{Eh^3}{12(1-\nu^2)}$。将式(6.49)、式(6.50)代入式(6.47)，可得

$$\frac{\partial^2 M_x}{\partial x^2} + \frac{\partial^2 M_y}{\partial y^2} + 2\frac{\partial^2 M_{xy}}{\partial x \partial y} + q = \rho h \frac{\partial^2 w}{\partial t^2} \tag{6.59}$$

将式(6.57)、式(6.58)代入式(6.59)，改写后有

$$D\left(\frac{\partial^4 w}{\partial x^4} + 2\frac{\partial^4 w}{\partial x^2 \partial y^2} + \frac{\partial^4 w}{\partial y^4}\right) + \rho h \frac{\partial^2 w}{\partial t^2} = q \tag{6.60}$$

考虑到 $\nabla^2 = \dfrac{\partial^2}{\partial x^2} + \dfrac{\partial^2}{\partial y^2}$，$\nabla^4 = \dfrac{\partial^4}{\partial x^4} + \dfrac{\partial^4}{\partial y^4} + 2\dfrac{\partial^4}{\partial x^2 \partial y^2}$，则式(6.60)可以写为

$$D\nabla^4 w + \rho h \frac{\partial^2 w}{\partial t^2} = q \tag{6.61}$$

6.5.2 矩形板的自由振动

以四边简支的矩形板为例，研究其自由振动特性。四边简支板的边界条件为

$$w = 0, \quad \frac{\partial^2 w}{\partial x^2} = 0 \quad (\text{在 } x = 0 \text{ 与 } x = a \text{ 处})$$

$$w = 0, \quad \frac{\partial^2 w}{\partial y^2} = 0 \quad (\text{在 } y = 0 \text{ 与 } y = b \text{ 处})$$

对于自由振动，式(6.61)变为

$$D\left(\frac{\partial^4 w}{\partial x^4} + 2\frac{\partial^4 w}{\partial x^2 \partial y^2} + \frac{\partial^4 w}{\partial y^4}\right) = -\rho h \frac{\partial^2 w}{\partial t^2} \tag{6.62}$$

设式(6.62)的解为

$$w(x,y,t) = W(x,y)(A\cos\omega t + B\sin\omega t) \tag{6.63}$$

将式(6.63)代入式(6.62)，有

$$\frac{\partial^4 W}{\partial x^4} + 2\frac{\partial^4 W}{\partial x^2 \partial y^2} + \frac{\partial^4 W}{\partial y^4} = \frac{\rho h}{D}\omega^2 W \tag{6.64}$$

令 $\lambda^4 = \dfrac{\rho h \omega^2}{D}$，式(6.64)可改写为

$$\nabla^4 W - \lambda^4 W = 0 \tag{6.65}$$

设 $W(x,y)$ 有如下形式：

$$\gamma_{xy} = \frac{\tau_{xy}}{G} \tag{6.66}$$

将式(6.66)代入式(6.65)，则有

$$\left(\frac{m\pi}{a}\right)^4+2\left(\frac{m\pi}{a}\right)^2\left(\frac{n\pi}{b}\right)^2+\left(\frac{n\pi}{b}\right)^4=\lambda^4\omega^2 \tag{6.67}$$

即

$$\pi^4\left(\frac{m^2}{a^2}+\frac{n^2}{b^2}\right)^2=\lambda^4 \tag{6.68}$$

进而可以解出

$$\omega_{mn}=\lambda_{mn}^2=\pi^2\sqrt{\frac{D}{\rho h}}\left(\frac{m^2}{a^2}+\frac{n^2}{b^2}\right) \tag{6.69}$$

对于不同的 m、n，可以得到不同阶的频率与振型，如图 6.13 ～ 图 6.16 所示。

$$m=1,\quad n=1,\quad \omega_{11}=\pi^2\sqrt{\frac{D}{\rho h}}\left(\frac{1}{a^2}+\frac{1}{b^2}\right),\quad W_{11}(x,y)=\sin\frac{\pi}{a}x\sin\frac{\pi}{b}y$$

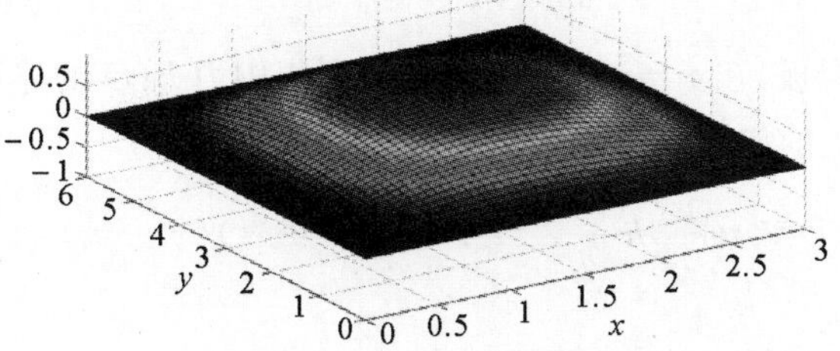

图 6.13　$m=1, n=1$ 时的四边简支板振型图

$$m=2,\quad n=1,\quad \omega_{11}=\pi^2\sqrt{\frac{D}{\rho h}}\left(\frac{4}{a^2}+\frac{1}{b^2}\right),\quad W_{11}(x,y)=\sin\frac{2\pi}{a}x\sin\frac{\pi}{b}y$$

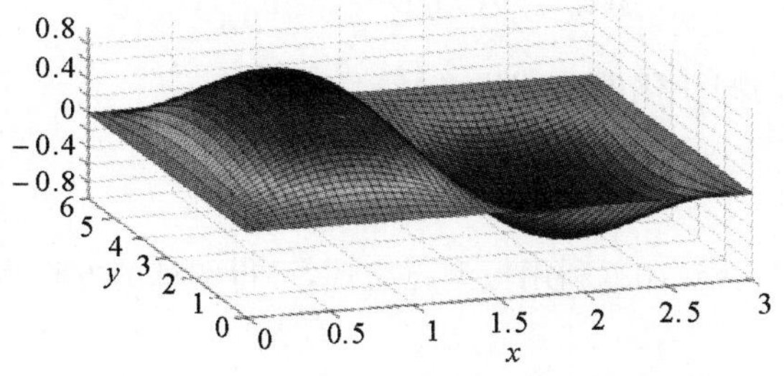

图 6.14　$m=2, n=1$ 时的四边简支板振型图

$$m=1,\quad n=2,\quad \omega_{11}=\pi^2\sqrt{\frac{D}{\rho h}}\left(\frac{1}{a^2}+\frac{4}{b^2}\right),\quad W_{11}(x,y)=\sin\frac{\pi}{a}x\sin\frac{2\pi}{b}y$$

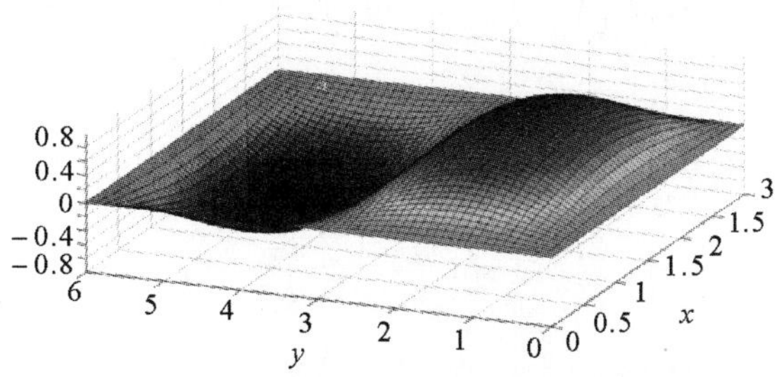

图 6.15　$m=1, n=2$ 时的四边简支板振型图

$$m=2,\quad n=2,\quad \omega_{11}=\pi^2\sqrt{\frac{D}{\rho h}}\left(\frac{4}{a^2}+\frac{4}{b^2}\right),\quad W_{11}(x,y)=\sin\frac{2\pi}{a}x\sin\frac{2\pi}{b}y$$

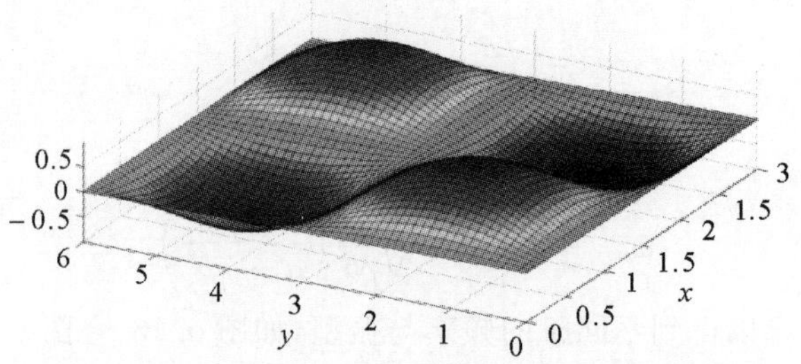

图 6.16 $m=2, n=2$ 时的四边简支板振型图

6.5.3 四边简支矩形板的强迫振动

假设四边简支的矩形板，在 $x=x_0$，$y=y_0$ 处受到集中力 $F(t)$ 的作用，分析其动态响应的变化。由前面推导得出，板的横向振动方程为

$$D\,\nabla^4 w+\rho h\frac{\partial^2 w}{\partial t^2}=F(t)\delta(x-x_0)(y-y_0) \tag{6.70}$$

假设板的横向振动响应为

$$w(x,y,t)=\sum_{m=1}^{\infty}\sum_{n=1}^{\infty}W_{mn}(x,y)\eta_{mn} \tag{6.71}$$

式中：W_{mn} 为四边简支弹性板的振型函数，即

$$W_{mn}=A_{mn}\sin\frac{m\pi}{a}x\sin\frac{n\pi}{b}y \tag{6.72}$$

选择系数 A_{mn}，将模态取为归一化模态，即

$$\int_0^a\int_0^b\rho h W_{mn}^2\,\mathrm{d}x\mathrm{d}y=1$$

可得，$A_{mn}=\dfrac{2}{\sqrt{\rho hab}}$，代入式(6.70)，利用振型正交性，可得解耦的方程为

$$\ddot{\eta}_{mn}+\omega_{mn}^2\eta_{mn}=\int_0^a\int_0^b W_{mn}(x,y)F(t)\delta(x-x_0)\delta(y-y_0)\mathrm{d}x\mathrm{d}y=W_{mn}(x_0,y_0)F(t) \tag{6.73}$$

式中：固有频率 ω_{mn} 为

$$\omega_{mn}=\pi^2\sqrt{\frac{D}{\rho h}}\left[\left(\frac{m}{a}\right)^2+\left(\frac{n}{b}\right)^2\right]\qquad(m,n=1,2,\cdots) \tag{6.74}$$

由式(6.73)，可以解出 η_{mn} 为

$$\begin{aligned}\eta_{mn}&=\frac{1}{\omega_{mn}}\int_0^t W_{mn}(x_0,y_0)F(\tau)\sin\omega_{mn}(t-\tau)\mathrm{d}\tau\\&=\frac{1}{\omega_{mn}}\int_0^t\frac{2F(\tau)}{\sqrt{\rho hab}}\sin\frac{m\pi}{a}x\sin\frac{n\pi}{b}y_0\sin\omega_{mn}(t-\tau)\mathrm{d}\tau\\&=\frac{2}{\omega_{mn}\sqrt{\rho hab}}\sin\frac{m\pi}{a}x_0\sin\frac{n\pi}{b}y_0\int_0^t F(\tau)\sin\omega_{mn}(t-\tau)\mathrm{d}\tau\end{aligned} \tag{6.75}$$

如果激励为常力，即 $F(t)=F_0$，则振型坐标 η_{mn} 为

$$\eta_{mn} = \frac{2F_0}{\omega_{mn}^2 \sqrt{\rho hab}} \sin \frac{m\pi}{a} x_0 \sin \frac{n\pi}{b} y_0 (1 - \cos\omega_{mn} t) \tag{6.76}$$

如果激励力为简谐力，即 $F(t) = F_0 \sin\Omega t$，则振型坐标 η_{mn} 为

$$\eta_{mn} = \frac{2F_0}{(\omega_{mn}^2 - \Omega^2) \sqrt{\rho hab}} \sin \frac{m\pi}{a} x_0 \sin \frac{n\pi}{b} y_0 (\omega_{mn} \sin\Omega t - \Omega \sin\omega_{mn} t) \tag{6.77}$$

将振型坐标 η_{mn} 代入式(6.71)，则可以得到矩形板的强迫振动响应。

习　　题

6.1　长度为 l、截面积为 A 的等直杆，两端自由，其材料杨氏模量为 E，密度为 ρ，求杆纵向振动的固有频率和主振型。

6.2　求下列情况中当轴向常力突然移去时两端固定的等直杆的自由振动。

(1) 常力 F 作用于杆的中点，如图 6.17(a) 图所示。

(2) 常力 F 作用于杆的 1/3 点处，如图 6.17(b) 所示。

(3) 两个大小相等、方向相反的常力 F 作用于杆的 1/4 点及 3/4 点处，如图 6.17(c) 所示。

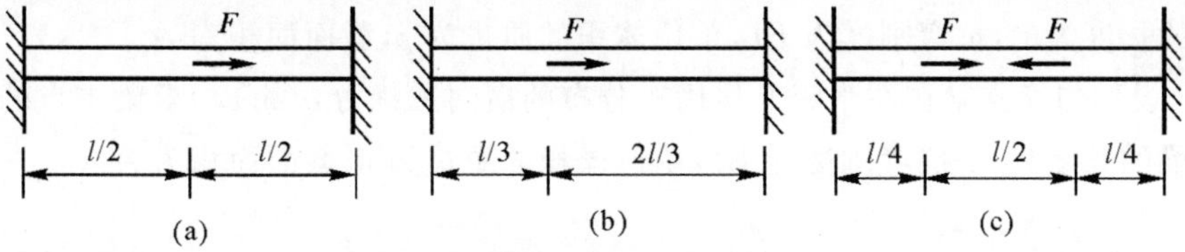

图 6.17　习题 6.2 图

6.3　一等直杆左端固定，右端附一质量为 m 的重物并和一弹簧相连，如图 6.18 所示。已知杆长为 l，单位体积的质量为 ρ，截面面积为 A，弹性模量为 E，弹簧刚度为 k，求系统纵向自由振动的频率方程。

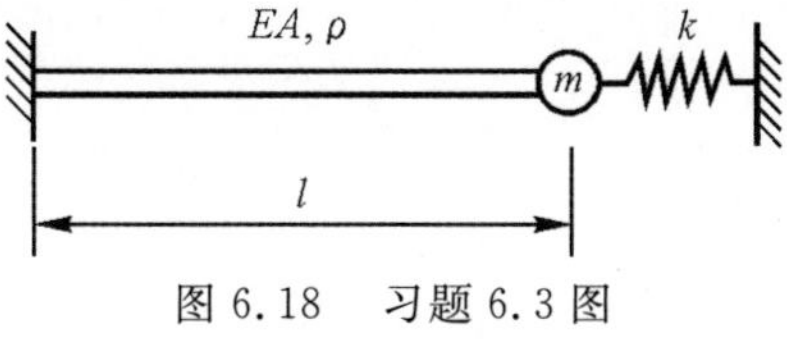

图 6.18　习题 6.3 图

6.4　一等直的圆轴一端固定，另一端和扭转弹簧相连，如图 6.19 所示。已知轴的抗扭刚度为 GI_p，单位体积的质量为 ρ，轴长为 l，弹簧刚度为 k_t，求系统扭转振动的频率方程。

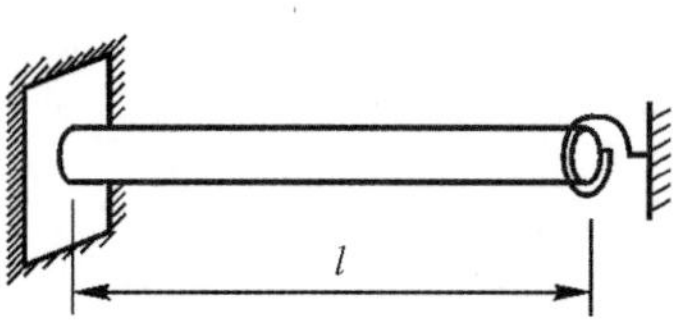

图 6.19　习题 6.4 图

6.5　设在悬臂梁自由端附加集中质量 m，如图 6.20 所示。已知梁长为 l，单位体积的质量为 ρ，截面面积为 A，弹性模量为 E，试求其频率方程。

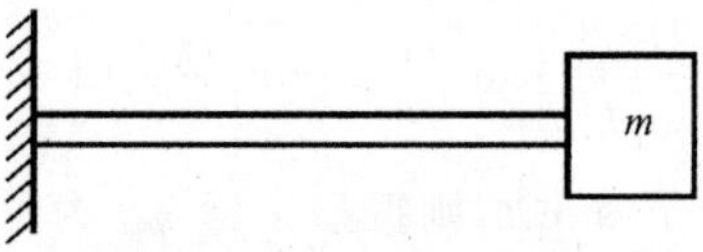

图 6.20　习题 6.5 图

6.6　如图 6.21 所示，一均匀等直梁，一端铰支，一端附有集中质量 m，并受到一刚度为 k 的弹簧支承，梁长为 l，求系统横向振动的频率方程。

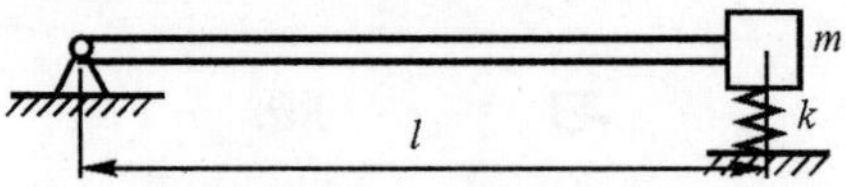

图 6.21　习题 6.6 图

6.7　均匀简支梁受到集度为 q_0 的横向均布载荷作用，设在静止状态突然撤去载荷，求系统的响应。已知梁的长度为 L，抗弯刚度为 EI，单位体积的质量为 ρ，截面面积为 A。

6.8　设均匀简支梁受分布载荷 $q = q_0 \sin \frac{\pi x}{L} \sin\omega t$ 的作用，求梁的强迫振动响应。已知梁的长度为 L，抗弯刚度为 EJ，单位体积的质量为 ρ，截面面积为 A。

6.9　均匀简支梁在中点受到横向力 F_0 的作用，设在静止状态突然撤去载荷，求系统的响应。已知梁的长度为 L，抗弯刚度为 EI，单位体积的质量为 ρ，截面面积为 A。

6.10　设均匀简支梁在左半跨上作用有分布的横向激扰力 $q_0 \sin\omega t$，求梁中点的强迫振动振幅。已知梁的长度为 L，抗弯刚度为 EI，单位体积的质量为 ρ，截面面积为 A。

第 7 章　弹性体振动分析有限元法

第 6 章讨论的弹性体振动问题都只是在简单的特殊边界情况下才能得到精确解，而对于复杂弹性体的振动，通常无法找到精确解，一般只能通过近似方法和数值方法来分析其振动特性。本章讨论弹性体振动问题的有限元法。有限元法的基本思想是将连续体划分为有限个在结点处相连接的小单元，然后利用在各单元内假设的近似函数来分片逼近全求解域上的未知场函数，从而将连续体的振动问题转变成以有限个结点位移为广义坐标的多自由度系统的振动问题。

7.1　振动问题有限元分析基本步骤

结构振动有限元法分析过程，概括起来可分为以下五个步骤。

1. 结构的离散化

采用有限元法求解振动问题的第一步是将连续的求解区域离散为有限个单元，单元之间通过单元结点相连接。由单元、结点、结点连线构成的集合称为网格。图 7.1 所示为一三维弹性体的有限元网格模型。

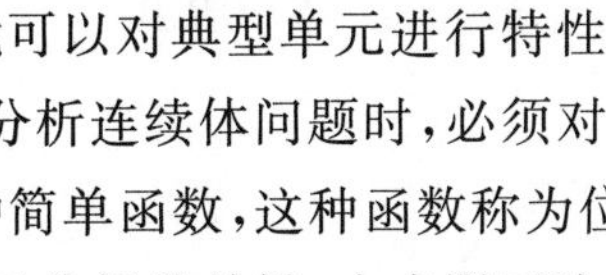

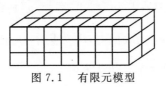

图 7.1　有限元模型

2. 选择位移模式

在结构的离散化完成以后，就可以对典型单元进行特性分析。此时，为了能用结点位移表示单元体的位移、应变和应力，在分析连续体问题时，必须对单元中位移的分布作出一定的假定，也就是假定位移是坐标的某种简单函数，这种函数称为位移模式或位移函数。

位移函数的恰当选择是有限元分析的关键。在有限元法应用中，通常选择多项式作为位移函数。多项式项数和阶次的选择要考虑单元的自由度和解的收敛性要求。根据所选定的位移函数，就可以导出用结点位移表示单元内任一点的位移为

$$\boldsymbol{u}(x,y,z,t)=\boldsymbol{N}(x,y,z)\boldsymbol{u}(t)^{e} \tag{7.1}$$

式中：$\boldsymbol{u}(x,y,x,t)$ 为单元内任一点的位移列阵，$\boldsymbol{u}(t)^{e}$ 为单元的结点位移列阵，$\boldsymbol{N}(x,y,z)$ 称为形函数矩阵。

3. 单元特性分析

选定位移函数以后，就可以进行单元力学特性分析。利用几何方程，由式(7.1)导出用结点位移表示的单元应变为

$$\boldsymbol{\varepsilon} = \boldsymbol{B}\boldsymbol{u}^e \tag{7.2}$$

式中：$\boldsymbol{\varepsilon}$ 为单元内任一点的应变列阵；$\boldsymbol{B}$ 为单元应变矩阵。

利用物理方程，由式(7.2)导出用结点位移表示的单元应力为

$$\boldsymbol{\sigma} = \boldsymbol{D}\boldsymbol{B}\boldsymbol{u}^e \tag{7.3}$$

式中：$\boldsymbol{\sigma}$ 为单元内任一点的应力列阵；$\boldsymbol{D}$ 为单元弹性矩阵。

下面给出用于振动问题单元构造的基本表达式。先考察图 7.1 所示有限元模型中任意一个单元 e 的动能和势能。

单元 e 上质量微元 $\mathrm{d}m = \rho \mathrm{d}V$ 的动能为

$$\mathrm{d}T^e = \frac{1}{2}\mathrm{d}m\,\dot{\boldsymbol{u}}^{\mathrm{T}}\dot{\boldsymbol{u}} = \frac{1}{2}\rho\,\dot{\boldsymbol{u}}^{\mathrm{T}}\dot{\boldsymbol{u}}\mathrm{d}V$$

单元 e 的动能为

$$T^e = \frac{1}{2}\int_{V^e}\rho\,\dot{\boldsymbol{u}}^{\mathrm{T}}\dot{\boldsymbol{u}}\mathrm{d}V \tag{7.4}$$

式中：$\dot{\boldsymbol{u}}$ 为速度列阵；V^e 为单元 e 的体积。将式(7.1)代入式(7.4)得

$$T^e = \frac{1}{2}\int_{V^e}(\dot{\boldsymbol{u}}^e)^{\mathrm{T}}\boldsymbol{N}^{\mathrm{T}}\boldsymbol{N}\dot{\boldsymbol{u}}^e\rho\mathrm{d}V = \frac{1}{2}(\dot{\boldsymbol{u}}^e)^{\mathrm{T}}\left(\int_{V^e}\boldsymbol{N}^{\mathrm{T}}\boldsymbol{N}\rho\mathrm{d}V\right)\dot{\boldsymbol{u}}^e = \frac{1}{2}(\dot{\boldsymbol{u}}^e)^{\mathrm{T}}\boldsymbol{m}^e\dot{\boldsymbol{u}}^e \tag{7.5}$$

其中，单元质量矩阵$\boldsymbol{m}^e$ 为

$$\boldsymbol{m}^e = \int_{V^e}\boldsymbol{N}^{\mathrm{T}}\boldsymbol{N}\rho\mathrm{d}V \tag{7.6}$$

单元的总势能包括弹性体变形应变能以及外力所做的功。因此，总势能表示为

$$\Pi^e = \frac{1}{2}\int_{V^e}\boldsymbol{\varepsilon}^{\mathrm{T}}\boldsymbol{\sigma}\mathrm{d}V - \int_{V^e}\boldsymbol{u}^{\mathrm{T}}\boldsymbol{F}_V\mathrm{d}V - \int_{S^e}\boldsymbol{u}^{\mathrm{T}}\boldsymbol{F}_S\mathrm{d}S - \sum\boldsymbol{u}_i^{\mathrm{T}}\boldsymbol{P}_i \tag{7.7}$$

式中：S^e 为表面积；$\boldsymbol{F}_V$ 为体积力；$\boldsymbol{F}_S$ 为表面力；$\boldsymbol{P}_i$ 为集中力。将式(7.1)代入式(7.7)，整理得

$$\Pi^e = \frac{1}{2}(\boldsymbol{u}^e)^{\mathrm{T}}\boldsymbol{k}^e\boldsymbol{u}^e - (\boldsymbol{u}^e)^{\mathrm{T}}\boldsymbol{f}^e \tag{7.8}$$

其中，单元刚度矩阵 $\boldsymbol{k}^e$ 为

$$\boldsymbol{k}^e = \int_{V^e}\boldsymbol{B}^{\mathrm{T}}\boldsymbol{D}\boldsymbol{B}\mathrm{d}V \tag{7.9}$$

单元等效结点载荷列阵为

$$\boldsymbol{f}^e = \int_{V^e}\boldsymbol{u}^{\mathrm{T}}\boldsymbol{F}_V\mathrm{d}V + \int_{S^e}\boldsymbol{u}^{\mathrm{T}}\boldsymbol{F}_S\mathrm{d}S + \sum\boldsymbol{u}_i^{\mathrm{T}}\boldsymbol{P}_i = \boldsymbol{p}_V^e + \boldsymbol{p}_S^e + \boldsymbol{p}_C^e \tag{7.10}$$

其中，体积力的等效载荷 $\boldsymbol{p}_V^e$ 为

$$\boldsymbol{p}_V^e = \int_{V^e}\boldsymbol{u}^{\mathrm{T}}\boldsymbol{F}_V\mathrm{d}V \tag{7.11}$$

表面力的等效载荷 $\boldsymbol{p}_S^e$ 为

$$\boldsymbol{p}_S^e = \int_{S^e}\boldsymbol{u}^{\mathrm{T}}\boldsymbol{F}_S\mathrm{d}S \tag{7.12}$$

集中力的等效载荷 $\boldsymbol{p}_C^e$ 为

$$\boldsymbol{p}_C^e = \sum \boldsymbol{u}_i^{\mathrm{T}} \boldsymbol{P}_i \tag{7.13}$$

假定结构具有黏滞阻尼，瑞利耗散函数为

$$R^e = \frac{1}{2}\int_{V^e} \mu\, \dot{\boldsymbol{u}}^{\mathrm{T}} \dot{\boldsymbol{u}} \mathrm{d}V \tag{7.14}$$

式中：μ 为阻尼系数。将式(7.1)代入式(7.14)得

$$R^e = \frac{1}{2}\int_{V^e} \mu\, \dot{\boldsymbol{u}}^{\mathrm{T}} \dot{\boldsymbol{u}} \mathrm{d}V = \frac{1}{2}(\dot{\boldsymbol{u}}^e)^{\mathrm{T}} \boldsymbol{c}^e \dot{\boldsymbol{u}}^e \tag{7.15}$$

式中：$\boldsymbol{c}^e$ 为单元阻尼矩阵，且

$$\boldsymbol{c}^e = \int_{V^e} \mu\, \boldsymbol{N}^{\mathrm{T}} \boldsymbol{N} \mathrm{d}V \tag{7.16}$$

4. 组集单元方程，建立整个结构的平衡方程

由单元刚度矩阵、质量矩阵和阻尼矩阵集合成整个结构的整体刚度矩阵、质量矩阵和阻尼矩阵。将作用于各单元的等效结点力列阵集合成总的载荷列阵。对于整个结构有

$$T = \sum_{e=1}^{n} T^e = \frac{1}{2}\dot{\boldsymbol{a}}^{\mathrm{T}} \boldsymbol{M} \dot{\boldsymbol{a}} \tag{7.17}$$

$$\Pi = \sum_{e=1}^{n} \Pi^e = \frac{1}{2}\boldsymbol{a}^{\mathrm{T}} \boldsymbol{K} \boldsymbol{a} - \boldsymbol{a}^{\mathrm{T}} \boldsymbol{F} \tag{7.18}$$

$$R = \sum_{e=1}^{n} R^e = \frac{1}{2}\dot{\boldsymbol{a}}^{\mathrm{T}} \boldsymbol{C} \dot{\boldsymbol{a}} \tag{7.19}$$

式中：$\boldsymbol{a}$ 为整体结构的结点位移列阵；$\dot{\boldsymbol{a}}$ 为整体结构的结点速度列阵。

整体刚度矩阵 $\boldsymbol{K}$ 为

$$\boldsymbol{K} = \sum_{e=1}^{n} \boldsymbol{k}^e \tag{7.20}$$

整体质量矩阵 $\boldsymbol{M}$ 为

$$\boldsymbol{M} = \sum_{e=1}^{n} \boldsymbol{m}^e \tag{7.21}$$

整体阻尼矩阵 $\boldsymbol{C}$ 为

$$\boldsymbol{C} = \sum_{e=1}^{n} \boldsymbol{c}^e \tag{7.22}$$

整体载荷列阵 $\boldsymbol{F}$ 为

$$\boldsymbol{F} = \sum_{e=1}^{n} \boldsymbol{f}^e \tag{7.23}$$

对于受有势力和黏性阻尼力作用的系统，其拉格朗日方程为

$$\frac{\mathrm{d}}{\mathrm{d}t}\left(\frac{\partial L}{\partial \dot{q}_r}\right) - \frac{\partial L}{\partial q_r} + \frac{\partial R}{\partial \dot{q}_r} = 0 \quad (r = 1, 2, \cdots, s) \tag{7.24}$$

式中：$L = T - \Pi$ 为拉氏函数；R 为瑞利耗散函数；q_r 为广义坐标。

将式(7.17)～式(7.23)代入式(7.24)整理，得矩阵形式的运动方程为

$$\boldsymbol{M}\ddot{\boldsymbol{a}}(t) + \boldsymbol{C}\dot{\boldsymbol{a}}(t) + \boldsymbol{K}\boldsymbol{a}(t) = \boldsymbol{F}(t) \tag{7.25}$$

式(7.25) 也可以由哈密顿原理推得。如果忽略阻尼的影响,则运动方程式(7.25) 简化为

$$\boldsymbol{M}\ddot{\boldsymbol{a}}(t)+\boldsymbol{K}\boldsymbol{a}(t)=\boldsymbol{F}(t) \tag{7.26}$$

如果式(7.26) 的右端项为零,则式(7.26) 表示的是系统的自由振动方程。

5. 求解运动方程

根据边界条件和初始条件求解运动方程式(7.25),获得系统的振动特性。

7.2 形 函 数

在有限元法的基本理论中,形函数非常重要,它不仅可以用作单元的内插函数,把单元内任一点的位移用结点位移表示,而且可作为加权余量法中的加权函数,可以处理外载荷,将分布力等效为结点上的集中力和力矩。此外,还可用于等参数单元的坐标变换等。

形函数是定义于单元内坐标的连续函数,它应满足以下条件:

(1) 形函数 N_i 在 i 结点值为 1,在其余结点值为零,即

$$N_i=\begin{cases}1 & k=i\\ 0 & k\neq i\end{cases} \tag{7.27}$$

(2) 能保证用形函数定义的未知量(如场函数) 在相邻单元之间的连续性。

(3) 应包含任意线性项,以便用它定义的单元位移函数满足常应变条件。

(4) 在单元内任一点形函数之和等于 1,即

$$\sum_i N_i=1 \tag{7.28}$$

以便用它定义的单元位移能反映刚体位移。

根据形函数的思想,首先将单元的位移场函数表示为多项式,然后利用结点条件将多项式中的待定参数表示成场函数的结点值和单元几何参数的函数,从而将场函数表示成结点值插值形式的表达式。

单元的类型和形状取决于结构总体求解域的几何特点、问题类型和求解精度。根据单元形状可分为一维单元(见图 7.2)、二维单元(见图 7.3)、三维单元(见图 7.4)。单元插值形函数主要取决于单元的形状、结点类型和单元的结点数目。结点的类型可能是只包含场函数的结点值,也可能是还包含场函数导数的结点值。是否需要场函数导数的结点值作为结点变量取决于单元边界上的连续性要求,如果边界上只要求函数值保持连续,称为 C_0 型单元,若要求函数值及其一阶导数值都保持连续,则是 C_1 型单元。

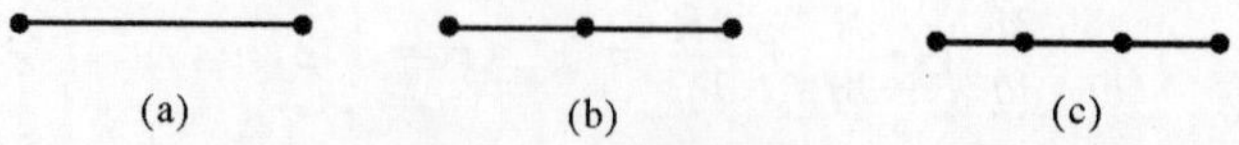

图 7.2 一维单元

(a) 线性单元;(b) 二次单元;(c) 三次单元

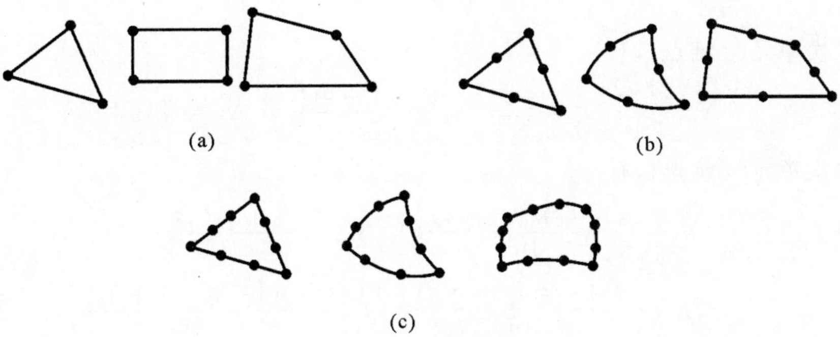

图 7.3　二维单元

(a) 线性单元;(b) 二次单元;(c) 三次单元

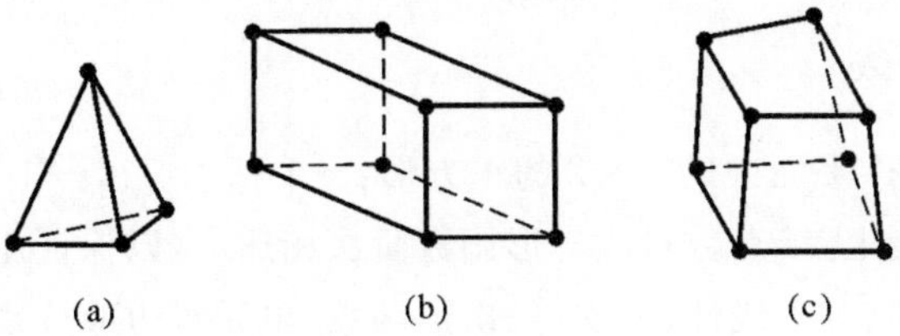

图 7.4　三维单元

(a) 四面体;(b) 规则六面体;(c) 不规则六面体

在有限元中,单元插值形函数均采用不同阶次的幂函数多项式。对于 C_0 型单元,单元内的未知场函数的线性变化仅用角(端)结点的参数来表示。结点参数只包含场函数的结点值。而对于 C_1 型单元,结点参数中包含场函数及其一阶导数的结点值。与此相对应,形函数可分为拉格朗日(Lagrange)型(不需要函数在结点上的斜率或曲率)和埃尔米特(Hermite)型(需要形函数在结点上的斜率或曲率)两大类,而形函数的幂次则是指所采用的多项式的幂次,可能具有一次、二次、三次或更高次等。

7.2.1　一维形函数

如图 7.5 所示,先采用自然坐标 ξ,所用单元为直线:$-1 \leqslant \xi \leqslant 1$。再通过坐标变换,得到整体坐标系$(x, y, z)$中不同长度和形状的曲线单元。图 7.5 所示单元称为一维母单元,通过坐标变换在整体坐标系中得到的单元称为子单元。

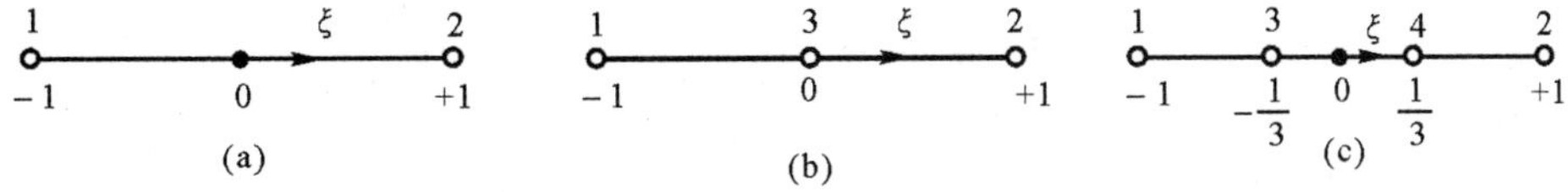

图 7.5　一维母单元

(a) 线性单元;(b) 二次单元;(c) 三次单元

形函数是用局部坐标在母单元中定义的。具体形式如下:

(1) 线性单元(2 结点),有

$$N_1 = \frac{1-\xi}{2}, \quad N_2 = \frac{1+\xi}{2} \tag{7.29}$$

(2) 二次单元(3 结点),有

$$N_1 = -\frac{(1-\xi)\xi}{2}, \quad N_2 = \frac{(1+\xi)\xi}{2}, \quad N_3 = 1-\xi^2 \tag{7.30}$$

(3) 三次单元(4 结点),有

$$\left.\begin{aligned} N_1 &= \frac{(1-\xi)(9\xi^2-1)}{16}, \quad N_1 = \frac{(1+\xi)(9\xi^2-1)}{16} \\ N_3 &= \frac{9(1-\xi^2)(1-3\xi)}{16}, \quad N_4 = \frac{9(1-\xi^2)(1+3\xi)}{16} \end{aligned}\right\} \tag{7.31}$$

利用拉格朗日多项式,一维形函数可以表示成如下统一形式:

$$N_i^n = \frac{(\xi-\xi_1)(\xi-\xi_2)\cdots(\xi-\xi_{i-1})(\xi-\xi_{i+1})\cdots(\xi-\xi_n)}{(\xi_i-\xi_1)(\xi_i-\xi_2)\cdots(\xi_i-\xi_{i-1})(\xi_i-\xi_{i+1})\cdots(\xi_i-\xi_n)} \tag{7.32}$$

7.2.2 二维形函数

二维母单元是(ξ,η)平面中的 2×2 的正方形:$-1\leqslant\xi\leqslant1$,$-1\leqslant\eta\leqslant1$。如图 7.6 所示,坐标原点放在单元形心上,结点数目应与形函数阶次相适应,以保证用形函数定义的未知量在相邻单元之间的连续性。对于线性、二次、三次形函数,单元每边应分别有 2 个、3 个、4 个结点,如图 7.6 所示。

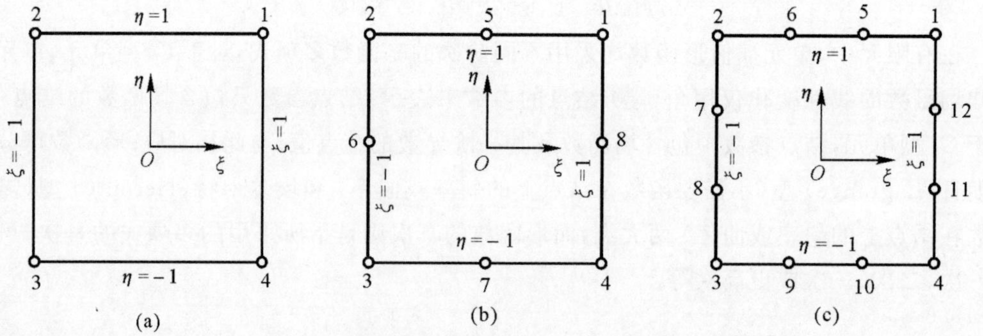

图 7.6 二维母单元

(a) 线性单元;(b) 二次单元;(c) 三次单元

二维形函数如下:

(1) 线性单元(4 结点),有

$$\left.\begin{aligned} N_1 &= \frac{(1-\xi)(1-\eta)}{4}, \quad N_2 = \frac{(1+\xi)(1-\eta)}{4} \\ N_3 &= \frac{(1-\xi)(1+\eta)}{4}, \quad N_4 = \frac{(1+\xi)(1+\eta)}{4} \end{aligned}\right\} \tag{7.33}$$

引入新变量,有

$$\xi_0 = \xi_i\xi, \quad \eta_0 = \eta_i\eta \tag{7.34}$$

式中:ξ_i,η_i 为结点 i 的局部坐标。于是式(7.33)表示为

$$N_i = \frac{(1+\xi_0)(1+\eta_0)}{4} \quad (i=1,2,3,4) \tag{7.35}$$

(2) 二次单元(8 结点),有

角点为

$$N_i = \frac{1}{4}(1+\xi_0)(1+\eta_0)(\xi_0+\eta_0-1) \quad (i=1,2,3,4) \tag{7.36}$$

边中点为

$$N_i = \frac{1}{2}(1-\xi^2)(1+\eta_0) \quad (i=5,6) \tag{7.37}$$

$$N_i = \frac{1}{2}(1-\eta^2)(1+\xi_0) \quad (i=7,8) \tag{7.38}$$

(3) 三次单元(12 结点),有

角点为

$$N_i = \frac{1}{32}(1+\xi_0)(1+\eta_0)[9(\xi^2+\eta^2)-10)] \quad (i=1,2,3,4) \tag{7.39}$$

边三分点为

$$N_i = \frac{9}{32}(1+\xi_0)(1-\eta^2)(1+9\eta_0) \quad (i=5,6,7,8) \tag{7.40a}$$

$$N_i = \frac{9}{32}(1-\xi^2)(1+\eta_0)(1+9\xi_0) \quad (i=9,10,11,12) \tag{7.40b}$$

7.2.3　三维形函数

三维母单元是(ξ,η,ζ)坐标系中的$2\times2\times2$正六面体:$-1\leqslant\xi\leqslant1$, $-1\leqslant\eta\leqslant1$, $-1\leqslant\zeta\leqslant1$。如图 7.7 所示,坐标原点放在单元形心上 ,单元边界是 6 个平面,单元结点放在角点和各棱的等分点上。

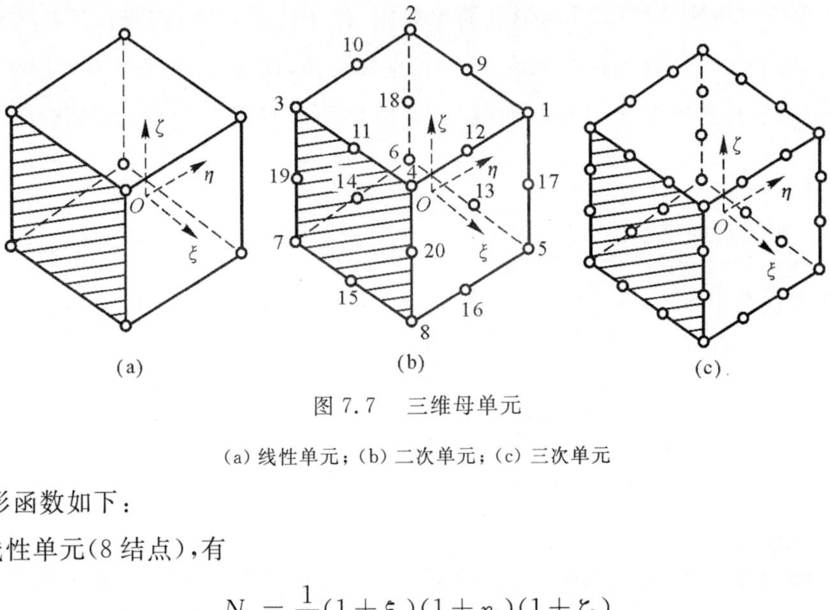

图 7.7　三维母单元

(a) 线性单元; (b) 二次单元; (c) 三次单元

三维形函数如下:

(1) 线性单元(8 结点),有

$$N_i = \frac{1}{8}(1+\xi_0)(1+\eta_0)(1+\zeta_0) \tag{7.41}$$

式中：$\xi_0 = \xi_i\xi,\eta_0 = \eta_i\eta,\zeta_0 = \zeta_i\zeta$。

(2) 二次单元(20 结点)，有

角点为

$$N_i = \frac{1}{8}(1+\xi_0)(1+\eta_0)(1+\zeta_0)(\xi_0+\eta_0+\zeta_0-2) \tag{7.42}$$

典型的棱中点($\xi_i = 0,\eta_i = \pm 1,\zeta_i = \pm 1$) 为

$$N_i = \frac{1}{4}(1-\xi^2)(1+\eta_0)(1+\zeta_0) \tag{7.43}$$

对其他中点，可由下标和变量轮换得出。

(3) 三次单元(32 结点)，有

角点为

$$N_i = \frac{1}{64}(1+\xi_0)(1+\eta_0)(1+\zeta_0)[9(\xi^2+\eta^2+\zeta^2)-19] \tag{7.44}$$

典型的棱中点($\xi_i = \pm \frac{1}{3},\eta_i = \pm 1,\zeta_i = \pm 1$) 为

$$N_i = \frac{9}{64}(1-\xi^2)(1+9\xi_0)(1+\eta_0)(1+\zeta_0) \tag{7.45}$$

对其他中点，可由下标和变量轮换得出。

可以验证，以上各种形函数都满足对形函数定义的四个条件。

7.3 坐标变换

7.2 节介绍的几种母单元，几何形状简单规则，便于进行计算，但难以适应实际工程中出现的各种复杂结构。为了解决这个矛盾，可进行坐标变换，使(ξ,η,ζ) 坐标系中形状简单的母单元，在(x,y,z) 坐标系中变换为具有曲线(面) 边界的形状复杂的单元。变换后的单元称为子单元。

7.3.1 平面坐标变换

在整体坐标系中，子单元内任一点的坐标用形函数表示为

$$\left.\begin{aligned} x &= \sum N_i x_i \\ y &= \sum N_i y_i \end{aligned}\right\} \tag{7.46}$$

式中：$N_i(\xi,\eta)$ 是用局部坐标表示的形函数，(x_i,y_i) 是结点 i 的整体坐标。式(7.46) 即为平面坐标变换公式。

图 7.8 所示为一维单元的坐标变换。原来的直线分别变换成直线、二次曲线和三次曲线。

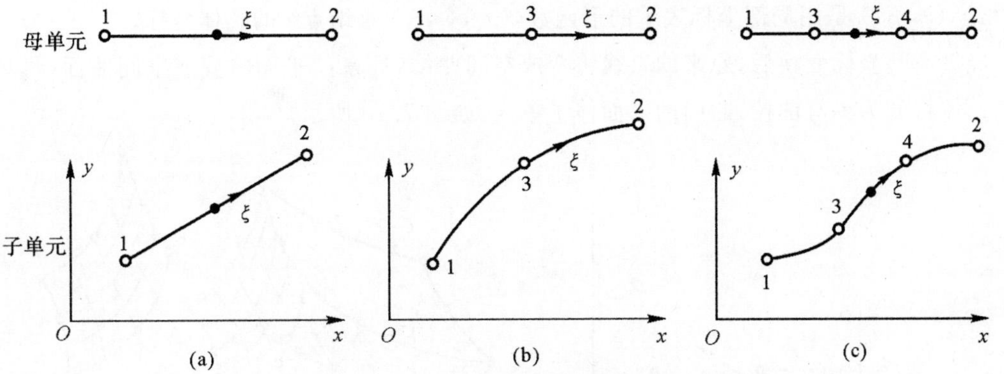

图 7.8　一维单元的平面坐标变换

(a) 线性单元；(b) 二次单元；(c) 三次单元

图 7.9 所示为二维线性单元的平面坐标变换。母单元是正方形，子单元是任意四边形。坐标变换公式为

$$\left.\begin{aligned}x&=\frac{x_1}{4}(1-\xi)(1-\eta)+\frac{x_2}{4}(1+\xi)(1-\eta)+\frac{x_3}{4}(1-\xi)(1+\eta)+\frac{x_4}{4}(1+\xi)(1+\eta)\\y&=\frac{y_1}{4}(1-\xi)(1-\eta)+\frac{y_2}{4}(1+\xi)(1-\eta)+\frac{y_3}{4}(1-\xi)(1+\eta)+\frac{y_4}{4}(1+\xi)(1+\eta)\end{aligned}\right\}\tag{7.47}$$

坐标变换式(7.47) 确定了局部坐标(ξ,η) 与整体坐标(x,y) 之间的一一对应关系。

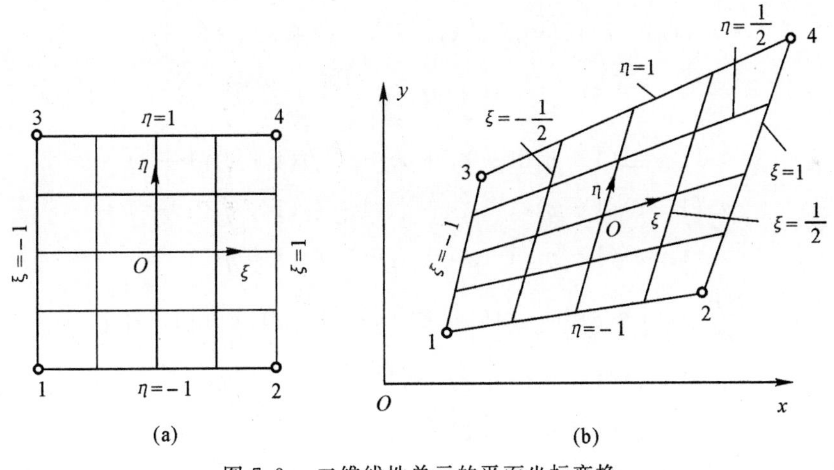

图 7.9　二维线性单元的平面坐标变换

(a) 母单元；(b) 子单元

7.3.2　空间坐标变换

空间坐标变换公式为

$$\left.\begin{aligned}x&=\sum N_i x_i\\y&=\sum N_i y_i\\z&=\sum N_i z_i\end{aligned}\right\}\tag{7.48}$$

式中：$N_i(\xi,\eta,\zeta)$ 是用局部坐标表示的形函数，(x_i,y_i,z_i) 是结点 i 的整体坐标。

经过空间坐标变换后，原来的直线将变成空间曲线，原来的平面将变成空间曲面，母单元正六面体将变为具有曲棱、曲面的六面体子单元，如图 7.10 所示。

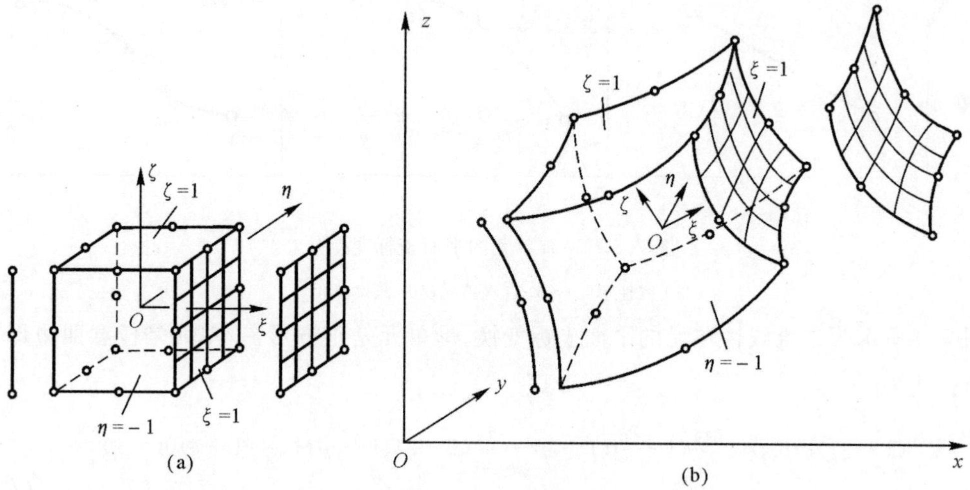

图 7.10　空间坐标变换

(a) 母单元；(b) 子单元

现在以8结点线性单元为例，考察相邻单元在公共边界上坐标的连续性。如图7.11所示，a和 b 是两个相邻的单元，将式(7.42) 代入式(7.48)，得到单元 a 和 b 的水平坐标为

$$\begin{aligned}x_a = \frac{1}{8}[&x_1(1+\xi)(1-\eta)(1+\zeta) + x_2(1+\xi)(1+\eta)(1+\zeta) + \\ &x_3(1-\xi)(1-\eta)(1+\zeta) + x_4(1-\xi)(1+\eta)(1+\zeta) + \\ &x_5(1+\xi)(1-\eta)(1-\zeta) + x_6(1+\xi)(1+\eta)(1-\zeta) + \\ &x_7(1-\xi)(1-\eta)(1-\zeta) + x_8(1-\xi)(1+\eta)(1-\zeta)]\end{aligned} \tag{7.49}$$

$$\begin{aligned}x_b = \frac{1}{8}[&x_3(1+\xi)(1-\eta)(1+\zeta) + x_4(1+\xi)(1+\eta)(1+\zeta) + \\ &x_9(1-\xi)(1-\eta)(1+\zeta) + x_{10}(1-\xi)(1+\eta)(1+\zeta) + \\ &x_7(1+\xi)(1-\eta)(1-\zeta) + x_8(1+\xi)(1+\eta)(1-\zeta) + \\ &x_{11}(1-\xi)(1-\eta)(1-\zeta) + x_{12}(1-\xi)(1+\eta)(1-\zeta)]\end{aligned} \tag{7.50}$$

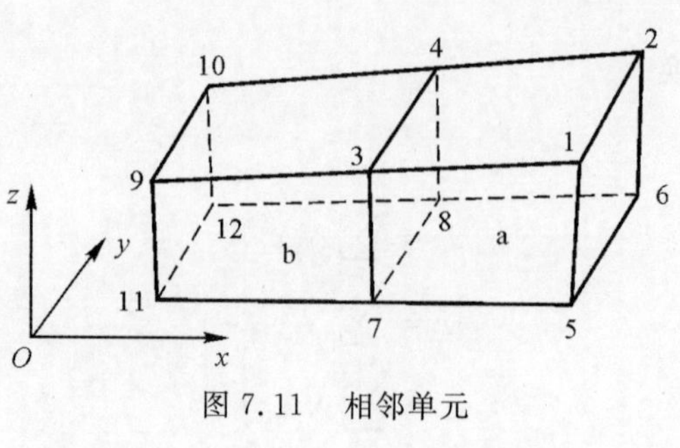

图 7.11　相邻单元

两单元的交界面为为 3478，在式(7.49) 中令 $\xi=-1$，得到

$$x_a=\frac{1}{4}[x_3(1-\eta)(1+\zeta)+x_4(1+\eta)(1+\zeta)+x_7(1-\eta)(1-\zeta)+x_8(1+\eta)(1-\zeta)]$$

在式(7.50) 中令 $\xi=1$，得到

$$x_b=\frac{1}{4}[x_3(1-\eta)(1+\zeta)+x_4(1+\eta)(1+\zeta)+x_7(1-\eta)(1-\zeta)+x_8(1+\eta)(1-\zeta)]$$

比较以上二式，可见在单元 a 和 b 的交界面上：$x_a=x_b$。同样可以证明，在交界面上，y 和 z 也是连续的。

7.3.3　位移函数

单元位移用形函数表示为

$$\left.\begin{aligned} u&=\sum N_i u_i\\ v&=\sum N_i v_i\\ w&=\sum N_i w_i \end{aligned}\right\} \tag{7.51}$$

式中：$N_i(\xi,\eta,\zeta)$ 为形函数；u_i,v_i,w_i 是第 i 个结点的位移。

比较式(7.48) 和式(7.51)，可见坐标变换公式和位移函数中都利用了形函数 N_i，它们可以是局部坐标(ξ,η,ζ) 的一次、二次、三次或更高次的函数。如果单元坐标变换和位移函数所用的形函数的阶次相同，那么用以规定单元形状的结点数应等于用以规定单元位移的结点数，这种单元称为等参单元。如果单元坐标变换所用形函数的阶次高于位移函数中的阶次，坐标变换的结点数应大于用以规定单元位移的结点数，这种单元称为超参单元。

在等参单元中，坐标变换和位移函数一般采用相同的结点。可以证明，位移函数式(7.51) 满足收敛准则。

7.4　单元特性

本节将根据前面给出的形函数，建立单元刚度和质量矩阵表达式。在静态问题中，惯性和阻尼力不存在，位移和载荷与时间无关。在局部坐标系中，单元平衡方程为

$$\widetilde{\boldsymbol{k}}^e\,\widetilde{\boldsymbol{u}}^e=\widetilde{\boldsymbol{F}}^e \tag{7.52}$$

7.4.1　一维杆单元

图 7.12 所示为一维杆单元，其横截面面积为 A，形函数为式(7.29)，单元质量矩阵为

$$\widetilde{\boldsymbol{m}}^e=\iiint \boldsymbol{N}^{\mathrm{T}}\boldsymbol{N}\rho\mathrm{d}V=\frac{1}{2}\rho Al\int_{-1}^{1}\begin{bmatrix}\dfrac{1-\xi}{2}\\ \dfrac{1+\xi}{2}\end{bmatrix}\begin{bmatrix}\dfrac{1-\xi}{2} & \dfrac{1+\xi}{2}\end{bmatrix}\mathrm{d}\xi=\frac{1}{6}\rho Al\begin{bmatrix}2 & 1\\ 1 & 2\end{bmatrix} \tag{7.53}$$

单元刚度矩阵为

$$\tilde{\boldsymbol{k}}^e = \iiint \boldsymbol{B}^{\mathrm{T}}\boldsymbol{D}\boldsymbol{B}\,\mathrm{d}V = \frac{AE}{l}\begin{bmatrix} 1 & -1 \\ -1 & 1 \end{bmatrix} \tag{7.54}$$

由于系统内各个杆单元通常不处于同一轴线，甚至不处于同一平面，进行结构分析时，首先要建立一个整体坐标系，然后通过坐标变换将各个建立于单元局部坐标系的单元特性矩阵转换到整体坐标系。

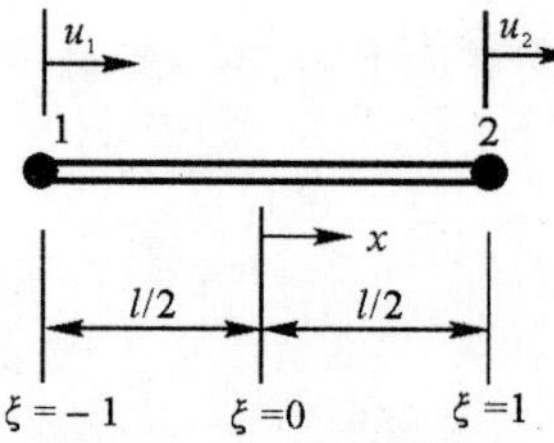

图 7.12　一维杆单元

从图 7.13 可以得出，在局部坐标系中杆的结点位移为

$$\begin{bmatrix} \tilde{u}_1 \\ \tilde{u}_2 \end{bmatrix} = \begin{bmatrix} \cos\theta & \sin\theta & 0 & 0 \\ 0 & 0 & \cos\theta & \sin\theta \end{bmatrix} \begin{bmatrix} u_1 \\ u_2 \\ u_3 \\ u_4 \end{bmatrix} = \boldsymbol{\Phi}\boldsymbol{u}^e \tag{7.55}$$

式中：$\boldsymbol{\Phi}$ 为变换矩阵；$\boldsymbol{u}^e$ 为整体坐标系中单元结点位移列阵。

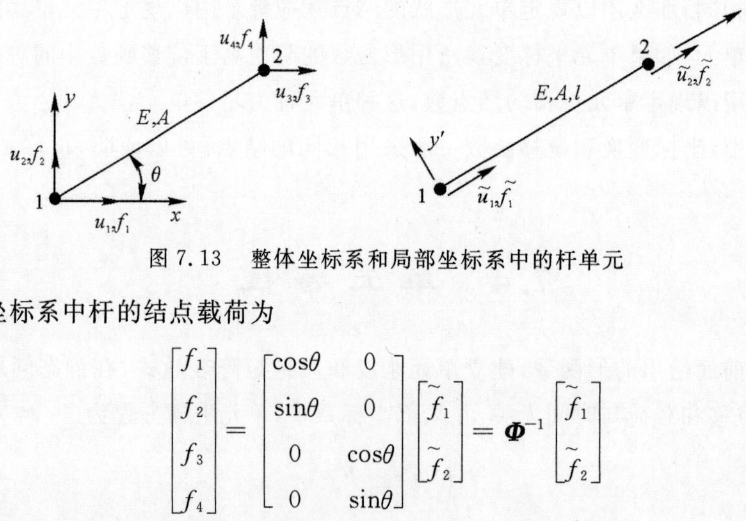

图 7.13　整体坐标系和局部坐标系中的杆单元

在整体坐标系中杆的结点载荷为

$$\begin{bmatrix} f_1 \\ f_2 \\ f_3 \\ f_4 \end{bmatrix} = \begin{bmatrix} \cos\theta & 0 \\ \sin\theta & 0 \\ 0 & \cos\theta \\ 0 & \sin\theta \end{bmatrix} \begin{bmatrix} \tilde{f}_1 \\ \tilde{f}_2 \end{bmatrix} = \boldsymbol{\Phi}^{-1} \begin{bmatrix} \tilde{f}_1 \\ \tilde{f}_2 \end{bmatrix} \tag{7.56}$$

注意到 $\boldsymbol{\Phi}^{-1} = \boldsymbol{\Phi}^{\mathrm{T}}$，由式(7.52)，则有

$$\tilde{\boldsymbol{k}}^e \boldsymbol{\Phi}\boldsymbol{u}^e = \boldsymbol{\Phi}\boldsymbol{f}^e \tag{7.57}$$

式(7.57)两边左乘 $\boldsymbol{\Phi}^{-1}$，得

$$\boldsymbol{\Phi}^{-1}\tilde{\boldsymbol{k}}^e \boldsymbol{\Phi}\boldsymbol{u}^e = \boldsymbol{\Phi}^{-1}\boldsymbol{\Phi}\boldsymbol{f}^e \tag{7.58}$$

或

$$\boldsymbol{k}^e \boldsymbol{u}^e = \boldsymbol{f}^e \tag{7.59}$$

其中，整体坐标系中的单元刚度矩阵为

$$\boldsymbol{k}^e = \boldsymbol{\Phi}^{-1}\tilde{\boldsymbol{k}}^e\boldsymbol{\Phi} = \frac{EA}{l}\begin{bmatrix} \cos^2\theta & \sin\theta\cos\theta & -\cos^2\theta & -\sin\theta\cos\theta \\ \sin\theta\cos\theta & \sin^2\theta & -\sin\theta\cos\theta & -\sin^2\theta \\ -\cos^2\theta & -\sin\theta\cos\theta & \cos^2\theta & \sin\theta\cos\theta \\ -\sin\theta\cos\theta & -\sin^2\theta & \sin\theta\cos\theta & \sin^2\theta \end{bmatrix} \tag{7.60}$$

同理，可得整体坐标系中的质量矩阵为

$$\boldsymbol{m}^e = \boldsymbol{\Phi}^{-1}\tilde{\boldsymbol{m}}^e\boldsymbol{\Phi} = \frac{\rho A l}{6}\begin{bmatrix} 2\cos^2\theta & 2\sin\theta\cos\theta & \cos^2\theta & \sin\theta\cos\theta \\ 2\sin\theta\cos\theta & 2\sin^2\theta & \sin\theta\cos\theta & \sin^2\theta \\ \cos^2\theta & \sin\theta\cos\theta & 2\cos^2\theta & 2\sin\theta\cos\theta \\ \sin\theta\cos\theta & \sin^2\theta & 2\sin\theta\cos\theta & 2\sin^2\theta \end{bmatrix} \tag{7.61}$$

7.4.2　二维梁单元

图 7.14 所示为直梁单元，形函数矩阵为

$$\boldsymbol{N} = [N_1 \quad N_2 \quad N_3 \quad N_4] \tag{7.62}$$

式中

$$N_1 = \frac{1}{4}(2 - 3\xi + \xi^3) \tag{7.63a}$$

$$N_2 = \frac{1}{4}(1 - \xi - \xi^2 + \xi^3) \tag{7.63b}$$

$$N_3 = \frac{1}{4}(2 + 3\xi - \xi^3) \tag{7.63c}$$

$$N_4 = \frac{1}{4}(-1 - \xi + \xi^2 + \xi^3) \tag{7.63d}$$

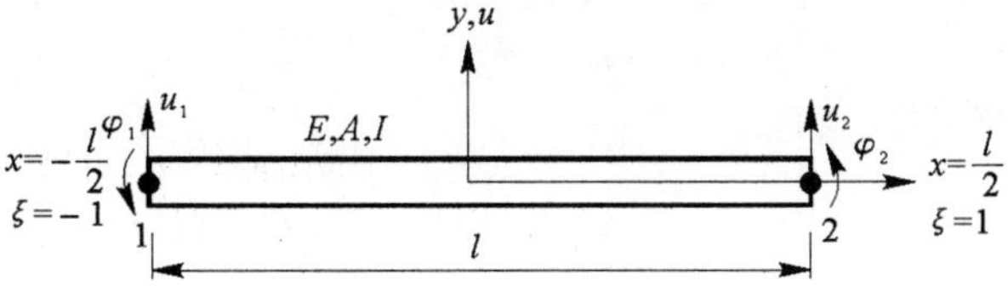

图 7.14　梁单元

单元质量矩阵为

$$\tilde{\boldsymbol{m}}^e = \iiint \boldsymbol{N}^{\mathrm{T}}\mathrm{N}\rho d\mathrm{V} = \iint \rho d\mathrm{A}\int_{-\frac{1}{2}}^{\frac{1}{2}} \boldsymbol{N}^{\mathrm{T}}\boldsymbol{N}\mathrm{d}x = \frac{l\rho A}{2}\int_{-1}^{1} \boldsymbol{N}^{\mathrm{T}}\boldsymbol{N}\mathrm{d}\xi \tag{7.64}$$

式中：A 为梁的横截面面积。

将式(7.62)代入式(7.64)积分，得

$$\tilde{\boldsymbol{m}}^e = \frac{\rho l A}{420}\begin{bmatrix} 156 & 22l & 54 & -13l \\ 22l & 4l^2 & 13l & -3l^2 \\ 54 & 13l & 156 & -22l \\ -13l & -3l^2 & -22l & 4l^2 \end{bmatrix} \tag{7.65}$$

单元刚度矩阵为

$$\tilde{\boldsymbol{k}}^e = \iiint \boldsymbol{B}^{\mathrm{T}} \boldsymbol{D} \boldsymbol{B} \mathrm{d}V = \frac{8EI}{l^3} \int_{-1}^{1} \boldsymbol{N}''^{\mathrm{T}} \boldsymbol{N}'' \mathrm{d}\xi \tag{7.66}$$

式中：$\boldsymbol{N}''$ 为形函数二阶导数矩阵；I 为梁截面对主轴的惯性矩。

将形函数求二阶导数后代入式(7.66)，积分得梁横向振动的单元刚度矩阵为

$$\tilde{\boldsymbol{k}}^e = \frac{EI}{l^3} \begin{bmatrix} 12 & 6l & -12 & 6l \\ 6l & 4l^2 & -6l & 2l^2 \\ -12 & -6l & 12 & -6l \\ 6l & 2l^2 & -6l & 4l^2 \end{bmatrix} \tag{7.67}$$

对于细长梁，由材料力学知，轴向位移只与轴向力有关，弯曲位移只与横向剪力和弯矩有关，即在小变形情况下，直梁的轴向变形与弯曲变形两者之间互不相关，满足叠加原理。将式(7.54)与式(7.67)进行组合，可得到平面梁单元在局部坐标系中的刚度矩阵为

$$\tilde{\boldsymbol{k}}^e = \frac{EI}{l^3} \begin{bmatrix} \frac{Al^2}{I} & 0 & 0 & -\frac{Al^2}{I} & 0 & 0 \\ 0 & 12 & 6l & 0 & -12 & 6l \\ 0 & 6l & 4l^2 & 0 & -6l & 2l^2 \\ -\frac{Al^2}{I} & 0 & 0 & \frac{Al^2}{I} & 0 & 0 \\ 0 & -12 & -6l & 0 & 12 & -6l \\ 0 & 6l & 2l^2 & 0 & -6l & 4l^2 \end{bmatrix} \tag{7.68}$$

同理，可得质量矩阵为

$$\tilde{\boldsymbol{m}}^e = \frac{\rho Al}{420} \begin{bmatrix} 140 & 0 & 0 & 70 & 0 & 0 \\ 0 & 156 & 22l & 0 & 54 & -13l \\ 0 & 22l & 4l^2 & 0 & 13l & -3l^2 \\ 70 & 0 & 0 & 140 & 0 & 0 \\ 0 & 54 & 13l & 0 & 156 & -22l \\ 0 & -13l & -3l^2 & 0 & -22l & 4l^2 \end{bmatrix} \tag{7.69}$$

图 7.15 所示为梁单元的整体坐标系和局部坐标系，由图可知，梁单元结点力和结点位移在整体坐标系与局部坐标系之间的转换矩阵 $\boldsymbol{\Phi}$ 为

$$\boldsymbol{\Phi} = \begin{bmatrix} \cos\theta & \sin\theta & 0 & 0 & 0 & 0 \\ -\sin\theta & \cos\theta & 0 & 0 & 0 & 0 \\ 0 & 0 & 1 & 0 & 0 & 0 \\ 0 & 0 & 0 & \cos\theta & \sin\theta & 0 \\ 0 & 0 & 0 & -\sin\theta & \cos\theta & 0 \\ 0 & 0 & 0 & 0 & 0 & 1 \end{bmatrix} \tag{7.70}$$

整体坐标系中梁单元的刚度矩阵为

$$\boldsymbol{k}^e = \boldsymbol{\Phi}^{\mathrm{T}} \widetilde{\boldsymbol{k}}^e \boldsymbol{\Phi} \tag{7.71}$$

质量矩阵为

$$\boldsymbol{m}^e = \boldsymbol{\Phi}^{\mathrm{T}} \widetilde{\boldsymbol{m}}^e \boldsymbol{\Phi} \tag{7.72}$$

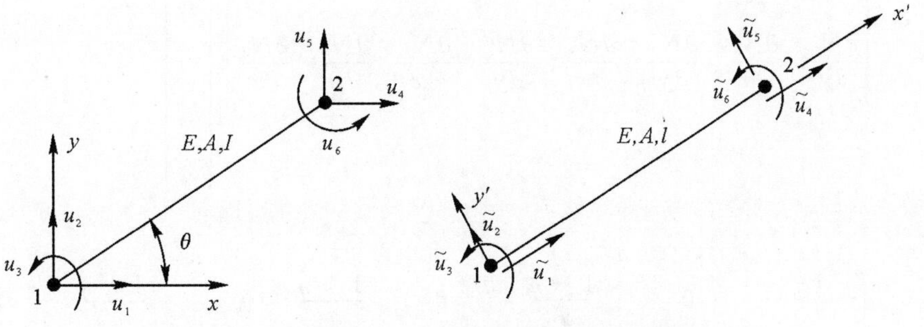

图 7.15　整体坐标系和局部坐标系中的梁单元

7.4.3　矩形单元

图 7.16 所示为四结点矩形单元，位移函数为

$$\begin{bmatrix} u \\ v \end{bmatrix} = \begin{bmatrix} N_1 & 0 & N_2 & 0 & N_3 & 0 & N_4 & 0 \\ 0 & N_1 & 0 & N_2 & 0 & N_3 & 0 & N_4 \end{bmatrix} \begin{bmatrix} u_1 \\ v_1 \\ u_2 \\ v_2 \\ u_3 \\ v_3 \\ u_4 \\ v_4 \end{bmatrix}$$

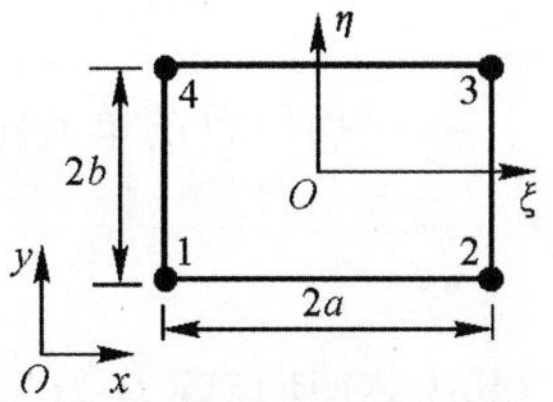

图 7.16　四结点矩形单元

式中，形函数

$$N_i = \frac{1}{4}(1+\xi\xi_i)(1+\eta\eta_i) \quad (i = 1,2,3,4)$$

应变位移关系为

$$\boldsymbol{\varepsilon} = \begin{bmatrix} \varepsilon_x \\ \varepsilon_y \\ \gamma_{xy} \end{bmatrix} = \begin{bmatrix} \dfrac{\partial}{\partial x} & 0 \\ 0 & \dfrac{\partial}{\partial y} \\ \dfrac{\partial}{\partial y} & \dfrac{\partial}{\partial x} \end{bmatrix} \begin{bmatrix} u \\ v \end{bmatrix} =$$

$$\begin{bmatrix} \frac{\partial N_1}{\partial x} & 0 & \frac{\partial N_2}{\partial x} & 0 & \frac{\partial N_3}{\partial x} & 0 & \frac{\partial N_4}{\partial x} & 0 \\ 0 & \frac{\partial N_1}{\partial y} & 0 & \frac{\partial N_2}{\partial y} & 0 & \frac{\partial N_3}{\partial y} & 0 & \frac{\partial N_4}{\partial y} \\ \frac{\partial N_1}{\partial y} & \frac{\partial N_1}{\partial x} & \frac{\partial N_2}{\partial y} & \frac{\partial N_2}{\partial x} & \frac{\partial N_3}{\partial y} & \frac{\partial N_3}{\partial x} & \frac{\partial N_4}{\partial y} & \frac{\partial N_4}{\partial x} \end{bmatrix} \begin{bmatrix} u_1 \\ v_1 \\ u_2 \\ v_2 \\ u_3 \\ v_3 \\ u_4 \\ v_4 \end{bmatrix} = \boldsymbol{B}\boldsymbol{u}^e \tag{7.73}$$

式中

$$\boldsymbol{B} = \frac{1}{4}\begin{bmatrix} -\frac{1-\eta}{a} & 0 & \frac{1-\eta}{a} & 0 & \frac{1+\eta}{a} & 0 & -\frac{1+\eta}{a} & 0 \\ 0 & -\frac{1-\xi}{b} & 0 & -\frac{1+\xi}{b} & 0 & \frac{1+\xi}{b} & 0 & \frac{1-\xi}{b} \\ -\frac{1-\xi}{b} & -\frac{1-\eta}{a} & -\frac{1+\xi}{b} & \frac{1-\eta}{a} & \frac{1+\xi}{b} & \frac{1+\eta}{a} & \frac{1-\xi}{b} & -\frac{1+\eta}{a} \end{bmatrix} \tag{7.74}$$

平面问题的单元刚度矩阵为

$$\boldsymbol{k}^e = \int_{-1}^{1}\int_{-1}^{1} \boldsymbol{B}^{\mathrm{T}}\boldsymbol{D}\boldsymbol{B}\,\mathrm{d}\xi\mathrm{d}\eta \tag{7.75}$$

其中,弹性矩阵 $\boldsymbol{D}$ 为

$$\boldsymbol{D} = \begin{bmatrix} D_1 & D_2 & 0 \\ D_2 & D_1 & 0 \\ 0 & 0 & G \end{bmatrix} \tag{7.76}$$

式中:$G = \frac{E}{2(1+\nu)}$。对于平面应力问题,$D_1 = \frac{E}{1-\nu^2}$,$D_2 = \nu D_1$,对于平面应变问题 $D_1 = \frac{E(1-\nu)}{(1+\nu)(1-2\nu)}$,$D_2 = \frac{\nu D_1}{1-\nu}$。

单元质量矩阵为

$$\boldsymbol{m}^e = \iiint \boldsymbol{N}^{\mathrm{T}}\boldsymbol{N}\rho\,\mathrm{d}V = \iint \rho h\,\boldsymbol{N}^{\mathrm{T}}\boldsymbol{N}\,\mathrm{d}A = \rho hab\int_{-1}^{1}\int_{-1}^{1} \boldsymbol{N}^{\mathrm{T}}\boldsymbol{N}\,\mathrm{d}\xi\mathrm{d}\eta \tag{7.77}$$

式中:h 为单元厚度;形函数矩阵 $\boldsymbol{N}$ 为

$$\boldsymbol{N} = \begin{bmatrix} N_1 & 0 & N_2 & 0 & N_3 & 0 & N_4 & 0 \\ 0 & N_1 & 0 & N_2 & 0 & N_3 & 0 & N_4 \end{bmatrix} \tag{7.78}$$

将式(7.78)代入式(7.77),积分得

$$\boldsymbol{m}^e = \frac{\rho hab}{9}\begin{bmatrix} 4 & 0 & 2 & 0 & 1 & 0 & 2 & 0 \\ & 4 & 0 & 2 & 0 & 1 & 0 & 2 \\ & & 4 & 0 & 2 & 0 & 1 & 0 \\ & & & 4 & 0 & 2 & 0 & 1 \\ & & & & 4 & 0 & 2 & 0 \\ & & \text{对} & & & 4 & 0 & 2 \\ & & \text{称} & & & & 4 & 0 \\ & & & & & & & 4 \end{bmatrix} \tag{7.79}$$

7.4.4　六面体 8 结点等参单元

六面体 8 结点等参单元的坐标变换为

$$\left.\begin{aligned} x &= \sum_{i=1}^{n} N_i(\xi,\eta,\zeta)x_i \\ y &= \sum_{i=1}^{n} N_i(\xi,\eta,\zeta)y_i \\ z &= \sum_{i=1}^{n} N_i(\xi,\eta,\zeta)z_i \end{aligned}\right\} \tag{7.80}$$

其中,形函数 N_i 见式(7.41)。

位移函数为

$$\begin{bmatrix} u \\ v \\ w \end{bmatrix} = \begin{bmatrix} N_1 & 0 & 0 & N_2 & 0 & 0 & \cdots & N_8 & 0 & 0 \\ 0 & N_1 & 0 & 0 & N_2 & 0 & \cdots & 0 & N_8 & 0 \\ 0 & 0 & N_1 & 0 & 0 & N_2 & \cdots & 0 & 0 & N_8 \end{bmatrix}\begin{bmatrix} u_1 \\ v_1 \\ w_1 \\ \vdots \\ u_8 \\ v_8 \\ w_8 \end{bmatrix} = \boldsymbol{N}\boldsymbol{u}^e \tag{7.81}$$

应变矩阵为

$$\boldsymbol{B} = \begin{bmatrix} \frac{\partial}{\partial x} & 0 & 0 \\ 0 & \frac{\partial}{\partial y} & 0 \\ 0 & 0 & \frac{\partial}{\partial z} \\ \frac{\partial}{\partial y} & \frac{\partial}{\partial x} & 0 \\ 0 & \frac{\partial}{\partial z} & \frac{\partial}{\partial y} \\ \frac{\partial}{\partial z} & 0 & \frac{\partial}{\partial x} \end{bmatrix}\begin{bmatrix} N_1 & 0 & 0 & N_2 & 0 & 0 & \cdots & N_8 & 0 & 0 \\ 0 & N_1 & 0 & 0 & N_2 & 0 & \cdots & 0 & N_8 & 0 \\ 0 & 0 & N_1 & 0 & 0 & N_2 & \cdots & 0 & 0 & N_8 \end{bmatrix} =$$

$$\begin{bmatrix} \frac{\partial N_1}{\partial x} & 0 & 0 & \cdots & \frac{\partial N_8}{\partial x} & 0 & 0 \\ 0 & \frac{\partial N_1}{\partial y} & 0 & \cdots & 0 & \frac{\partial N_8}{\partial y} & 0 \\ 0 & 0 & \frac{\partial N_1}{\partial z} & \cdots & 0 & 0 & \frac{\partial N_8}{\partial z} \\ \frac{\partial N_1}{\partial y} & \frac{\partial N_1}{\partial x} & 0 & \cdots & \frac{\partial N_8}{\partial y} & \frac{\partial N_8}{\partial x} & 0 \\ 0 & \frac{\partial N_1}{\partial z} & \frac{\partial N_1}{\partial y} & \cdots & 0 & \frac{\partial N_8}{\partial z} & \frac{\partial N_8}{\partial y} \\ \frac{\partial N_1}{\partial z} & 0 & \frac{\partial N_1}{\partial x} & \cdots & \frac{\partial N_8}{\partial z} & 0 & \frac{\partial N_8}{\partial x} \end{bmatrix} = \boldsymbol{LN} \tag{7.82}$$

根据复合函数的求导规则,有

$$\begin{bmatrix} \frac{\partial N_i}{\partial \xi} \\ \frac{\partial N_i}{\partial \eta} \\ \frac{\partial N_i}{\partial \zeta} \end{bmatrix} = \boldsymbol{J} \begin{bmatrix} \frac{\partial N_i}{\partial x} \\ \frac{\partial N_i}{\partial y} \\ \frac{\partial N_i}{\partial z} \end{bmatrix} \tag{7.83}$$

其中,雅可比矩阵 $\boldsymbol{J}$ 为

$$\boldsymbol{J} = \begin{bmatrix} \frac{\partial x}{\partial \xi} & \frac{\partial y}{\partial \xi} & \frac{\partial z}{\partial \xi} \\ \frac{\partial x}{\partial \eta} & \frac{\partial y}{\partial \eta} & \frac{\partial z}{\partial \eta} \\ \frac{\partial x}{\partial \zeta} & \frac{\partial y}{\partial \zeta} & \frac{\partial z}{\partial \zeta} \end{bmatrix} \tag{7.84}$$

由式(7.83),有

$$\begin{bmatrix} \frac{\partial N_i}{\partial x} \\ \frac{\partial N_i}{\partial y} \\ \frac{\partial N_i}{\partial z} \end{bmatrix} = \boldsymbol{J}^{-1} \begin{bmatrix} \frac{\partial N_i}{\partial \xi} \\ \frac{\partial N_i}{\partial \eta} \\ \frac{\partial N_i}{\partial \zeta} \end{bmatrix} \tag{7.85}$$

式中:$\boldsymbol{J}^{-1}$ 为雅可比矩阵 $\boldsymbol{J}$ 的逆矩阵。

由式(7.85)可以求出形函数 N_i 对直角坐标(x,y,z)的偏导数,由式(7.82)求出单元的应变矩阵。

单元刚度矩阵为

$$\boldsymbol{k}^e = \iiint \boldsymbol{B}^{\mathrm{T}}\boldsymbol{DB}\,\mathrm{d}V = \int_{-1}^{1}\int_{-1}^{1}\int_{-1}^{1} \boldsymbol{B}^{\mathrm{T}}\boldsymbol{DB}\,|\boldsymbol{J}|\,\mathrm{d}\xi\mathrm{d}\eta\mathrm{d}\zeta \tag{7.86}$$

单元质量矩阵为

$$\boldsymbol{m}^e = \iiint \boldsymbol{N}^{\mathrm{T}}\boldsymbol{N}\rho\,\mathrm{d}V = \int_{-1}^{1}\int_{-1}^{1}\int_{-1}^{1} \rho\,\boldsymbol{N}^{\mathrm{T}}\boldsymbol{N}\,|\boldsymbol{J}|\,\mathrm{d}\xi\mathrm{d}\eta\mathrm{d}\zeta \tag{7.87}$$

单元体积内的积分通过高斯积分的方法计算。

7.5　运动方程

对于整个结构，系统的运动方程为

$$\boldsymbol{M}\ddot{\boldsymbol{a}}(t)+\boldsymbol{C}\dot{\boldsymbol{a}}(t)+\boldsymbol{K}\boldsymbol{a}(t)=\boldsymbol{F}(t) \tag{7.88}$$

式中：$\boldsymbol{M}$，$\boldsymbol{C}$，$\boldsymbol{K}$，$\boldsymbol{F}$ 分别是系统的质量矩阵、阻尼矩阵、刚度矩阵和结点载荷列阵，分别由各自的单元矩阵和列阵集成。

从式(7.88) 可以看出，应用有限元法进行结构振动分析计算，需要解决下述两个问题。

(1) 建立结构的质量矩阵 $\boldsymbol{M}$、阻尼矩阵 $\boldsymbol{C}$ 和刚度矩阵 $\boldsymbol{K}$。

(2) 式(7.88) 是二阶微分方程组，其中出现了位移对时间的二阶导数，必须找到求解这种大型二阶微分方程组的有效方法。

关于二阶常微分方程组的解法，原则上可以利用求解常微分方程组的常用方法，例如龙格－库塔(Runge－Kutta) 法求解。但是在有限元振动分析中，矩阵的阶数很高，用这些方法一般是不经济的，因而只好使用少数有效的方法，这些方法可以分为两大类：直接积分法和振型叠加法。

直接积分法是直接对运动方程进行积分。在时间域内对响应的时间历程进行离散，把运动微分方程分为各离散时刻的方程，将某时刻的速度和加速度用相邻时刻的各位移的线性组合表示，系统的运动微分方程就转化为一个由位移组成的某离散时刻的代数方程组，对耦合的系统运动微分方程进行逐步数值积分，从而求出在一系列离散时刻上的响应值。目前用于求解多自由度线性振动系统的常用数值方法有中心差分法、威尔逊－θ (Wilson－θ) 法、纽马克(Newmark) 法等。这些方法已集成到 Ansys、Nastran、Abaqus 等大型通用有限元分析软件中。限于篇幅，这里不作讨论。

振型叠加法是先求解一组无阻尼的自由振动，即求解式(7.26)。从数学上看，这是一个矩阵特征值问题。然后用求解得到的特征向量，即固有振型对式(7.88) 进行变换，如果阻尼矩阵是振型阻尼矩阵，则各自由度互不耦合。最后对各个自由度的运动方程积分并进行叠加，从而得到问题的解答。

这两类方法本质上是等价的，究竟采用何种方法主要取决于求解具体问题的计算效率。

例 7.1　将长为 $2L$ 的均匀悬臂梁分成两个相同单元，如图 7.17 所示。梁的弯曲刚度为 EI，密度为 ρ，横截面面积为 A。用有限元法求解梁横向自由振动固有频率的近似值。

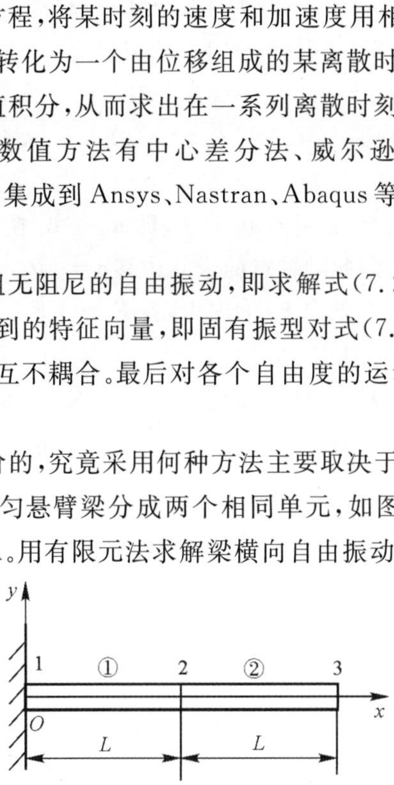

图 7.17　悬臂梁有限元模型

解：划分两个单元 ① 和 ② 如图 7.17 所示，结点号为 1，2，3，局部坐标系与整体坐标系一致。由于只考虑梁横向振动，不考虑阻尼，且无激扰力作用，因此梁的振动方程为

$$\boldsymbol{M}\ddot{\boldsymbol{a}} + \boldsymbol{K}\boldsymbol{a} = \boldsymbol{F}$$

梁单元结点位移列阵为

$$\boldsymbol{u}_i = [v_i \quad \theta_i]^{\mathrm{T}} \quad (i = 1,2,3)$$

对于单元 ①，单元质量矩阵和刚度矩阵分别为

$$\boldsymbol{m}^{(1)} = \frac{\rho AL}{420}\begin{bmatrix} 156 & 22L & 54 & -13L \\ 22L & 4L^2 & 13L & -3L^2 \\ 54 & 13L & 156 & -22L \\ -13L & -3L^2 & -22L & 4L^2 \end{bmatrix} = \begin{bmatrix} \boldsymbol{M}_{11}^{①} & \boldsymbol{M}_{12}^{①} \\ \boldsymbol{M}_{21}^{①} & \boldsymbol{M}_{22}^{①} \end{bmatrix}$$

$$\boldsymbol{k}^{(1)} = \frac{EI}{L^3}\begin{bmatrix} 12 & 6L & -12 & 6L \\ 6L & 4L^2 & -6L & 2L^2 \\ -12 & -6L & 12 & -6L \\ 6L & 2L^2 & -6L & 4L^2 \end{bmatrix} = \begin{bmatrix} \boldsymbol{K}_{11}^{①} & \boldsymbol{K}_{12}^{①} \\ \boldsymbol{K}_{21}^{①} & \mathrm{K}_{22}^{①} \end{bmatrix}$$

对于单元 ②，单元质量矩阵和刚度矩阵分别为

$$\boldsymbol{m}^{(2)} = \frac{\rho AL}{420}\begin{bmatrix} 156 & 22L & 54 & -13L \\ 22L & 4L^2 & 13L & -3L^2 \\ 54 & 13L & 156 & -22L \\ -13L & -3L^2 & -22L & 4L^2 \end{bmatrix} = \begin{bmatrix} \boldsymbol{M}_{22}^{②} & \boldsymbol{M}_{23}^{②} \\ \boldsymbol{M}_{32}^{②} & \boldsymbol{M}_{33}^{②} \end{bmatrix}$$

$$\boldsymbol{k}^{(2)} = \frac{EI}{L^3}\begin{bmatrix} 12 & 6L & -12 & 6L \\ 6L & 4L^2 & -6L & 2L^2 \\ -12 & -6L & 12 & -6L \\ 6L & 2L^2 & -6L & 4L^2 \end{bmatrix} = \begin{bmatrix} \boldsymbol{K}_{22}^{②} & \boldsymbol{K}_{23}^{②} \\ \boldsymbol{K}_{32}^{②} & \boldsymbol{K}_{33}^{②} \end{bmatrix}$$

梁的边界条件：在固定端有 $v_1 = 0, \theta_1 = 0$，即 $\boldsymbol{u}_1 = \boldsymbol{0}$。在自由端有 $F_{3y} = 0, M_3 = 0$，即 $\boldsymbol{F}_3 = \boldsymbol{0}$。考虑边界条件 $\boldsymbol{u}_1 = \boldsymbol{0}$，则此时结点的未知位移 $\boldsymbol{a} = [\boldsymbol{u}_2 \quad \boldsymbol{u}_3]^{\mathrm{T}} = [v_2 \quad \theta_2 \quad v_3 \quad \theta_3]^{\mathrm{T}}$，又由于 ① 和 ② 单元连接处结点 2 处力 $\boldsymbol{F}_2$ 为内力，且 $\boldsymbol{F}_3 = [F_{3y} \quad M_3]^{\mathrm{T}} = \boldsymbol{0}$，因此，在组集 $\boldsymbol{M},\boldsymbol{K}$ 时应相应地划去第 1,2 行和列，此时

$$\boldsymbol{M} = \begin{bmatrix} \boldsymbol{M}_{22}^{①} + \boldsymbol{M}_{22}^{②} & \boldsymbol{M}_{23}^{②} \\ \boldsymbol{M}_{32}^{②} & \boldsymbol{M}_{33}^{②} \end{bmatrix}, K = \begin{bmatrix} \boldsymbol{K}_{22}^{①} + \boldsymbol{K}_{22}^{②} & \boldsymbol{K}_{23}^{②} \\ \boldsymbol{K}_{32}^{②} & \boldsymbol{K}_{33}^{②} \end{bmatrix}$$

故得整个悬臂梁的振动微分方程为

$$\frac{\rho AL}{420}\begin{bmatrix} 312 & 0 & 54 & 13L \\ 0 & 8L^2 & 13L & -3L^2 \\ 54 & 13L & 156 & -22L \\ -13L & -3L^2 & -22L & 4L^2 \end{bmatrix}\begin{bmatrix} \ddot{v}_2 \\ \ddot{\theta}_2 \\ \ddot{v}_3 \\ \ddot{\theta}_3 \end{bmatrix} + \frac{EI}{L^3}\begin{bmatrix} 24 & 0 & -12 & 6L \\ 0 & 8L^2 & -6L & 2L^2 \\ -12 & -6L & 12 & -6L \\ 6L & 2L^2 & -6L & 4L^2 \end{bmatrix}\begin{bmatrix} v_2 \\ \theta_2 \\ v_3 \\ \theta_3 \end{bmatrix} = \begin{bmatrix} 0 \\ 0 \\ 0 \\ 0 \end{bmatrix}$$

由此得频率方程为

$$\begin{vmatrix} 24 - 312\lambda & 0 & -(12 + 54\lambda) & (6 + 13\lambda)L \\ 0 & (8 - 8\lambda)L^2 & -(6 + 13\lambda)L & (2 + 3\lambda)L^2 \\ -(12 + 54\lambda) & -(6 + 13\lambda)L & 12 - 156\lambda & (-6 + 22\lambda)L \\ (6 + 13\lambda)L & (2 + 3\lambda)L^2 & (-6 + 22\lambda)L & (4 - 4\lambda)L^2 \end{vmatrix} = 0$$

式中：$\lambda = \dfrac{\rho AL^4\omega^2}{420EI}$。

由频率方程可求得系统的固有频率的近似值为

$$\omega_1 = 3.519\alpha,\quad \omega_2 = 22.22\alpha,\quad \omega_3 = 75.16\alpha,\quad \omega_4 = 218.1\alpha$$

式中：$\alpha = \sqrt{EI/\rho A\,(2L)^4}$。

而均匀悬臂梁的前四阶固有频率的准确值为

$$\omega_1 = 3.515\alpha,\quad \omega_2 = 22.04\alpha,\quad \omega_3 = 61.7\alpha,\quad \omega_4 = 120.91\alpha$$

由此可见，前二阶固有频率的近似值的误差很小，但第三、第四阶固有频率的误差较大。如果将梁分成更多的单元，则所求得结果的精确度将得到提高。由此可以看出有限元法的有效性。

习　　题

7.1　如图 7.18 所示，桁架结构是由 5 个受轴向力的杆单元组成的，各单元的截面面积均为 A，材料弹性模量均为 E，单位体积的质量均为 ρ，单元 ①，②，④，⑤ 长度均为 L，单元 ③ 长度为$\sqrt{2}\,l$。试导出在总体坐标系中各单元的质量矩阵$\boldsymbol{m}^e$ 及刚度矩阵 $\boldsymbol{k}^e$($e = 1,2,3,4,5$)。

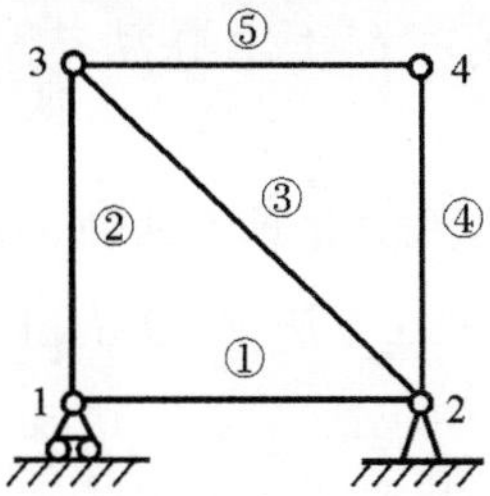

图 7.18　习题 7.1 图

7.2　建立图 7.18 所示结构的自由振动微分方程，试以分块矩阵形式写出结构系统的质量矩阵 $\boldsymbol{M}$ 及刚度矩阵 $\boldsymbol{K}$。

7.3　将两端固支的均匀杆分成三个相同的单元，用有限元法求它的纵向振动前两阶固有频率。杆的拉压刚度为 EA，长度为 $3l$，单位长度质量为 ρA。

7.4　用有限元法求图 7.19 所示均匀梁横向振动的固有频率。梁的弯曲刚度为 EI，长度为 L，密度为 ρ，横截面积为 A，分别将梁划分为 1 个、2 个和 3 个单元。

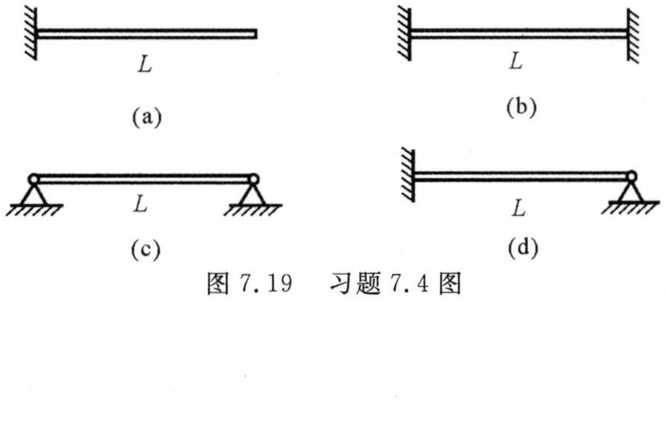

图 7.19　习题 7.4 图

第 8 章　非线性振动

实际的振动系统多数是非线性的。在小位移条件下，如果非线性系统的特征和行为具有线性特征，则可将其简化为线性系统，这种处理方式通常具有一定的精度。但是，很多非线性振动问题不能用线性理论来预测或解释。例如杜芬系统的振动响应，范德波系统的自激振动等。因此，有必要对非线性振动问题进行分析与讨论。

由于非线性振动问题的复杂性，非线性振动微分方程的求解要比线性微分方程的求解困难很多，至今没有统一的解法，仅有极少数非线性振动方程可求得精确解，只能用定性方法、近似解法和数值解法对其进行求解。

非线性问题的研究，包括定性理论和定量理论两种，本章介绍单自由度非线性振动系统的定性方法和定量方法的基本知识。在定性方法中，介绍相平面、稳定性和极限环。在定量方法中，主要介绍各种渐近的解析方法，其中包括平均法、谐波平衡法和多尺度法。

8.1　非线性振动的定性分析方法

8.1.1　相平面

首先用几何法研究单自由度系统的自由振动。相平面是几何法的基本表现形式，适用于单自由度二阶微分方程描述的系统。

设有一单自由度振动系统为

$$\ddot{x}+f(x,\dot{x})=0 \tag{8.1}$$

令 $y=\dfrac{\mathrm{d}x}{\mathrm{d}t}$，则式(8.1)变为

$$\left.\begin{aligned}\dot{x}&=y\\ \dot{y}&=-f(x,y)\end{aligned}\right\} \tag{8.2}$$

将式(8.2)中两式相除，得

$$\frac{\mathrm{d}y}{\mathrm{d}x}=\frac{-f(x,y)}{y} \tag{8.3}$$

以 x，y 为坐标，可以画出对应于式(8.3)的曲线，如图 8.1 所示。

图 8.1 所示曲线上的任意一个点 M，对应于单自由度振动系统在此时的位移 x、速度 y。几何法的任务就是研究变量 x，y 平面上的积分曲线，通过积分曲线的性质认识系统的运动特性。这个平面称为相平面，其上的点称为相点。相点运动的轨迹，称为相轨线或相轨迹。

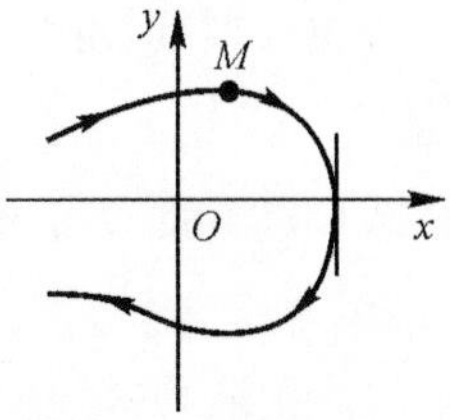

图 8.1　相轨线图

假设一个无阻尼的单自由度自由振动系统，如图 8.2 所示，其解为周期解。也就是说，在某一个时刻 t，位移为 x，速度为 y；在 $t+T$ 时刻，同样有位移 x，速度 y。这样系统的相轨线就形成一个封闭曲线。

对于更加一般的动力学系统，若系统存在周期解，当 $t=t_0$ 时，$x=x_0$，$y=y_0$。经过一定的时间 T，系统的坐标与运动速度将回到开始时的数值，即 $t=t_0+T$ 时，$x=x_0$，$y=y_0$。相图上相点回到初始时的位置，形成闭轨，所以，周期解的相轨线为封闭曲线，如图 8.3 所示。

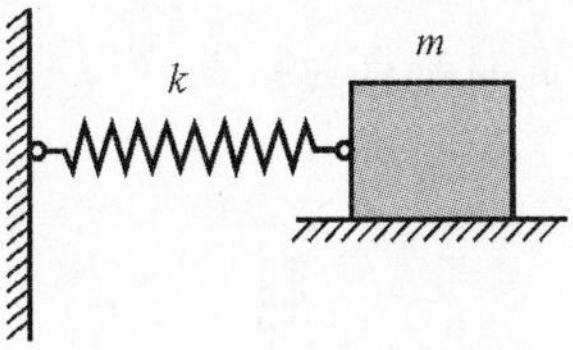

图 8.2　弹簧质量系统

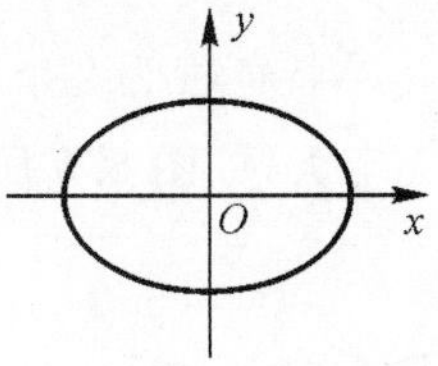

图 8.3　无阻尼质量弹簧系统相轨线

8.1.2　奇点的性质

一般地，单自由度系统的方程可以表示为

$$\left.\begin{aligned}\dot{x}&=f_1(x,y)\\ \dot{y}&=f_2(x,y)\end{aligned}\right\} \tag{8.4}$$

将式(8.4)中两式相除，得

$$\frac{\mathrm{d}y}{\mathrm{d}x}=\frac{f_1(x,y)}{f_2(x,y)} \tag{8.5}$$

式(8.5)代表了相图上每个点处的斜率。式(8.4)右端为零(即 $f_1(x,y)=0$，$f_2(x,y)=0$)的点称为奇点。系统在奇点处的速度和加速度同时为零，因而奇点也称为相平面内的平衡点、不动点。

对于式(8.4)所描述的系统，写成矩阵形式，有

$$\dot{\boldsymbol{X}}=\boldsymbol{F}(x,y) \tag{8.6}$$

在点(0，0)处，将式(8.6)泰勒展开，也就是在点(0，0)处线性化，有

$$\dot{\boldsymbol{X}}=\boldsymbol{A}\boldsymbol{X}+O(\|\boldsymbol{X}\|^2) \tag{8.7}$$

其中，矩阵 **A** 为

$$\mathbf{A}=\begin{bmatrix}\dfrac{\partial f_1}{\partial x} & \dfrac{\partial f_1}{\partial y}\\[2ex] \dfrac{\partial f_2}{\partial x} & \dfrac{\partial f_2}{\partial y}\end{bmatrix}=\begin{bmatrix}a_{11} & a_{12}\\ a_{21} & a_{22}\end{bmatrix} \tag{8.8}$$

矩阵 **A** 称为雅可比(Jacobi) 矩阵。

仅保留式(8.7) 中线性项，假设其解为

$$\boldsymbol{X}=\boldsymbol{X}_0 e^{\lambda t} \tag{8.9}$$

将式(8.9) 代入式(8.7)，得特征方程为

$$\begin{vmatrix} a_{11}-\lambda & a_{12} \\ a_{21} & a_{22}-\lambda \end{vmatrix}=0 \tag{8.10}$$

对特征方程式(8.10) 求解，得到特征根为

$$\lambda_{1,2}=\frac{1}{2}(p\pm\sqrt{p^2-4q}) \tag{8.11}$$

式中：$p=a_{11}+a_{22}$，$q=a_{11}a_{22}-a_{12}a_{21}$。特征根会影响奇点性质，下面分几种情况进行分析。

(1)$p^2>4q$，$q>0$。特征根为 2 个同号的实根，此时奇点为结点。若 $p<0$，则为稳定的结点，如图 8.4 所示。若 $p>0$，则为不稳定的结点。

(2)$p^2>4q$，$q<0$。特征根为 2 个异号的实根，此时奇点为鞍点。当 $t\to\infty$ 时，一个解趋近于 0，一个解趋近于无穷大，如图 8.5 所示。

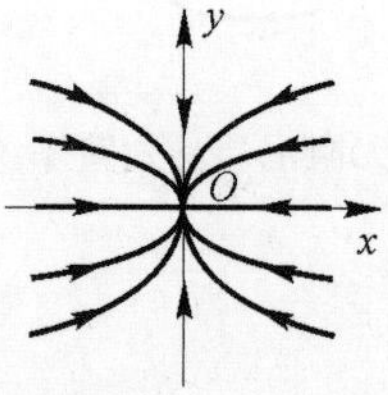

图 8.4　结点的相图

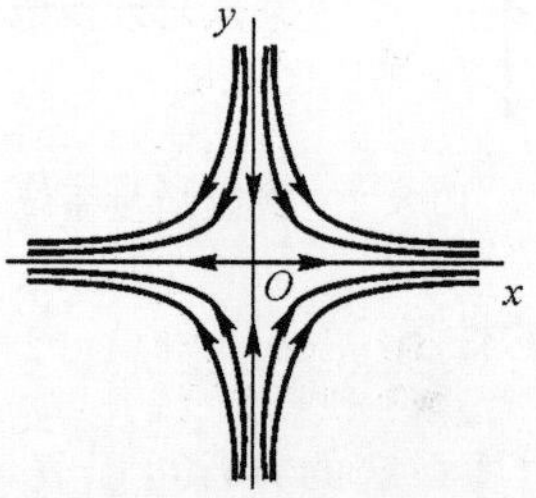

图 8.5　鞍点的相图

(3)$p^2=4q$。此时存在 2 个相等的实根。**A** 对应的若尔当(Jordan) 标准型有 2 个，即

$$\text{(a)}\begin{bmatrix} \lambda & 0 \\ 0 & \lambda \end{bmatrix},\quad \text{(b)}\begin{bmatrix} \lambda & 0 \\ 1 & \lambda \end{bmatrix}$$

对应不同的结点。对于(a) 若尔当标准型，若 $p<0$，则为稳定的临界结点，如图 8.6(a) 所示；对于(b) 若尔当标准型，若 $p<0$，则为稳定的退化结点，如图 8.6(b) 所示。

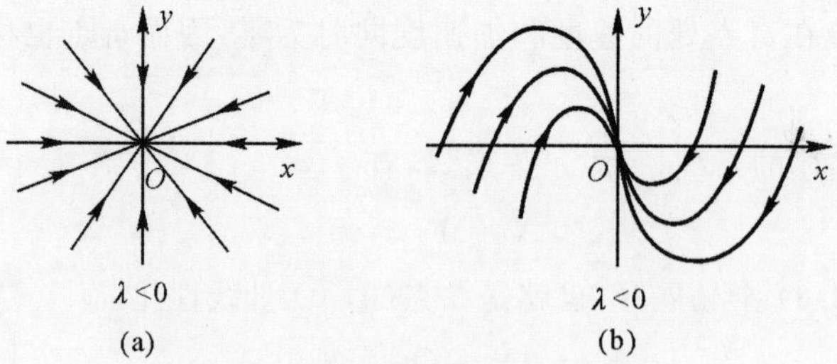

图 8.6　临界结点与退化结点相图

(a) 临界结点；(b) 退化结点

(4)$p^2<4q$。此时存在两个共轭复根。对于 p 可以分为以下 3 种情况：

1)$p<0$。此时，奇点是稳定的焦点，如图 8.7 所示。

2)$p>0$。此时，奇点是不稳定的焦点，如图 8.8 所示。

3) $p=0$。此时，解是一对纯虚根，奇点是中心点，如图 8.9 所示。

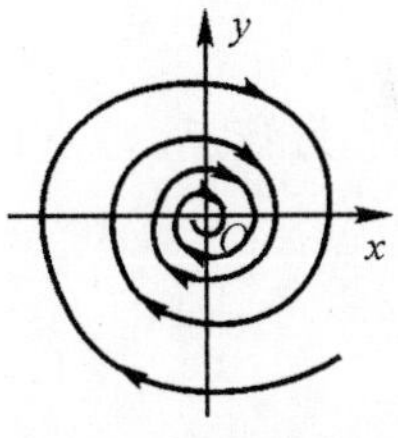

图 8.7　稳定焦点

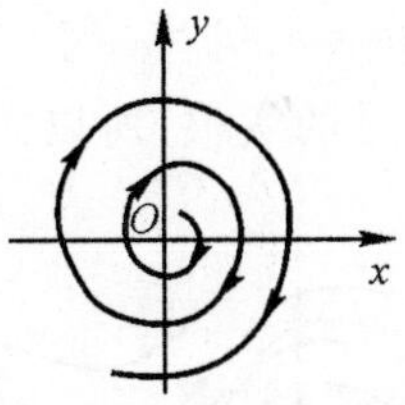

图 8.8　不稳定焦点

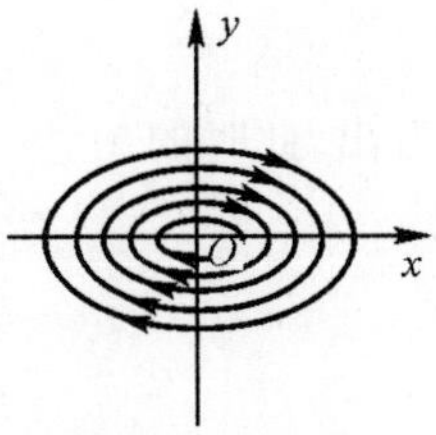

图 8.9　中心点

例 8.1　对于如图 8.10 所示的单摆，分析其无阻尼与有阻尼情况下的相图。

解：假设单摆无阻尼，则其动力学方程为

$$\ddot{\theta}+\omega_0^2\sin\theta=0$$

其相图如图 8.11 所示。

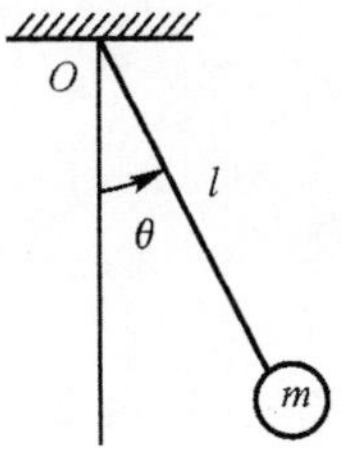

图 8.10　单摆图

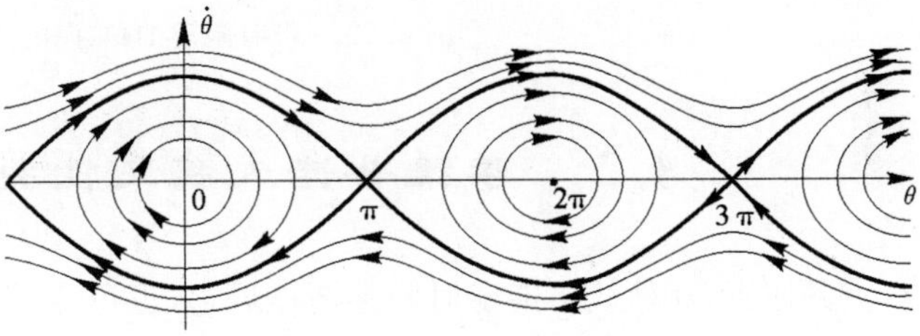

图 8.11　无阻尼单摆的相图

如果单摆包含阻尼，变成了有阻尼的单摆，那么其动力学方程为

$$\ddot{\theta}+2\zeta\omega_0\dot{\theta}+\omega_0^2\sin\theta=0$$

写成状态方程为

$$\dot{\theta}=\theta_1$$
$$\dot{\theta}_1=-2\zeta\omega_0\theta_1-\omega_0^2\sin\theta$$

方程的奇点为

$$[2n\pi,0],\quad[(2n\pm1)\pi,0]$$

实际上，奇点 $[2n\pi,0]$ 就是奇点 $[0,0]$，奇点 $[(2n\pm1)\pi,0]$ 就是奇点 $[\pi,0]$。下面分析各个奇点的稳定性。

在奇点 $[0,0]$ 处，方程的 Jacobi 矩阵为

$$\mathbf{A}=\begin{bmatrix}0 & 1\\ -\omega_0^2 & -2\zeta\omega_0\end{bmatrix}$$

其特征根为

$$\lambda_{1,2}=-\omega_0(\zeta\pm\sqrt{\zeta^2-1})$$

在小阻尼情况下，$0<\zeta<1$，λ_1 与 λ_2 为共轭复数，奇点是稳定的焦点。

在奇点 $[\pi,0]$ 处，Jacobi 矩阵为

$$\mathbf{A}=\begin{bmatrix}0 & 1\\ +\omega_0^2 & -2\zeta\omega_0\end{bmatrix}$$

其特征根为

$$\lambda_{1,2} = -\omega_0(\zeta \pm \sqrt{\zeta^2+1})$$

可以看出，此时的 λ_1 与 λ_2 为不同号的实根，所以此时的 $[\pi,0]$ 为鞍点。奇点的相图如图 8.12 所示。

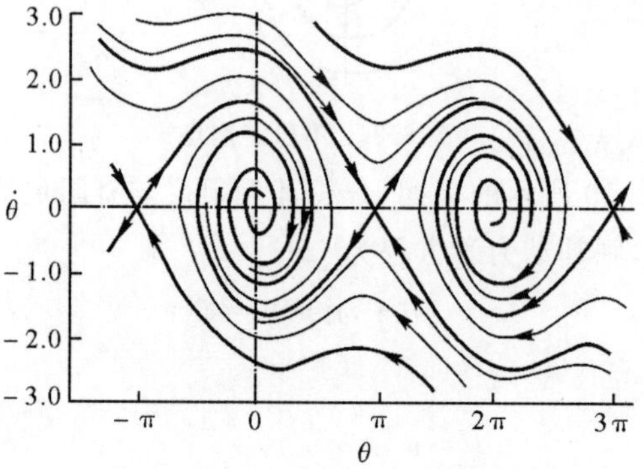

图 8.12　带有阻尼的单摆相

8.2　李雅普诺夫稳定性判别方法

在奇点的附近，相轨线可能随时间逐渐靠近它，也可能随着时间远离它，这由奇点的稳定性来决定。奇点的稳定性，可以通过李雅普诺夫(Lyapunov)方法进行判断。奇点的 Lyapunov 稳定性，一般采用如下的定义描述：

设 $\boldsymbol{x}(t)$ 是方程 $\frac{\mathrm{d}\boldsymbol{x}}{\mathrm{d}t} = \boldsymbol{f}(\boldsymbol{x})$ 的解，如果对于方程的奇点 $\boldsymbol{x}_0$，对于任意的 $\varepsilon > 0$，存在 $\delta > 0$，使得当 $\|\boldsymbol{x}(0) - \boldsymbol{x}_0\| < \delta$ 时，对于一切 $t > 0$，有 $\|\boldsymbol{x}(t) - \boldsymbol{x}_0\| < \varepsilon$，则称奇点 $\boldsymbol{x}_0$ 是稳定的。进一步，如果还有 $\lim\limits_{t\to\infty}\|\boldsymbol{x}(t) - \boldsymbol{x}_0\| = 0$，那么称奇点 x_0 是渐近稳定的。

另外，如果奇点 $\boldsymbol{x}_0$ 不是原点，那么可以通过坐标平移，将其变换到新的坐标系的原点。因此，在进行理论分析时，可以只针对奇点在原点的情况。

Lyapunov 稳定性定理　如果在奇点的邻域 Ω 内，存在函数 $V(\boldsymbol{x}) > 0$（即 $V(\boldsymbol{x})$ 是正定的），而其沿方程 $\frac{\mathrm{d}\boldsymbol{x}}{\mathrm{d}t} = \boldsymbol{f}(\boldsymbol{x})$ 确定的相轨线上的全导数 $\dot{V}(\boldsymbol{x}) \leqslant 0$，那么系统的原点是稳定的；如果沿相轨线 $\dot{V}(\boldsymbol{x}) < 0$，则系统原点是渐近稳定的。然后，相应地，可以判断系统原点是不稳定的，假如总能在任意小的邻域内找到 $\boldsymbol{x}$，使得 $\dot{V}(\boldsymbol{x})$ 与 $V(\boldsymbol{x})$ 同号。其中的 $V(\boldsymbol{x})$ 一般称为 Lyapunov 函数。

例 8.2　研究方程 $\ddot{x} + \sin x = 0$ 在原点的稳定性。

解：将动力学方程写成状态空间形式为

$$\dot{x} = y$$

$$\dot{y} = -\sin x$$

取 Lyapunov 函数为 $V(x,y) = \frac{1}{2}y^2 + (1-\cos x)$，则在原点的邻域内 $V(x,y) > 0$。

Lyapunov 函数的全导数为

$$\dot{V} = y\dot{y} + \sin x \cdot \dot{x} = -y\sin x + y\sin x = 0$$

故系统原点是稳定的。

例 8.3　分析瑞利方程

$$\ddot{x} + (\dot{x}^3 - \dot{x}) + x = 0$$

在原点的稳定性。

解:将方程写成状态空间形式:

$$\dot{x} = y$$

$$\dot{y} = -x + y - y^3$$

取 Lyapunov 函数为

$$V(x,y) = 2x^2 + y^2 + (x-y)^2$$

经过计算可得

$$\dot{V}(x,y) = 2x^2 + 2y^2 + 2xy^3 - 4y^4$$

可以看出,当 $x \neq 0, y = 0$ 时,在任意小的原点邻域内,有 $\dot{V}(x,y) > 0$,是正定的。因此,瑞利方程的原点是不稳定的。

例 8.4　分析含 3 次方非线性阻尼的动力学系统

$$\ddot{x} + c\dot{x}^3 + x = 0$$

在原点的稳定性。其中 c 为参数。

解:将方程写成状态空间形式

$$\dot{x} = y$$

$$\dot{y} = -x - cy^3$$

取 Lyapunov 函数为

$$V(x,y) = \frac{1}{2}x^2 + \frac{1}{2}y^2 \tag{8.12}$$

在不含点(0,0)的邻域内,$V(x,y)$ 是正定的。其沿方程解的全导数为 $\dot{V}(x,y) = x\dot{x} + y\dot{y} = -cy^4$,对于不同的 c,$\dot{V}(x,y)$ 有以下不同情况:

当 $c = 0$ 时,$\dot{V}(x,y) = 0$,此时原点是稳定的,当非渐近稳定;

当 $c > 0$ 时,$\dot{V}(x,y) < 0$,此时原点是渐近稳定的;

当 $c < 0$ 时,$\dot{V}(x,y) > 0$,此时原点是不稳定的。

例 8.5　分析范德波尔(van der plo)方程

$$\ddot{x} + \alpha(x^2 - 1)\dot{x} + \omega^2 x = 0$$

在原点的稳定性。

解:将方程写成状态空间形式为

$$\dot{x}_1 = x_2$$

$$\dot{x}_2 = -\omega^2 x_1 + \alpha(1 - x_1^2)x_2$$

取 Lyapunov 函数为

$$V(x_1,x_2)=\frac{1}{2}\omega^2x_1^2+\frac{1}{2}x_2^2$$

可以看出，在不包含点(0,0)的邻域内，$V(x_1,x_2)$ 是正定的。Lyapunov 函数沿解的导数为

$$\dot{V}(x_1,x_2)=\alpha(1-x_1^2)x_2^2$$

当 $\alpha<0$ 时，在原点的邻域 $|x_1|<1$ 内，$\dot{V}(x_1,x_2)<0$，因此原点是渐近稳定的；

当 $\alpha>0$ 时，在原点的邻域 $|x_1|<1$ 内，$\dot{V}(x_1,x_2)>0$，是正定的，因此此时原点是不稳定的。

对于非线性动力学系统，Lyapunov 函数的构造没有统一的方法，因此，Lyapunov 稳定性定理的直接应用受到一定的限制。为了更加快速地确定原点的稳定性，在一定程度上，可以利用原点附近的线性化系统的稳定性来确定原系统在原点的稳定性。

Lyapunov 一次近似理论 对于有 n 个自变量的自治动力学方程

$$\dot{\boldsymbol{x}}=\boldsymbol{f}(\boldsymbol{x}) \tag{8.13}$$

式中：$\boldsymbol{x}$ 为 n 维向量。将其在原点附近泰勒(Taylor)展开，略去其二次以上的高阶项，有

$$\dot{\boldsymbol{x}}=\boldsymbol{A}\boldsymbol{x} \tag{8.14}$$

式中：$\boldsymbol{A}$ 为 Jacobi 矩阵，即 $\boldsymbol{A}=\left.\dfrac{\partial\boldsymbol{f}}{\partial\boldsymbol{x}}\right|_{x=0}$。那么，若 $\boldsymbol{A}$ 的所有特征根实部均为负，则原系统的原点渐近稳定。若 $\boldsymbol{A}$ 至少有一个特征值实部为正，则原系统的原点不稳定。若 $\boldsymbol{A}$ 存在零实部的特征根，其余根的实部为负，则无法判断原系统原点的稳定性。

例 8.6 单摆的质量为 m，摆长为 l，阻尼系数为 c，分析其在最低平衡位置的稳定性。

解：有阻尼单摆的动力学方程为

$$ml^2\ddot{\theta}+cl^2\dot{\theta}+mgl\sin\theta=0$$

将其简化，可得

$$\ddot{\theta}+2\zeta\omega\dot{\theta}+\omega^2\sin\theta=0$$

将方程写成状态空间形式为

$$\begin{aligned}\dot{x}_1&=x_2\\ \dot{x}_2&=-2\zeta\omega x_2-\omega^2\sin x_1\end{aligned}$$

将方程在原点进行线性化，可得其 Jacobi 矩阵为

$$\boldsymbol{A}=\begin{bmatrix}0 & 1\\ -\omega^2 & -2\zeta\omega\end{bmatrix}$$

其特征方程为

$$\lambda^2+2\zeta\omega\lambda+\omega^2=0$$

其特征根为

$$\lambda_{1,2}=-\zeta\pm\omega\sqrt{\zeta^2-1}$$

对于正的阻尼比，特征根均具有负实部，因此此时原点，或者说最低平衡位置是渐近稳定的。

例 8.7　分析无阻尼倒立摆的平衡点稳定性。摆的质量为 m，长度为 l。

解：倒立摆的动力学方程为

$$ml^2\ddot{\theta} - mgl\sin\theta = 0$$

可以简化为

$$\ddot{\theta} - \omega^2\sin\theta = 0$$

写成状态方程为

$$\dot{x}_1 = x_2$$

$$\dot{x}_2 = \omega^2\sin x_1$$

在原点处线性化，得到 Jacobi 矩阵

$$\boldsymbol{A} = \begin{bmatrix} 0 & 1 \\ \omega^2 & 0 \end{bmatrix}$$

其特征根为 $\lambda_{1,2} = \pm\omega$，出现了正的实特征根，所以倒立摆的原点，或者平衡位置是不稳定的。

8.3　非线性分叉

含参数的非线性系统，当参数在某临界值附近发生微小变化时，系统解的拓扑结构发生了变化，这种现象称为分叉。参数的临界值称为分叉点。对非线性动力学系统来说，分叉有静态分叉与动态分叉两种。静态分叉指的是随着参数的变化，系统的平衡点的个数及稳定性发生了变化；动态分叉指的是随着参数的变化，解的拓扑结构及性质发生了变化。下面对于这两种分叉举例进行说明。

8.3.1　叉式分叉(静态分叉)

考虑一维系统：

$$\dot{u} = f(u,p) = u(p-u^2) \tag{8.15}$$

式中：p 为参数。求其平衡解，可以得到 $u=0$ 与 $u=\pm\sqrt{p}$。

由于是一维情况，其导算子为

$$f_u(u,p) = p - 3u^2 \tag{8.16}$$

对于其中一个平衡解 $u=0$：当 $p<0$ 时，解是稳定的；当 $p>0$ 时，解是不稳定的。

对于另一个平衡解：

$$u = \pm\sqrt{p},\ f_u(u,p)\mid_{u=\pm\sqrt{p}} = -2p$$

仅考虑实数域的解。当 $p<0$ 时，解不存在；当 $p>0$ 时，解是稳定的。画出解随 p 的变化曲线，可以得到图 8.13 所示叉式分叉。

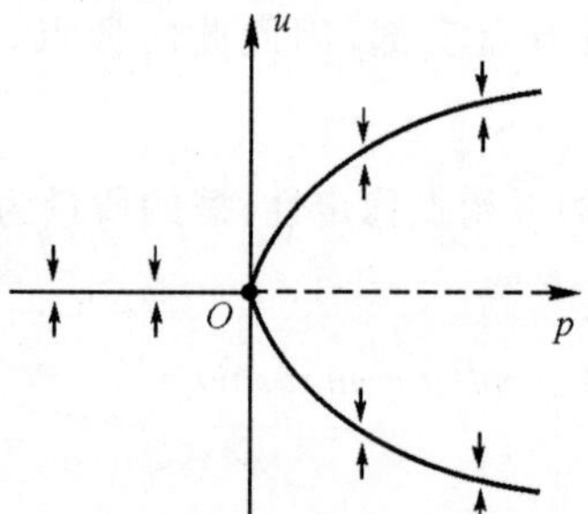

图 8.13　叉式分叉

可以看出，随着 p 由负到正的增大，解 $u=0$ 在 $p=0$ 处由稳定变为不稳定；同时，在 $p\geqslant 0$ 时，出现了两个稳定的解曲线 $u=\pm\sqrt{p}$。这种分叉称为叉式分叉。

再来看另外一个叉式分叉的例子。考虑一个一维的动力学系统为

$$\ddot{x}=\sin(x)[a\cos(x)-1],\quad x\in\left(-\frac{\pi}{2},\frac{\pi}{2}\right) \tag{8.17}$$

将方程写成状态空间形式，即

$$\left.\begin{aligned}\dot{x}&=y\\ \dot{y}&=\sin(x)[a\cos(x)-1]\end{aligned}\right\} \tag{8.18}$$

此系统存在平衡点(0,0) 与$(\arccos\frac{1}{a},0)(a\geqslant 1)$。

式(8.18) 的导算子为

$$\boldsymbol{D}=\begin{bmatrix}0 & 1\\ a\cos 2x-\cos x & 0\end{bmatrix} \tag{8.19}$$

则对于平衡点(0, 0)，其 Jacobi 矩阵为

$$\mathbf{A}=\begin{bmatrix}0 & 1\\ a-1 & 0\end{bmatrix} \tag{8.20}$$

矩阵的特征根为 $\lambda_{1,2}=\pm\sqrt{a-1}$。

因此，当 $a<1$ 时，存在一对纯虚根，平衡点(0, 0) 是中心点；当 $a>1$ 时，存在不同号的两个实根，点(0, 0) 是鞍点。

而对于平衡点$(\arccos\frac{1}{a},0)$，其 Jacobi 矩阵为

$$\mathbf{A}=\begin{bmatrix}0 & 1\\ \frac{1}{a}-a & 0\end{bmatrix} \tag{8.21}$$

其特征根为

$$\lambda_{1,2}=\pm\sqrt{\frac{1-a^2}{a}}$$

在 $a>1$ 情况下，是一对纯虚根，因此平衡点 $(\arccos\frac{1}{a},0)$ 是中心点。画出 x 随 a 的变化曲线，如图 8.14 所示，可以看出是叉式分叉。

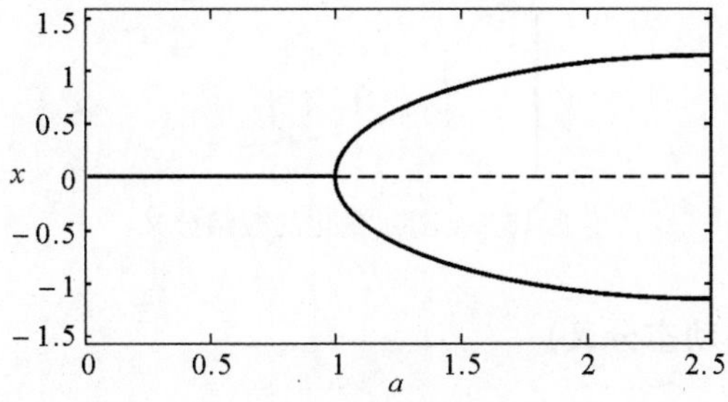

图 8.14　x 随参数 a 的响应叉式分叉

8.3.2　鞍结分叉(静态分叉)

考虑平面系统：

$$\left.\begin{aligned}\dot{x}&=\mu-x^2\\ \dot{y}&=-y\end{aligned}\right\}\tag{8.22}$$

式中：μ 为参数。其平衡点为 $(\pm\sqrt{\mu},0)(\mu\geqslant 0)$。

系统的导算子为

$$\boldsymbol{D}=\begin{bmatrix}-2x & 0\\ 0 & -1\end{bmatrix}\tag{8.23}$$

一方面，对于平衡点 $(\sqrt{\mu},0)$，其 Jacobi 矩阵为

$$\boldsymbol{A}=\begin{bmatrix}-2\sqrt{\mu} & 0\\ 0 & -1\end{bmatrix}\tag{8.24}$$

矩阵的特征根为 $\lambda_1=-2\sqrt{\mu}$，$\lambda_2=-1$，此时 Jacobi 矩阵具有两个负的实特征根，因此平衡点是结点。

另一方面，对于平衡点 $(-\sqrt{\mu},0)$，其 Jacobi 矩阵为

$$\boldsymbol{A}=\begin{bmatrix}2\sqrt{\mu} & 0\\ 0 & -1\end{bmatrix}\tag{8.25}$$

矩阵的特征根为 $\lambda_1=2\sqrt{\mu}$，$\lambda_2=-1$，此时 Jacobi 矩阵具有两个不同号的实特征根，因此平衡点是鞍点。

x 随参数 μ 的变化如图 8.15 所示，此时的 (0,0) 点实际上左边是结点，右边是鞍点，然后在 μ 越过 0 后，会同时出现结点与鞍点，称为鞍结分叉。

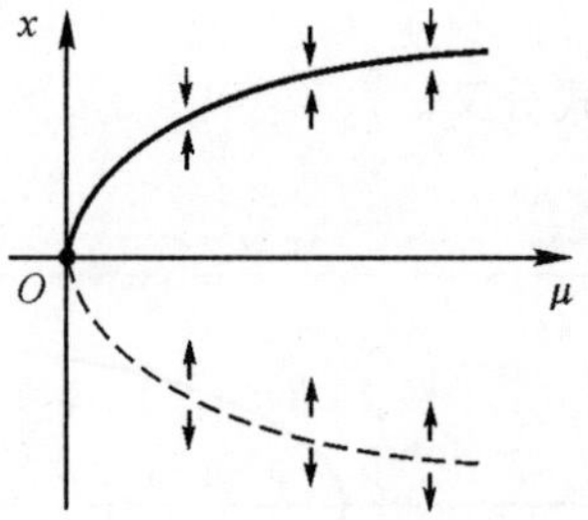

8.15　x 随 μ 变化的鞍结分叉

8.3.3　霍普夫分叉(动态分叉)

考虑范德波尔方程

$$\ddot{u} + \omega_n^2 u = (p - u^2)\dot{u} \tag{8.26}$$

写成状态空间形式,即令 $u_1 = u, u_2 = \dot{u}_1$,有

$$\begin{bmatrix} \dot{u}_1 \\ \dot{u}_2 \end{bmatrix} = \begin{bmatrix} u_2 \\ -\omega_n^2 u_1 + (p - u_1^2) u_2 \end{bmatrix} \tag{8.27}$$

其平衡点为 $u_1 = 0, u_2 = 0$。其导算子为

$$\boldsymbol{D}_u = \begin{bmatrix} 0 & 1 \\ \omega_n^2 - 2u_1 u_2 & p - u_1^2 \end{bmatrix} \tag{8.28}$$

对于平衡点(0, 0),其 Jacobi 矩阵为

$$\boldsymbol{A} = \begin{bmatrix} 0 & 1 \\ \omega_n^2 & p \end{bmatrix} \tag{8.29}$$

其特征根为 $\lambda_{1,2} = \dfrac{1}{2}(p \pm \mathrm{i}\sqrt{4\omega_n^2 - p^2})$。

当 $p < 2\omega_n$ 时,特征根为一对共轭复根:当 $p < 0$ 时,平衡点是稳定的焦点;当 $p > 0$ 时,平衡点是不稳定的焦点。此时,如果进一步分析,会发现在不稳定焦点外面,出现了一个稳定的极限环,如图 8.16 所示。这种由平衡点变为极限环的分叉称为霍普夫(Hopf) 分叉。

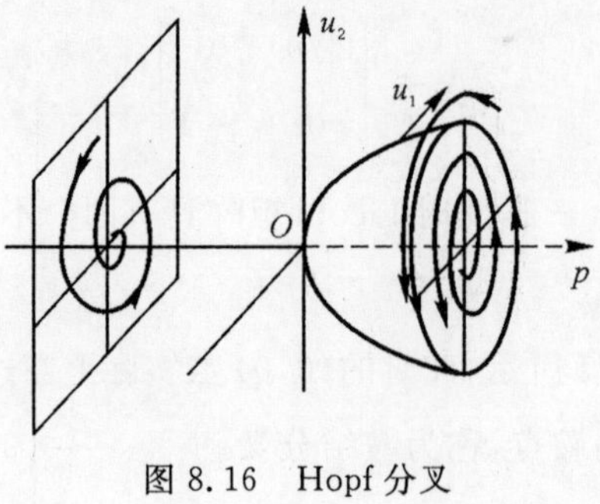

图 8.16　Hopf 分叉

8.4　非线性振动渐近解析方法

8.4.1　谐波平衡法

对于受简谐激励的非线性振动系统，谐波平衡法的思想是将振动系统的激励项和方程的解都展成傅里叶级数，然后方程两边对应谐波项的系数相等。从动力学角度看，就是作用力与惯性力的各阶谐波分量必须平衡。谐波平衡法的精度取决于谐波的数目，谐波数目越多，精度越高。

将非线性方程的解假设为各次谐波叠加的形式，然后代入非线性方程中，令方程两端 $\cos n\omega t$ 与 $\sin n\omega t$ 项的系数相等，得到含有未知系数的多个代数方程式，然后求得方程的解。

假设非线性系统的振动方程为

$$\ddot{x}+f(x,\dot{x})=F(t) \tag{8.30}$$

式中：$F(t)$ 是周期激励力。将激励力表示成傅里叶级数的形式，即

$$F(t)=\sum_{n=1}^{\infty}(A_n\cos n\omega t+B_n\sin n\omega t) \tag{8.31}$$

然后，假设式(8.30) 的解为

$$x(t)=a_0+\sum_{n=1}^{\infty}(a_n\cos n\omega t+b_n\sin n\omega t) \tag{8.32}$$

将级数形式的解及其各阶导数与级数形式的激励力代入式(8.30)，整理各阶谐波的系数，令相同谐波分量的系数相等，就可以得到级数形式解中的各个系数 a_n 与 b_n，进而得到方程的级数形式解。

例 8.8　用谐波平衡法求下面方程的解。

$$\ddot{x}+\alpha_1 x+\alpha_2 x^2+\alpha_3 x^3=0 \tag{a}$$

解：假设方程的一次解为

$$x(t)=a_1\cos(\omega t+\theta)=a_1\cos\varphi \tag{b}$$

则有

$$\left.\begin{aligned} x^2&=a_1{}^2\cos^2\varphi=\frac{1}{2}a_1{}^2(1+\cos 2\varphi)\\ x^3&=a_1{}^3\cos^3\varphi=\frac{a_1{}^3}{4}(3\cos\varphi+\cos 3\varphi)\end{aligned}\right\} \tag{c}$$

以及

$$\ddot{x}=-a_1\omega^2\cos\varphi \tag{d}$$

将式(b)、式(c) 与式(d) 代入式(a)，得

$$-a_1(\omega^2-\alpha_1)\cos\varphi+\frac{1}{2}\alpha_2 a_1{}^2(1+\cos 2\varphi)+\alpha_3\frac{a_1{}^3}{4}(3\cos\varphi+\cos 3\varphi)=0$$

令 $\cos\varphi$ 项的系数为零，有

$$-a_1(\omega^2-\alpha_1)+\alpha_3\frac{3a_1^{\ 3}}{4}=0$$

可得

$$\omega^2=\alpha_1+\alpha_3\frac{3a_1^{\ 2}}{4}=\alpha_1\left(1+\frac{3}{4}\frac{\alpha_3}{\alpha_1}a_1^{\ 2}\right)$$

式中：a_1 与 θ 可由初始条件得到。

8.4.2 平均法

对于带有非线性力的自治非线性系统，其动力学方程为

$$\ddot{u}(t)+\omega_n^2u(t)=\varepsilon f(u,\dot{u}) \tag{8.33}$$

初始条件为

$$u(0)=a_0,\ \dot{u}(0)=0 \tag{8.34}$$

如果去掉非线性项，则方程变为一个线性系统的自由振动情况，即

$$\ddot{u}(t)+\omega_n^2u(t)=0 \tag{8.35}$$

其解为

$$u_0(t)=a\cos(\omega_n t+\varphi) \tag{8.36}$$

$$\dot{u}_0(t)=-a\omega_n\sin(\omega_n t+\varphi) \tag{8.37}$$

由于非线性力中 ε 很小，其引起的系统的位移与速度响应变化很慢，因此可以假设原非线性动力学方程的解具有类似的形式，即

$$u(t)=a(t)\cos(\omega_n t+\varphi(t)) \tag{8.38}$$

$$\dot{u}(t)=-a(t)\omega_n\sin(\omega_n t+\varphi(t)) \tag{8.39}$$

令 $\psi(t)=\omega_n t+\varphi(t)$，那么对位移求导有

$$\dot{u}(t)=\dot{a}(t)\cos\psi-a(t)\sin\psi(\omega_n+\dot{\varphi}) \tag{8.40}$$

求导得到的速度，应当与假设的速度相等，即

$$-a(t)\omega_n\sin\psi=\dot{a}(t)\cos\psi-a(t)\sin\psi(\omega_n+\dot{\varphi}) \tag{8.41}$$

整理后得

$$\dot{a}(t)\cos\psi(t)-a(t)\sin\psi(t)\dot{\varphi}(t)=0 \tag{8.42}$$

然后，对于假设的速度 $\dot{u}(t)$ 求导，得到加速度为

$$\ddot{u}(t)=-\omega_n\dot{a}(t)\sin\psi(t)-\omega_n a(t)\cos\psi(t)(\omega_n+\dot{\varphi}) \tag{8.43}$$

将式(8.43) 代入式(8.33)，有

$$\dot{a}(t)\sin\psi(t)+a(t)\cos\psi(t)\dot{\varphi}(t)=-\frac{\varepsilon}{\omega_n}f(u,\dot{u}) \tag{8.44}$$

此外，由速度相等，还得到了式(8.42)，由式(8.42) 与式(8.44)，可得 $\dot{a}(t)$ 与 $\dot{\varphi}(t)$ 的表达式为

$$\dot{a}(t) = -\frac{\varepsilon}{\omega_n} f(a\cos\psi, -a\omega_n \sin\psi)\sin\psi \tag{8.45}$$

$$\dot{\varphi}(t) = \frac{\varepsilon}{\omega_n a(t)} f(a\cos\psi, -a\omega_n \sin\psi)\cos\psi \tag{8.46}$$

在一个周期内，$a(t)$ 和 $\varphi(t)$ 的变化很小，所以可以由一个周期内的平均值来表示，即

$$\dot{a}(t) = -\frac{\varepsilon}{2\pi\omega_n}\int_0^{2\pi} f(a\cos\psi, -\omega_n a\sin\psi)\sin\psi \mathrm{d}\psi \tag{8.47}$$

$$\dot{\varphi}(t) = -\frac{\varepsilon}{2\pi\omega_n a}\int_0^{2\pi} f(a\cos\psi, -\omega_n a\sin\psi)\cos\psi \mathrm{d}\psi \tag{8.48}$$

可以看出，这样处理后，方程的右端仅包含未知变量 $a(t)$，由式(8.47) 可以得到 $a(t)$，然后代入式(8.48)，就可以得到 $\varphi(t)$。

8.4.3　多尺度法

考虑非线性方程

$$\left.\begin{aligned} \ddot{u}(t) + \omega_n^2 u(t) &= \varepsilon f(u, \dot{u}) \\ u(0) = a_0, \dot{u}(0) &= 0 \end{aligned}\right\} \tag{8.49}$$

引入 T_r 表示不同尺度的时间变量，即

$$T_r = \varepsilon^r t \quad (r = 0, 1, 2, \cdots) \tag{8.50}$$

则式(8.49) 的解可以假设为

$$u(t) = u_0(T_0, T_1, \cdots) + \varepsilon u_1(T_0, T_1, \cdots) + \varepsilon^2 u_2(T_0, T_1, \cdots) + \cdots \tag{8.51}$$

根据式(8.50)，对 t 的导数可用对 T_r 的偏导数表示为

$$\frac{\mathrm{d}}{\mathrm{d}t} = \sum_{r=0}^{+\infty} \frac{\mathrm{d}T_r}{\mathrm{d}t}\frac{\partial}{\partial T_r} = \sum_{r=0}^{+\infty} \varepsilon^r \frac{\partial}{\partial T_r} = \sum_{r=0}^{+\infty} \varepsilon^r D_r \tag{8.52a}$$

$$\frac{\mathrm{d}^2}{\mathrm{d}t^2} = \sum_{r=0}^{+\infty} \varepsilon^r D_r \left(\sum_{s=0}^{+\infty} \varepsilon^s D_s\right) = D_0^2 + 2\varepsilon D_0 D_1 + \varepsilon^2 (D_1^2 + 2D_0 D_2) + \cdots \tag{8.52b}$$

将式(8.51)、式(8.52a) 和式(8.52b) 代入式(8.49)，比较 ε 的同次幂系数，得到一系列线性偏微分方程为

$$D_0^2 u_0 + \omega_n^2 u_0 = 0 \tag{8.53}$$

$$D_0^2 u_1 + \omega_n^2 u_1 = -2D_0 D_1 u_0 + f(u_0, D_0 u_0) \tag{8.54}$$

$$D_0^2 u_2 + \omega_n^2 u_2 = -(D_1^2 + 2D_0 D_2)u_0 - 2D_1 D_0 u_1 + \frac{\partial f(u_0, D_0 u_0)}{\partial u} u_1 + \frac{\partial f(u_0, D_0 u_0)}{\partial \dot{u}}(D_1 u_0 + D_0 u_1) \tag{8.55}$$

式(8.53) 的解为

$$u_0 = A(T_1, T_2, \cdots)\mathrm{e}^{\mathrm{i}\omega_n T_0} + \overline{A}(T_1, T_2, \cdots)\mathrm{e}^{-\mathrm{i}\omega_n T_0} \tag{8.56}$$

将式(8.56) 代入式(8.54)，得到

$$D_0^2 u_1 + \omega_n^2 u_1 = -2\mathrm{i}\omega_n D_1 A \mathrm{e}^{\mathrm{i}\omega_n T_0} + \mathrm{cc} + f(A\mathrm{e}^{\mathrm{i}\omega_n T_0} + \overline{A}\mathrm{e}^{-\mathrm{i}\omega_n T_0}, \mathrm{i}\omega_n A \mathrm{e}^{\mathrm{i}\omega_n T_0} - \mathrm{i}\omega_n \overline{A}\mathrm{e}^{-\mathrm{i}\omega_n T_0}) \tag{8.57}$$

式中：cc 表示 $-2\mathrm{i}\omega_n D_1 A \mathrm{e}^{\mathrm{i}\omega_n T_0}$ 的共轭项。

为了避免式(8.57)右端出现长期项，要求右端 $\mathrm{e}^{\mathrm{i}\omega_n T_0}$，$\mathrm{e}^{-\mathrm{i}\omega_n T_0}$ 项的系数为 0，即

$$-2\mathrm{i}\omega_n D_1 A + \frac{\omega_n}{2\pi}\int_0^{\frac{2\pi}{\omega_n}} f(A\mathrm{e}^{\mathrm{i}\omega_n T_0} + \overline{A}\mathrm{e}^{-\mathrm{i}\omega_n T_0}, \mathrm{i}\omega_n A \mathrm{e}^{\mathrm{i}\omega_n T_0} - \mathrm{i}\omega_n \overline{A}\mathrm{e}^{-\mathrm{i}\omega_n T_0})\mathrm{e}^{-\mathrm{i}\omega_n T_0}\mathrm{d}T_0 = 0 \tag{8.58}$$

这样，可以由式(8.57)求出 u_1，然后代入式(8.55)，类似地定出消除长期项的条件，进而解出 u_2。

为了确定复变函数 A，先求 A 对时间 t 的导数，得

$$\frac{\mathrm{d}A}{\mathrm{d}t} = \varepsilon D_1 A + \varepsilon^2 D_2 A + \cdots \tag{8.59}$$

令 $A(T_1, T_2, \cdots) = \frac{1}{2}a(t)\mathrm{e}^{\mathrm{i}\varphi(t)}$，代入式(8.59)，分离实部与虚部，就可以得到 $a(t)$ 与 $\varphi(t)$，最终就可以求出 $A(T_1, T_2, \cdots)$。

将 u_0、u_1 和 u_2 等代入式(8.51)，即可求得式(8.49)的近似解。

例 8.9 求解下面范德波尔方程的二次近似解。

$$\ddot{u} + u = \varepsilon(1 - u^2)\dot{u}$$

$$u(0) = a_0, \dot{u}(0) = 0$$

解：采用多尺度法，设解的形式为

$$u(t) = u_0(T_0, T_1, T_2) + \varepsilon u_1(T_0, T_1, T) + \varepsilon^2 u_2(T_0, T_1, T)$$

代入范德波尔方程，可以得到下列方程：

$$D_0^2 u_0 + \omega_n^2 u_0 = 0 \tag{8.60}$$

$$D_0^2 u_1 + \omega_n^2 u_1 = -2D_0 D_1 u_0 + (1 - u_0^2) D_0 u_0 \tag{8.61}$$

$$D_0^2 u_2 + \omega_n^2 u_2 = -(D_1^2 + 2D_0 D_2)u_0 - 2D_1 D_0 u_1 - 2u_0 u_1 D_0 u_0 + (1 - u_0^2)(D_1 u_0 + D_0 u_1) \tag{8.62}$$

由式(8.60)，可以解得

$$u_0 = A(T_1, T_2)\mathrm{e}^{\mathrm{i}T_0} + \mathrm{cc} \tag{8.63}$$

式中：cc 表示它左端等号右边各项的共轭复数，后不赘述。

将 u_0 代入式(8.61)，有

$$D_0^2 u_1 + u_1 = \mathrm{i}(-2D_1 A + A - A^2\overline{A})\mathrm{e}^{\mathrm{i}T_0} - \mathrm{i}A^3\mathrm{e}^{\mathrm{i}3T_0} + \mathrm{cc}$$

消除长期项，有

$$-2D_1 A + A - A^2\overline{A} = 0 \tag{8.64}$$

可得 u_1 的特解为

$$u_1=\frac{\mathrm{i}}{8}A^3\mathrm{e}^{3\mathrm{i}T_0}+\mathrm{cc} \tag{8.65}$$

将 u_0 与 u_1 代入式(8.62)，有

$$D_0^2u_2+u_2=-\left(2\mathrm{i}D_2A-\frac{1}{4}A+A^2\overline{A}-\frac{7}{8}A^3\overline{A}^2\right)\mathrm{e}^{\mathrm{i}T_0}+\frac{1}{8}(2A^3+A^4\overline{A})\mathrm{e}^{3\mathrm{i}T_0}+\frac{5}{8}A^5\mathrm{e}^{5\mathrm{i}T_0}+\mathrm{cc} \tag{8.66}$$

消除长期项，有

$$2\mathrm{i}D_2A-\frac{1}{4}A+A^2\overline{A}-\frac{7}{8}A^3\overline{A}^2=0 \tag{8.67}$$

可得 u_2 的特解为

$$u_2=-\frac{1}{64}(2A^3+A^4\overline{A})\mathrm{e}^{3\mathrm{i}T_0}-\frac{5}{192}A^5\mathrm{e}^{5\mathrm{i}T_0}+\mathrm{cc} \tag{8.68}$$

由于

$$\frac{\mathrm{d}A}{\mathrm{d}t}=\varepsilon D_1A+\varepsilon^2D_2A \tag{8.69}$$

将式(8.67) 与式(8.64) 代入式(8.69)，得

$$\frac{\mathrm{d}A}{\mathrm{d}t}=\frac{1}{2}\varepsilon(A-A^2\overline{A})-\frac{\mathrm{i}}{2}\varepsilon^2\left(\frac{1}{4}A-A^2\overline{A}+\frac{7}{8}A^3\overline{A}^2\right) \tag{8.70}$$

假设 $A(t)=\frac{1}{2}a(t)\mathrm{e}^{\mathrm{i}\varphi(t)}$，代入式(8.64)，分离虚部与实部，有

$$\left.\begin{aligned}\dot{a}&=\frac{1}{2}\varepsilon a\left(1-\frac{a^2}{4}\right)\\ \dot{\varphi}&=-\varepsilon^2\left(\frac{1}{8}-\frac{1}{8}a^2+\frac{7}{256}a^4\right)\end{aligned}\right\} \tag{8.71}$$

对式(8.71) 求解，可得

$$a=\frac{2}{\sqrt{1+\left(\frac{4}{a_0^2}-1\right)\mathrm{e}^{-\varepsilon t}}},\quad \varphi=\varphi_0-\frac{\varepsilon^2}{16}t^2-\varepsilon\left(\frac{1}{8}\ln a-\frac{7}{64}a^2\right) \tag{8.72}$$

故可得到方程的解为

$$u(t)=a\cos(t+\varphi)-\frac{\varepsilon}{32}a^3\sin3(t+\varphi) \tag{8.73}$$

习　　题

8.1　求方程$\begin{cases}\dot{x}=xy+y\\ \dot{y}=x+xy^3\end{cases}$的奇点及其类型。

8.2　由 Lyapunov 近似理论判断方程$\begin{cases}\dot{x} = e^{-x-2y} - 1 \\ \dot{y} = -x(1-y)^2\end{cases}$零解的稳定性。

8.3　分析方程 $\ddot{x} - \sin x(\mu\cos x - 1) = 0$ 的平衡点随参数 μ 的分叉情况，其中 $-\frac{\pi}{2} < x < \frac{\pi}{2}$。

8.4　单摆的自由运动方程为 $\ddot{x} + \omega^2 x + \mu x^3 = 0$，其中 ω_0 为其固有频率，$\mu = \frac{1}{6}\omega_0^2$。试用平均法对其进行求解。

8.5　用多尺度法求解方程 $\ddot{x} + \omega_0^2 x = \varepsilon x^5$，其中 ε 为小量。

第9章 随机振动

前面各章讨论的振动，其激励和响应都是时间的确定函数，即对于确定性振动，其任一时刻的值是可以预知的。在自然界和工程实际中还存在另外一种截然不同的振动现象，其幅值变化是随机的、无规律的，某一时刻的响应值不可预估，也不可重复。例如，海浪、地震、阵风（湍流）、发动机的喷气噪声以及不平路面等。它们共同的特征是激励和响应事先不能用时间的确定函数描述。这种具有不确定性的振动过程称为随机振动。

在多数情况下，随机振动都是确定的工程结构（尺寸、材料、参数等固定不变）在随机激励作用下产生的。当然，随机振动还可能是由随机结构系统的构成参数本身具有一定程度的不确定性而导致的。例如，对大批量零件而言，存在尺寸波动、摩擦差异等导致的结构本身的随机性，即随机结构，它属于可靠性、随机结构动力学的研究内容。本章主要研究确定性系统在随机激励下的响应规律。

9.1 随机数据分析方法

9.1.1 随机过程

随机振动的数学描述为随机过程。随机过程 $X(\omega,t)$ 定义为两个自变量 $\omega \in \Omega$ 与 i 的一个集合函数，其中 T 是参数集。图 9.1 所示为一个随机过程的样本集合。为了方便表述，本书将随机过程 $X(\omega,t)$ 中的 ω 略去，记作 $X(t)$ 或 X。在一个随机过程 $X(t)$ 中，对于一个特定的观测，$X(t)$ 是一个确定的样本函数，用 $x_i(t)$ 表示。对于某一个固定时刻，如 $t = t_k$，$X(t_k)$ 是一个随机变量。

对于随机现象，人们感兴趣的往往不是各个随机样本本身，而是力图从这些样本中得出总体的统计特性。随机振动虽不具有确定性，但仍可利用概率统计的方法研究其规律性。在随机振动分析中，激励与响应均是一个随机过程。随机过程的分析方法是概率与统计的方法。我们既可以把随机过程看作是无限多个样本函数的集合，又可以把它看作是无限多个随机变量的集合。这里采用后一种观点，因为这样就可以借助随机变量的一维与多维联合概率分布，对随机过程进行概率描述。

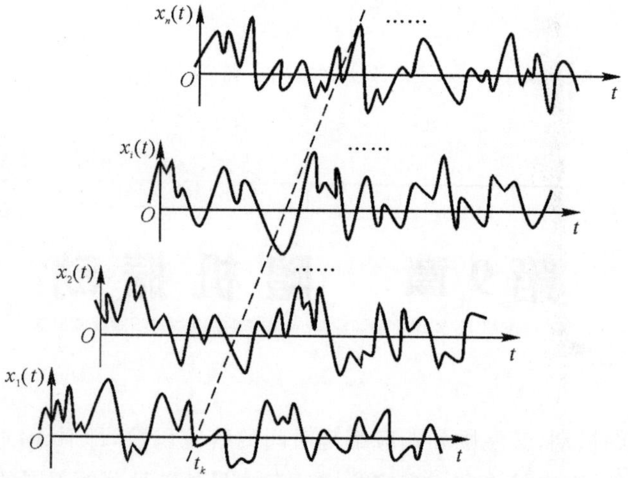

图 9.1　随机过程的样本集合

9.1.2　概率函数描述

对于一随机过程 $X(t)$，在某一给定时刻 $t=t_i$，响应的精确幅值 x 不能精确预计。因此，若采用响应幅值域的描述方法，不仅要看特征量在幅值域能取哪些值，而且更重要的是它取某个值的概率如何。所以需要寻求一段时间内的某个幅值出现的概率统计意义的描述方法。即求出在时刻 t，x 取值于某一区间的可能性或概率，并且用函数的形式来表达概率，即所谓的概率函数。

随机过程 $X(t)$ 的一维概率分布函数 $P(x,t)$ 定义为

$$P(x,t)=\text{prob}[X(t)<x, x\in \mathbf{R}, t\in T] \tag{9.1}$$

式中：符号 prob[·] 表示概率，该概率也可以用一维概率密度函数 $p(x,t)$ 表示为

$$P(x,t)=\int_{-\infty}^{x} p(x,t)\mathrm{d}x \tag{9.2}$$

通俗地讲，$p(x,t)$ 为响应 $x(t)$ 在某个特定值 x 的概率，$P(x,t)$ 为响应在某个范围内（如小于某个特定值 x）的总（累积）概率。

假定对于某一随机过程获得适用的概率密度函数 $p(x,t)$，那么就可以用它来计算该随机过程的另外一些统计特性。这些概念在随机振动中经常提及，首先了解这些概念的定义。

$X(t)$ 的均值函数为

$$\mu_x(t)=E[X(t)]=\int_{-\infty}^{+\infty} xp(x,t)\mathrm{d}x \tag{9.3}$$

这里，$\mu_x(t)$ 也称为平均值，又称为数学期望，也用符号 $E[\cdot]$表示。它是指随机响应形成的幅值集合，并取该集合的平均值。

$X(t)$ 的均方差函数 $\psi_x^2(t)$ 为

$$\psi_x^2(t)=E[X^2(t)]=\int_{-\infty}^{+\infty} x^2 p(x,t)\mathrm{d}x \tag{9.4}$$

由此可见，均方差函数采用响应幅值的二次方来表征，而幅值的二次方又是与振动的能量（或者功率）有关的值，结果也称为均方值。所以，均方值还可以作为判别强度的一个量值，在

工程应用上较为广泛。

均方根(Root Mean Square,RMS)值是均方值 $\psi_x^2(t)$ 的正二次方根,又称为有效值。该值经常用于振动加速度的描述,即 g。如果不加说明,一般指振动的峰峰值,对随机信号,一般是取一段时间计算均方根的加速度,即 g(RMS),均方根值记作

$$\psi_x = \sqrt{\psi_x^2(t)} = \sqrt{E[X^2(t)]} \tag{9.5}$$

均方根值既能表达与随机振动能量直接有关的量值,又能表达出现次数最多的振动峰值,振动试验中一般会提供相关值做参考。

在许多实际问题中,需要获得随机变量或统计数据与均值的偏离程度,即在平均值上下的波动大小幅度,即方差。$X(t)$ 的方差函数为

$$\sigma_x^2(t) = E[(X(t) - \mu_x(t))^2] = \psi_x^2(t) - \mu_x^2(t) \tag{9.6}$$

式中:方差 $\sigma_x^2(t)$ 的正二次方根 σ_x 称为标准差(Standard Deviation),若幅值集合的平均值为零,即 $\mu_x = 0$ 时,方差 σ_x^2 在数值上等于均方差 ψ_x^2。

一维概率分布只能描述各个独立时刻单个随机变量的概率特性,无法揭示随机过程不同时刻之间的相互关系,为此必须使用二维以上的概率分布描述。

随机过程的二维概率分布函数定义为

$$F(x_1,t_1,x_2,t_2) = \mathrm{prob}[X(t_1) < x_1, X(t_2) < x_2] = \int_{-\infty}^{x_1}\int_{-\infty}^{x_2} p(x_1,t_1,x_2,t_2)\mathrm{d}x_1\mathrm{d}x_2 \tag{9.7}$$

$X(t)$ 的自相关函数 R_x 定义为

$$R_x(t_1,t_2) = E[X(t_1)X(t_2)] = \int_{-\infty}^{+\infty}\int_{-\infty}^{+\infty} x_1x_2p(x_1,t_1,x_2,t_2)\mathrm{d}x_1\mathrm{d}x_2 \tag{9.8}$$

它反映了随机过程在不同时刻,随机变量之间的相关程度。显然根据式(9.4),两个相同时刻有

$$R_x(t,t) = E[X(t)X(t)] = \psi_x^2(t) \tag{9.9}$$

$X(t)$ 在两个时刻 t_1,t_2 的相互关系用自协方差函数 C_x 表示为

$$C_x(t_1,t_2) = E[(X(t_1) - \mu_x(t_1))(X(t_2) - \mu_x(t_2))] = R_x(t_1,t_2) - \mu_x(t_1)\mu_x(t_2) \tag{9.10}$$

根据式(9.6),若对于两个相同时刻,显然有

$$C_x(t,t) = E[(X(t) - \mu_x(t))^2] = \sigma_x^2(t) \tag{9.11}$$

此时,自协方差函数 C_x 就转变为方差函数。

若 $E[X^2(t)] < \infty$,则均方差存在,由施瓦茨(Schwarz)不等式,有

$$E[X(t_1)X(t_2)] \leqslant \sqrt{E[X^2(t_1)]E[X^2(t_2)]} \tag{9.12}$$

可以推知自相关函数必定存在。均方差、方差、自相关、协方差统称为二阶矩。若随机过程 $X(t_i)$ 的二阶矩函数存在,则称之为二阶矩过程。

以上考虑的是单一随机过程的概率描述。对于不同的两个随机过程 $X(t)$ 与 $Y(t)$ 可分别派生出两族随机变量 $X(t_i)$ 与 $Y(t_k)$($i,k = 1,2,\cdots$)。因此,需要考虑它们之间的联合概率分布或矩函数。此时二维联合概率密度函数可以写为 $p(x_1,t_1;y_2,t_2)$。通常在矩函数名称前,冠以

“互”表示它们是来自于不同的随机过程，冠以“自”表示来源于同一随机过程。

$X(t)$ 与 $Y(t)$ 在不同时刻的相互关系称为互相关，其函数定义为

$$R_{xy}(t_1,t_2)=E[X(t_1)Y(t_2)]=\int_{-\infty}^{+\infty}\int_{-\infty}^{+\infty}xyp(x_1,t_1;y_2,t_2)\mathrm{d}x\mathrm{d}y \tag{9.13}$$

$X(t)$ 与 $Y(t)$ 的互协方差函数 $C_{xy}(t_1,t_2)$ 定义为

$$C_{xy}(t_1,t_2)=E[(X(t_1)-\mu_x(t_1))(Y(t_2)-\mu_y(t_2))]=R_{xy}(t_1,t_2)-\mu_x(t_1)\mu_y(t_2) \tag{9.14}$$

从式(9.14)的形式可以看出，互协方差函数的物理意义是对时刻 t_1 的“$X(t)$ 值与其均值 $\mu_x(t)$ 之差”乘以时刻 t_2 的“$Y(t)$ 值与其均值 $\mu_y(t)$ 之差”。

标准化的互协方差函数 ρ_{xy} 定义为

$$\rho_{xy}(t_1,t_2)=\frac{C_{xy}(t_1,t_2)}{\sigma_x(t_1)\sigma_y(t_2)} \tag{9.15}$$

式中：σ_x,σ_y 为两个随机过程 $X(t),Y(t)$ 的标准差；ρ_{xy} 也称为相关系数。它就是用 $X(t),Y(t)$ 的互协方差除以 $X(t)$ 的标准差和 $Y(t)$ 的标准差，所以是一种剔除了两个变量量纲影响、标准化后的特殊协方差。它消除了两个变量变化幅度的影响，而只是单纯地反映两个变量每单位时间变化的相似程度。

例 9.1　如图 9.2 所示，两个振动响应可以用正弦波函数表示为

$$\begin{cases}x(t)=x_0\sin\omega_0 t\\ y(t)=y_0\sin(\omega_0 t+\varphi)\end{cases}$$

式中：幅值 x_0,y_0 为常数，且频率 ω_0 为常数，相位差 φ 为定值。求这两个响应的相关性。

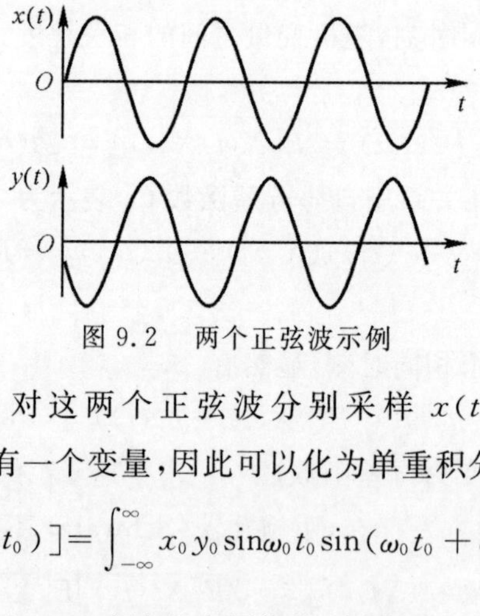

图 9.2　两个正弦波示例

解：假定在任一时刻 t_0 对这两个正弦波分别采样 $x(t_0),y(t_0)$，并计算两者乘积 $x(t_0)y(t_0)$ 的平均值，由于仅有一个变量，因此可以化为单重积分，即

$$E[x(t_0)y(t_0)]=\int_{-\infty}^{\infty}x_0y_0\sin\omega_0t_0\sin(\omega_0t_0+\varphi)p(t_0)\mathrm{d}t_0 \tag{a}$$

虽然时刻 t_0 是任意的，但由于正弦波具有周期性(周期为 $T=\dfrac{2\pi}{\omega_0}$)，因而我们只需研究一个周期 $0\leqslant t_0\leqslant\dfrac{2\pi}{\omega_0}$ 内的情况。在一个周期内的时间值也是任选的，也就是说，它是一个以等概率在时间轴上任意点取值的随机变量，那么对于 t_0 来说，其一维概率密度函数即如图 9.3 所示的均匀分布。注意：其总的分布概率应为 1，即曲线以下的面积应为 1。

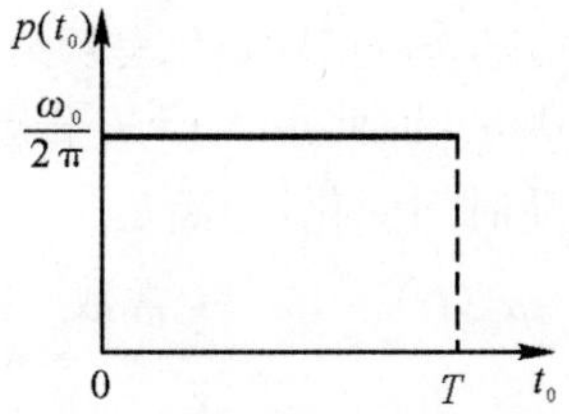

图 9.3　一个周期内任一时刻的概率密度函数

因此，t_0 的概率密度为

$$p(t_0)=\frac{\omega_0}{2\pi}$$

代入式(a)并积分，有

$$\begin{aligned}E[x(t_0)y(t_0)]&=x_0y_0\left(\frac{\omega_0}{2\pi}\right)\int_0^{2\pi}\sin\omega_0t_0\sin(\omega_0t_0+\varphi)\mathrm{d}t_0\\&=x_0y_0\left(\frac{\omega_0}{2\pi}\right)\int_0^{2\pi}(\sin^2\omega_0t_0\cos\varphi+\sin\omega_0t_0\cos\omega_0t_0\sin\varphi)\mathrm{d}t_0\\&=\frac{1}{2}x_0y_0\cos\varphi\end{aligned}$$

对于定幅值的正弦函数，其幅值的均值为零，标准差分别为 $\sigma_x=\frac{x_0}{\sqrt{2}}$ 和 $\sigma_y=\frac{y_0}{\sqrt{2}}$，于是相关系数为

$$\rho_{xy}=\frac{E[xy]}{\sigma_x\sigma_y}=\cos\varphi$$

由此可见，两个正弦波的相关性与相位差有关。图 9.4 所示为不同相位差时两个正弦波的相关系数。当相位差为0°或者180°时，两个正弦波为完全相关。当相位差为90°或270°时，两个正弦波则不相关。

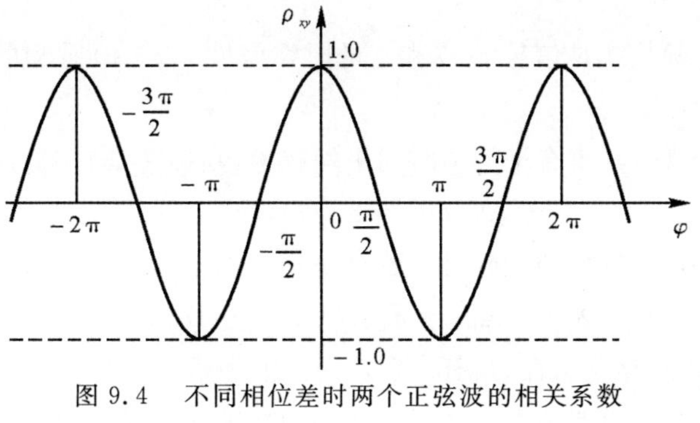

图 9.4　不同相位差时两个正弦波的相关系数

9.1.3　平稳随机过程和相关函数

1. 平稳随机过程

若一个随机过程的概率特征量在时间参数作任意平移时保持不变，则称此过程是平稳的或严格平稳的。设随机过程的 n 维联合概率密度函数对任意实数 τ，都有

$$p(x_1,t_1;x_2,t_2;\cdots;x_n,t_n)=p(x_1,t_1+\tau;x_2,t_2+\tau;\cdots;x_n,t_n+\tau)\tag{9.16}$$

则称此过程是 n 阶平稳的，且低于 n 的各阶也都是平稳的，例如

$$p(x_1,t_1;x_2,t_2) = p(x_1,t_1+\tau;x_2,t_2+\tau) \tag{9.17}$$

严格平稳的条件在工程上很难满足，因此引入广义平稳（弱平稳）的概念：若一个随机过程均值和自相关函数或者协方差不随时间变化，即满足

$$\mu_x(t_i) = \mu_x = \text{常数} \tag{9.18}$$

和

$$C_x(t_1,t_1+\tau) = C_x(t_2,t_2+\tau) = \cdots = C_x(\tau) = \text{常数} \tag{9.19}$$

两个条件，即均值不随时间变化，协方差也不与计时起点或时间原点有关，只与时差 τ 有关，则这样的随机过程称为广义平稳随机过程。工程中平稳的含义通常是指广义平稳。

平稳随机过程的定义要求它的样本函数无限长，而且在整个实数轴上统计特性对时间参数原点的选取有一定的均匀性，即与参数 $\mu_x = \langle X(t)\rangle = \lim\limits_{T\to\infty}\dfrac{1}{T}\int_0^T x(t)\mathrm{d}t$ 的初始时刻选取无关。而实际的随机过程通常很难满足这个条件，因此在实际工程问题处理中，只要一个随机过程在一个较长的区间上呈现上述均匀性，就可以近似看作平稳随机过程。

2. 自相关函数

前面提到的随机过程的统计特性都是对集合中所有样本作总体平均得到的，这种平均称为集合平均。平稳随机过程 $X(t)$ 具有无限长的样本函数，对它的任一样本函数可定义以下时间平均，即

$$\mu_x = \langle X(t)\rangle = \lim_{T\to\infty}\frac{1}{T}\int_0^T x(t)\mathrm{d}t \tag{9.20}$$

自相关函数是描述某一随机振动的响应在某一个时刻 t 的瞬时值 $x(t)$ 与另一个时刻 $t+\tau$ 的瞬时值 $x(t+\tau)$ 之间的依赖（相关）程度关系，时间平均意义下的自相关函数定义为

$$R_x(\tau) = \langle X(t)X(t+\tau)\rangle = \lim_{T\to\infty}\frac{1}{T}\int_0^T x(t)x(t+\tau)\mathrm{d}t \tag{9.21}$$

由此可见，自相关函数就是信号 $x(t)$ 和它的时移信号 $x(t+\tau)$ 乘积的平均值，它是时移变量 $0\leqslant\gamma_{xy}^2(\omega)\leqslant 1$ 的函数。

若一个平稳随机过程，其集合平均与时间平均相等，则称它具有遍历性。若满足

$$E[X(t)] = \langle X(t)\rangle = \mu_x \tag{9.22}$$

则称该平稳随机过程关于均值具有遍历性。若有

$$\langle X(t)X(t+\tau)\rangle = E[X(t)X(t+\tau)] = R_x(\tau) \tag{9.23}$$

则称过程关于相关函数具有遍历性。具有一定遍历性的随机过程称为遍历过程，或称各态历经随机过程。平稳随机过程遍历的基本含义就是样本函数的总体统计特征等于单个样本在较长时间段内的时间统计特征。

定义两个曲线的相关程度系数为 Φ，该系数的数学描述为

$$\Phi = \frac{1}{T}\int_0^T [x(t)-x(t+\tau)]^2\mathrm{d}t \tag{9.24}$$

若 $\Phi = 0$，则说明延迟时间 τ 后的曲线与原曲线是完全相似的。对表达式(9.24)展开

$$[x(t)-x(t+\tau)]^2 = x^2(t) - 2x(t)\cdot x(t+\tau) + x^2(t+\tau) \tag{9.25}$$

则有

$$\Phi=\frac{1}{T}\left[\int_0^T x^2(t)\mathrm{d}t+\int_0^T x^2(t+\tau)\mathrm{d}t-2\int_0^T x(t)\cdot x(t+\tau)\mathrm{d}t\right] \tag{9.26}$$

对于平稳随机过程而言，式(9.26)中前两项积分是不随时差τ而变化的确定值，故Φ的大小变化取决于第三项的值，而根据式(9.21)，式(9.26)右侧第三项实际上就是自相关函数$R_x(\tau)$。这说明，自相关函数表征的是两个时间历程记录的相似性程度。$R_x(\tau)$越大，说明两个记录曲线相似性越好；反之，$R_x(\tau)$越小，说明其相似性越差。

注意：虽然振动响应$x(t)$是关于时间的函数，但是这里自相关函数$R_x(\tau)$的自变量τ是时间坐标的移动值，而不是时间t，所以τ可以为正值，也可以为负值。若$\tau=0$，则

$$R_x(t,0)=\lim_{T\to\infty}\frac{1}{T}\int_0^T x^2(t)\mathrm{d}t=\psi_x^2(t) \tag{9.27}$$

这说明自相关函数含有能量的信息。

例9.2　某一个随机过程为$X(t)=\sin(\omega_0 t+\theta)$，其中$\omega_0$为常数，$\theta$是一个在区间$[0,2\pi]$上均匀分布的随机变量。求该随机过程的数学期望、方差及自相关函数。

解：θ是一个在区间$[0,2\pi]$上均匀分布的随机变量，其总的分布概率为1，因此，其概率密度函数可以写为

$$f(\theta)=\begin{cases}\dfrac{1}{2\pi} & 0\leqslant\theta\leqslant 2\pi\\ 0 & \text{其他}\end{cases}$$

求数学期望：将上式代入式(9.3)，得

$$\mu_x(t)=E[X(t)]=\int_0^{2\pi}X(t)f(\theta)\mathrm{d}\theta=\int_0^{2\pi}\sin(\omega_0 t+\theta)\frac{1}{2\pi}\mathrm{d}\theta=0$$

求方差：将上式代入式(9.6)，得

$$\begin{aligned}\sigma_x^2(t)&=E[(X(t)-\mu_x(t))^2]=\int_0^{2\pi}(X(t)-\mu_x(t))^2 f(\theta)\mathrm{d}\theta\\&=\int_0^{2\pi}(\sin(\omega_0 t+\theta)-0)^2\frac{1}{2\pi}\mathrm{d}\theta=\frac{1}{2}\end{aligned}$$

求自相关函数：由式(9.23)，得

$$\begin{aligned}R_x(\tau)&=E[X(t)X(t+\tau)]=\int_0^{2\pi}X(t)X(t+\tau)f(\theta)\mathrm{d}\theta\\&=\int_0^{2\pi}\sin(\omega_0 t+\theta)\sin(\omega_0(t+\tau)+\theta)\frac{1}{2\pi}\mathrm{d}\theta\\&=\frac{1}{4\pi}\int_0^{2\pi}\cos(-\omega_0\tau)\mathrm{d}\theta\\&=\frac{1}{2}\cos(-\omega_0\tau)\end{aligned}$$

3. 互相关函数

在随机振动分析中，有时还要分析随机激励（输入）与随机振动响应（输出）之间的影响情况，工程上还有多个（两个或两个以上）不同的随机激励力作用在同一结构上时，确定输出与任一输入之间的互相关，有时也是很有用的，此时需要研究两个不同随机过程之间的相关性。互相关函数给出了在频域内两个信号是否相关的一个判断指标。

假设一个随机过程 $x(t)$ 在时刻 t 的随机变量为 $x(t)$，随机过程 $y(t)$ 在时刻 $t+\tau$ 的随机变量为 $y(t+\tau)$，这里 τ 为相对于时刻 t 的延迟时间(时差或时移)，定义两个随机变量乘积的数学期望(均值)是两个随机过程 $x(t)$，$y(t)$ 之间的互相关函数，即

$$R_{xy}(t,\tau)=E[x(t)\cdot y(t+\tau)] \tag{9.28}$$

或

$$R_{yx}(t,\tau)=E[x(t+\tau)\cdot y(t)] \tag{9.29}$$

由此可见，互相关函数的计算与前述的自相关函数类似，同样是时移 τ 的函数，它表示了两个随机振动信号之间的依赖性。可以简单地理解为：互相关函数是描述随机信号 $x(t)$，$y(t)$ 在任意两个不同时刻间的相关程度。对各态历经的平稳随机振动过程 $x(t)$，$y(t)$，R_{xy}(或 R_{yx})与时间 t 无关，只是时差 τ 的函数，互相关函数定义为

$$R_{xy}(\tau)=\lim_{x\to\infty}\frac{1}{T}\int_0^T x(t)y(t+\tau)\mathrm{d}t \tag{9.30}$$

若令 $t_1=t+\tau$，则有

$$R_{xy}(\tau)=\lim_{x\to\infty}\frac{1}{T}\int_0^{T-\tau} x(t_1-\tau)y(t_1)\mathrm{d}t_1 \tag{9.31}$$

即

$$R_{xy}(\tau)=\lim_{x\to\infty}\frac{1}{T}\int_0^T y(t)x(t-\tau)\mathrm{d}t \tag{9.32}$$

所以

$$R_{xy}(\tau)=R_{yx}(-\tau) \tag{9.33}$$

即

$$R_{xy}(\tau)=R_{yx}^{*}(\tau) \tag{9.34}$$

该式说明 $R_{xy}(\tau)$ 与 $R_{yx}(\tau)$ 是两个不相等的互为共轭的数，不可混为一体。

例 9.3 求两个正弦波 $x(t)=3\sin t$ 和 $y(t)=\cos(3t)$ 的互相关曲线 $R_{xy}(\tau)$ 与 $R_{yx}(\tau)$。

解：这两个函数的互相关函数曲线如图 9.5 所示。

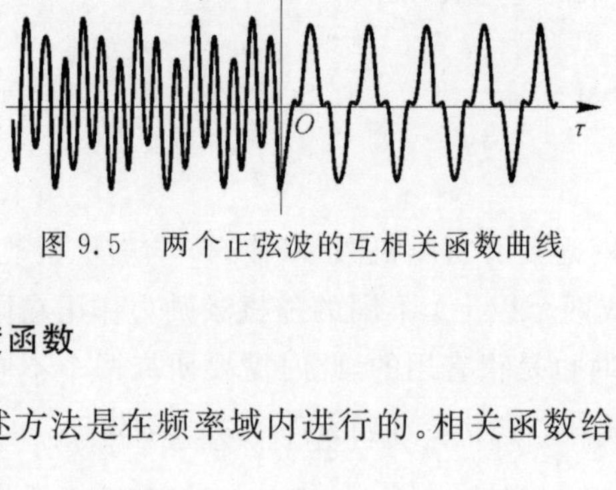

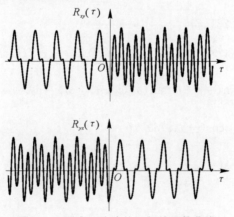

图 9.5　两个正弦波的互相关函数曲线

9.1.4　自功率谱密度函数

随机过程的另一种描述方法是在频率域内进行的。相关函数给出随机过程在时间域内的

统计特性，而功率谱密度则是在频率域内表示随机振动过程在各频率成分上的统计特性。

平稳随机过程 $X(t)$ 的自相关函数 $R_x(\tau)$ 的傅里叶变换为

$$S_x(\omega)=\int_{-\infty}^{\infty}R_x(\tau)\mathrm{e}^{-\mathrm{j}\omega\tau}\mathrm{d}\tau \tag{9.35}$$

其逆变换为

$$R_x(\tau)=\frac{1}{2\pi}\int_{-\infty}^{+\infty}S_x(\omega)\mathrm{e}^{\mathrm{j}\omega\tau}\mathrm{d}\omega \tag{9.36}$$

式中：$S_x(\omega)$ 称为随机过程 $X(t)$ 的自功率谱密度函数。式(9.35) 和式(9.36) 称为维纳 - 欣钦(Wiener-Khinchine) 定理。

自功率谱密度函数 $S_x(\omega)$ 在随机振动分析中十分重要，它具有以下性质：

(1) 当 $\tau=0$ 时，式(9.36) 变为

$$R_x(0)=\psi_x^2=E[X^2]=\frac{1}{2\pi}\int_{-\infty}^{+\infty}S_x(\omega)\mathrm{d}\omega \tag{9.37}$$

它是随机过程 $X(t)$ 的均方差，因此求得功率谱密度函数在整个频率域内的积分，就可以求出过程的均方差。

(2) $S_x(\omega)$ 表示 $X(t)$ 在单位带宽内具有的能量，具有能量(或功率) 的密度的概念，所以称为功率谱密度。

(3) 由于自相关函数是 τ 的偶函数，因此功率谱密度函数是 ω 的实偶函数，即

$$S_x(\omega)=S_x(-\omega) \tag{9.38}$$

不同类型的时域信号有不同的自功率谱图。例如，正弦信号的功率谱图是狄拉克(Dirac) 函数，窄带随机信号的能量集中在一个较窄的频带内，其功率谱图出现一个谱峰。而宽带随机信号则对应一条频率范围很宽的连续曲线。

一个平稳随机过程根据它的功率谱密度函数的性质可分为宽带或窄带随机过程。一个随机过程，若它的功率谱密度函数在相当宽(带宽至少与中心频率有相同的数量级) 的频带上取有意义的值，则称为宽带随机过程，其自相关函数、自功率谱密度函数如图 9.6 所示。

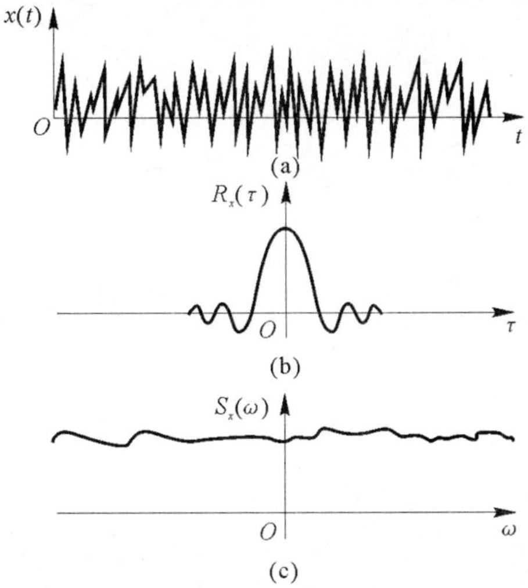

图 9.6　典型的宽带随机过程自相关函数和自功率谱特征

理想的情况就是在整个频率范围内都有值，而且该值为一个固定的常数，即

$$S_x(\omega) = S_0 \tag{9.39}$$

这样的过程称为白噪声，即谱密度函数是无限宽且均匀的，如图 9.7 所示。其自相关函数为

$$R_x(\tau) = \frac{1}{2\pi}\int_{-\infty}^{+\infty} S_0 e^{i\omega\tau} d\omega = \frac{S_0}{2\pi}\int_{-\infty}^{+\infty} e^{i\omega\tau} d\omega = S_0\delta(\tau) \tag{9.40}$$

虽然白噪声是一种理想情形，但是其在工程上有着重要的应用。例如，若表示随机信号强度与时间或频率无关时，可以近似地用白噪声来模拟。

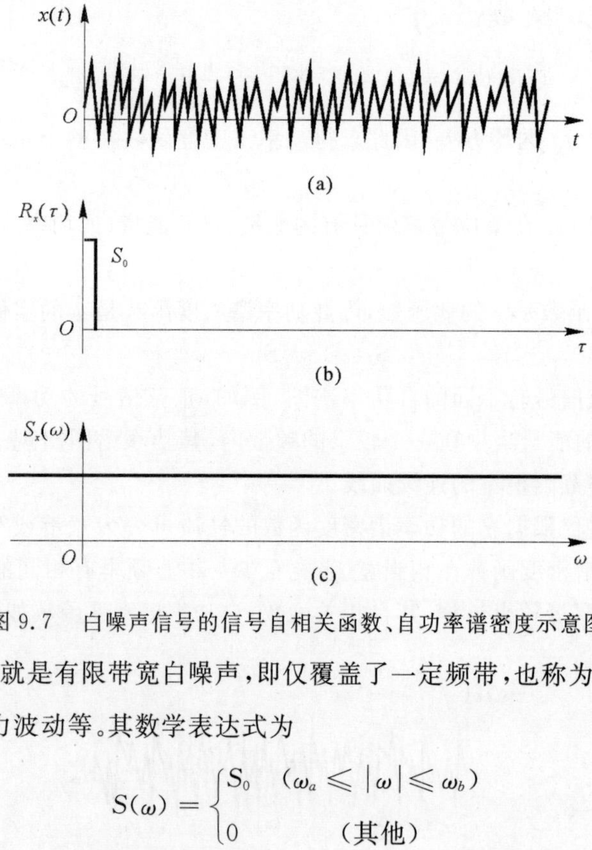

图 9.7　白噪声信号的信号自相关函数、自功率谱密度示意图

另一个理想模型就是有限带宽白噪声，即仅覆盖了一定频带，也称为限带宽白噪声。例如，湍流、飞行器表面压力波动等。其数学表达式为

$$S(\omega) = \begin{cases} S_0 & (\omega_a \leqslant |\omega| \leqslant \omega_b) \\ 0 & (\text{其他}) \end{cases} \tag{9.41}$$

限带宽白噪声对应的自相关函数为

$$\begin{aligned} R_x(\tau) &= \frac{1}{2\pi}\int_{-\infty}^{+\infty} S_x(\omega) e^{j\omega\tau} d\omega = \frac{1}{2\pi} \times 2\int_0^{+\infty} S_0 \cos\omega\tau d\omega \\ &= \frac{S_0}{\pi}\int_{\omega_a}^{\omega_b} \cos\omega\tau d\omega = \frac{S_0}{\pi\tau}(\sin\omega_b\tau - \sin\omega_a\tau) \end{aligned} \tag{9.42}$$

一个随机过程，若它的功率谱密度具有尖峰特性，并且仅在该尖峰附件的一个窄频带内取有意义的值，称为窄带随机过程。其功率谱密度函数以及自相关函数曲线特性如图 9.8 所示。

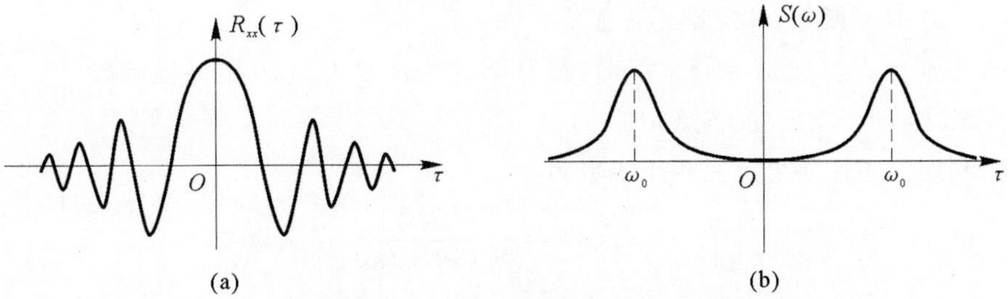

图 9.8　窄带随机信号的自相关函数和功率谱密度特征示意图

(a) 窄带随机信号自相关函数;(b) 窄带随机信号功率谱密度

例 9.4　设平稳随机过程的自相关函数为 $R_x(\tau)=Ae^{-\alpha|\tau|}$,其中 $A>0,\alpha>0$,求:

(1) 该响应的平均值 $E(x)$;

(2) 均方值 σ_x^2;

(3) 自功率谱密度函数 $S_x(\omega)$。

解:(1) 根据平稳随机过程的性质,有

$$E(x^2)=R_x(\pm\infty)=Ae^{-\alpha|\pm\infty|}=0$$

所以该响应的均值为 $E(x)=0$。

(2) 均方值响应为

$$\sigma_x^2=R_x(0)=Ae^{-\alpha|0|}=A$$

(3) 自相关函数可以写为

$$R_x(\tau)=Ae^{-\alpha|\tau|}=\begin{cases}e^{\alpha\tau} & (\tau<0)\\ e^{-\alpha\tau} & (\tau\geqslant 0)\end{cases}$$

根据自相关函数与自功率谱密度函数的关系,对其进行傅里叶变换,有

$$S_x(\omega)=\frac{1}{2\pi}\int_{-\infty}^{\infty}x(t)e^{-i\omega t}dt=\frac{A}{2\pi}\left(\int_{-\infty}^{0}e^{\alpha t}e^{-i\omega t}dt+\int_{0}^{\infty}e^{-\alpha t}e^{-i\omega t}dt\right)=$$

$$\frac{A}{2\pi}\left(\frac{1}{\alpha-i\omega}+\frac{1}{\alpha+i\omega}\right)=\frac{A}{\pi}\left(\frac{\alpha}{\alpha^2+\omega^2}\right)\quad(-\infty<\omega<\infty)$$

9.1.5　互功率谱密度函数

互功率谱密度描述两随机振动过程之间的频率信息,它不仅能提供按频率分布的能量大小,还能提供两个信号之间的相互关系。

设 $X(t)$ 和 $Y(t)$ 是两个平稳相关的随机过程,它们的互功率谱密度函数 $S_{xy}(\omega)$ 常用互相关函数 $R_{xy}(\tau)$,通过傅里叶变换求得,即

$$S_{xy}(\omega)=\int_{-\infty}^{\infty}R_{xy}(\tau)e^{-i\omega\tau}d\tau \tag{9.43}$$

其逆变换为

$$R_{xy}(\tau)=\frac{1}{2\pi}\int_{-\infty}^{\infty}S_{xy}(\omega)e^{i\omega\tau}d\omega \tag{9.44}$$

互功率谱密度函数(简称互谱) 没有自谱那样明显的物理意义,但它在频率域上讨论两个

平稳随机过程的相互联系时也具有应用价值。互谱具有下述性质：

(1)$S_{xy}(\omega)$ 是复函数，其虚部不等于零。

(2)$S_{xy}(\omega)=S_{yx}(-\omega)=S_{yx}^{*}(\omega)$，其中，$S_{yx}^{*}(\omega)$ 是 $S_{yx}(\omega)$ 的共轭函数。

(3) $|S_{xy}(\omega)|^2\leqslant S_x(\omega)S_y(\omega)$。

因此，利用上述性质可定义相干函数为

$$\gamma_{yx}^2(\omega)=\frac{|S_{xy}(\omega)|^2}{S_x(\omega)S_y(\omega)} \tag{9.45}$$

且有

$$0\leqslant\gamma_{xy}^2(\omega)\leqslant 1 \tag{9.46}$$

在实践中常引入系统的激励与响应的相干函数，如果相干函数为零，则表示输出信号与输入信号不相干。当系统为线性时，相干函数应等于1，表示输出信号与输入信号完全相干。若相干函数在 0 ～ 1 之间，则有以下 3 种可能：① 测试过程中有外界噪声干扰；② 响应是激励和其他输入的综合输出；③ 系统内存在非线性因素。

9.2 单自由度线性系统在平稳随机激励下的响应

一个线性系统在任意激励的作用下，其响应可以在时域内求解，也可以在频域内求解。在时域内求解是利用脉冲响应函数，按卷积公式给出；在频域内求解是利用传递函数以及傅里叶积分给出。下面介绍单自由度线性系统在单输入平稳随机激励下的随机振动响应的分析方法。

9.2.1 频率响应函数

利用频域分析的方法，也可以求解系统的响应，这里以单自由度系统为例进行说明。单自由度系统在任意激励 $F(t)$ 下的振动方程为

$$m\ddot{x}+c\dot{x}+kx=F(t) \tag{9.47}$$

对式(9.47)两端作傅里叶变换，并以符号 $\Gamma(\cdot)$ 表示傅氏变换算子，微分方程转变为

$$\Gamma\{m\ddot{x}+c\dot{x}+kx\}=\Gamma\{F(t)\} \tag{9.48}$$

令 $F(\omega)=\Gamma\{F(t)\}$，$X(\omega)=\Gamma\{x(t)\}$，方程式(9.48)变为

$$m\Gamma\{\ddot{x}\}+c\Gamma\{\dot{x}\}+kX(\omega)=F(\omega) \tag{9.49}$$

根据傅氏变换微分运算法则，方程可以进一步写为

$$-m\omega^2X(\omega)+\mathrm{i}cX(\omega)+kX(\omega)=F(\omega) \tag{9.50}$$

求解该方程可得

$$X(\omega)=\frac{F(\omega)}{-m\omega^2+\mathrm{i}c+k} \tag{9.51}$$

式(9.51)建立了响应与激励的频域关系，并定义为该系统的频率响应函数，或传递函数，即

$$H(\omega)=\frac{X(\omega)}{F(\omega)}=\frac{1}{-m\omega^2+\mathrm{i}c+k} \tag{9.52}$$

对于一个单自由度系统的响应，若以传递函数来表示，系统输出(响应)$X(\omega)$ 与输入 $F(\omega)$ 的频域关系可以表示为

$$X(\omega) = H(\omega)F(\omega) \tag{9.53}$$

一般情况下，$H(\omega)$ 是一个复函数，还可以写为复指数形式，即

$$H(\omega) = |H(\omega)|e^{-i\varphi} \tag{9.54}$$

式中：$|H(\omega)|$表示复数 $H(\omega)$ 的模，表示输入和输出的振幅比；φ 表示其幅角，表示输入和输出之间的相位差。频率响应函数是线性动力系统本身的特性，与外加激励（输入）无关。

9.2.2　频率响应函数与脉冲响应函数的关系

线性系统在任意激励下的时域响应，可以用杜阿梅尔积分计算获取，即用脉冲响应函数计算。而频率响应函数可以在频域上方便地计算响应。由此可见，频率响应函数和脉冲响应函数都可以用来表达振动系统的动态特性，两者之间必然有内在的联系。

对于稳定的、受激励之前处于静止状态的系统，在受到一个脉冲作用之后，系统的响应幅值会突然显示出来，并随着时间衰减到原先平衡状态的位置。在振动信号处理中，脉冲响应函数 $h(t)$ 是系统在单位脉冲函数 $\delta(t)$ 激励（输入）下的响应（输出），这两个函数均满足傅里叶变换的绝对可积条件。

(1) 假设单自由度系统的输入 $x(t)$ 为单位脉冲函数 $\delta(t)$，对该输入进行傅里叶变换，得

$$F(\omega) = \frac{1}{2\pi}\int_{-\infty}^{\infty} x(t)e^{-i\omega t}dt = \frac{1}{2\pi}\int_{-\infty}^{\infty} \delta(t)e^{-i\omega t}dt = \frac{1}{2\pi}\left(\int_{-\infty}^{\infty} \delta(t)\cos\omega t\,dt - i\int_{-\infty}^{\infty} \delta(t)\sin\omega t\,dt\right) \tag{9.55}$$

式(9.55) 中等式右边的第一项被积函数$\int_{-\infty}^{\infty} \delta(t)\cos\omega t\,dt$ 是偶函数，积分值为 1，第二项被积函数$\int_{-\infty}^{\infty} \delta(t)\sin\omega t\,dt$ 为奇函数，积分值为 0，则有

$$F(\omega) = \frac{1}{2\pi} \tag{9.56}$$

(2) 系统在单位脉冲函数下的输出为脉冲响应函数 $h(t)$，对该输出的傅里叶变换为

$$X(\omega) = \frac{1}{2\pi}\int_{-\infty}^{\infty} h(t)e^{-i\omega t}dt \tag{9.57}$$

将式(9.56)、式(9.57) 代入(9.58) 得

$$\frac{1}{2\pi}\int_{-\infty}^{\infty} h(t)e^{-i\omega t}dt = \frac{1}{2\pi}H(\omega) \tag{9.58}$$

即

$$H(\omega) = \int_{-\infty}^{\infty} h(t)e^{-i\omega t}dt \tag{9.59}$$

由此可见，脉冲响应函数 $h(t)$ 与频率响应函数 $H(\omega)$ 互为傅氏变换，可得

$$h(t) = \frac{1}{2\pi}\int_{-\infty}^{\infty} H(\omega)e^{i\omega t}d\omega \tag{9.60}$$

9.2.3　系统在平稳随机激励下的响应

系统的响应特性可用复频响应函数 $H(\omega)$ 来描述，式(9.52) 和式(9.53) 表明系统的传递

函数实际上是输出的傅里叶变换与输入的傅里叶变换之比，也就是系统的传递函数，它是一个复数函数，既包含了幅值增益信息，也包含了相位信息。

令 $S_x(\omega)$ 为输出的自功率谱密度函数，$S_F(\omega)$ 为输入的自功率谱密度函数。根据系统输入与输出的自功率谱密度关系：

$$S_x(\omega)=|H(\omega)|^2S_F(\omega) \tag{9.61}$$

由式(9.38)，系统响应的均方值为

$$\psi_x^2=\int_{-\infty}^{+\infty}S_x(\omega)\mathrm{d}\omega=\int_{-\infty}^{\infty}|H(\omega)|^2S_F(\omega)\mathrm{d}\omega \tag{9.62}$$

对于单自由度系统，其传递函数如式(9.52)，若该系统受到功率谱密度为 S_0 的白噪声激励，则有

$$|H(\omega)|^2S_F(\omega)=S_0\left|\frac{1}{-m\omega^2+\mathrm{i}c+k}\right|^2 \tag{9.63}$$

将其代入式(9.62)，则得系统的输出均方值响应为

$$\psi_x^2=S_0\int_{-\infty}^{\infty}\left|\frac{1}{-m\omega^2+\mathrm{i}c+k}\right|^2\mathrm{d}\omega=\frac{\pi S_0}{kc} \tag{9.64}$$

例 9.5 求一个单自由度系统在白噪声激励下的响应均方值，系统的参数如下：$\omega_\mathrm{n}=30\ \mathrm{rad/s}$，$m=1\ \mathrm{kg}$，$\zeta=0.1$，白噪声参数为 $S_0=1\times10^{-6}\ \mathrm{m^2\cdot s/rad}$。

解：单自由度系统的传递函数为

$$H(\omega)=\frac{X(\omega)}{F(\omega)}=\frac{1}{-m\omega^2+\mathrm{i}c+k}$$

则输出的功率谱密度为

$$S_x(\omega)=|H(\omega)|^2F(\omega)=S_0\left|\frac{1}{-m\omega^2+\mathrm{i}c+k}\right|=\frac{S_0}{(k-m\omega^2)^2+(c\omega)^2}$$

输出的均方值响应为

$$\psi_x^2=\int_{-\infty}^{\infty}|H(\omega)|^2S_F(\omega)\mathrm{d}\omega=\int_{-\infty}^{\infty}\frac{S_0}{(k-m\omega^2)^2+(c\omega)^2}\mathrm{d}\omega$$

计算该积分，得

$$\psi_x^2=\frac{\pi S_0}{2kc}=\frac{\pi S_0}{2\zeta m^2\omega_\mathrm{n}^3}=\frac{\pi\times(1\times10^{-6}\mathrm{m^2\cdot s/rad})}{2\times0.1\times(1\ \mathrm{kg})^2\times(30\ \mathrm{rad/s})^3}=5.81\times10^{-10}\ \mathrm{m^2}$$

例 9.6 如果一个单自由度线性系统的输入 $F(t)$ 为一矩形波，函数形式为

$$F(t)=\begin{cases}1 & (0<t<T)\\ 0 & (t<0,t>T)\end{cases}$$

经过该线性系统后，其输出 $x(t)$ 为一简单正弦波，其函数形式为

$$x(t)=\begin{cases}\sin\dfrac{2\pi t}{T} & (0<t<T)\\ 0 & (t<0,t>T)\end{cases}$$

若输入是自谱密度为 S_0 的平稳白噪声过程，求输出过程的自功率谱密度函数。

解：先根据系统的输入输出，获得系统的频率响应函数。

将 $F(t)$ 和 $x(t)$ 进行傅里叶变换，有

$$F(\omega)=\frac{1}{2\pi}\int_{-\infty}^{\infty}F(t)\mathrm{e}^{-\mathrm{i}\omega t}\mathrm{d}t=\frac{1}{2\pi}\int_{0}^{T}\mathrm{e}^{-\mathrm{i}\omega t}\mathrm{d}t=\frac{1}{2\pi\mathrm{i}\omega}(1-\mathrm{e}^{-\mathrm{i}\omega T})$$

$$X(\omega)=\frac{1}{2\pi}\int_{-\infty}^{\infty}x(t)\mathrm{e}^{-\mathrm{i}\omega t}\mathrm{d}t=\frac{1}{2\pi}\int_{0}^{T}\sin\frac{2\pi t}{T}\mathrm{e}^{-\mathrm{i}\omega t}\mathrm{d}t=\frac{2\pi T(1-\mathrm{e}^{-\mathrm{i}\omega T})}{4\pi^2-T^2\omega^2}$$

故该线性系统的传递函数为

$$H(\omega)=\frac{X(\omega)}{F(\omega)}=\frac{2\pi T(1-\mathrm{e}^{-\mathrm{i}\omega T})}{4\pi^2-T^2\omega^2}\Big/\frac{(1-\mathrm{e}^{-\mathrm{i}\omega T})}{2\pi\mathrm{i}\omega}=\frac{4\pi^2 T\mathrm{i}\omega}{4\pi^2-T^2\omega^2}$$

当系统的输入为平稳白噪声时，根据式(9.61)，输出的自功率谱密度函数为

$$S_x(\omega)=|H(\omega)|^2S_F(\omega)=\left(\frac{4\pi^2T\omega}{4\pi^2-T^2\omega^2}\right)^2S_0$$

习　题

9.1　求正弦信号 $x(t)=A\sin(\omega t+\theta)$ 的自相关函数。

9.2　求整流正弦波

$$x(t)=A\left|\sin\frac{2\pi t}{T}\right|$$

的均值、均方值、方差和自相关函数。

9.3　证明相关系数的值小于或等于1，即

$$|\rho_{xy}|\leqslant 1$$

9.4　试证自相关函数是偶函数，即

$$R_{xx}(\tau)=R_{xx}(-\tau)$$

9.5　求图9.9所示的锯齿波的自相关函数并画图。

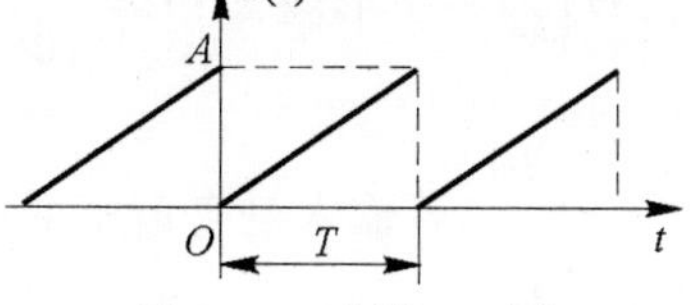

图9.9　习题9.5图

9.6　证明互相关函数的性质：

$$R_{xy}(\tau)=R_{yx}(-\tau)$$

$$\mu_x\mu_y-\sigma_x\sigma_y\leqslant R_{xy}(\tau)\leqslant\mu_x\mu_y+\sigma_x\sigma_y$$

9.7　若有两个信号分别为

$$x(t)=\begin{cases}\dfrac{b}{a}t & (0\leqslant t\leqslant a)\\ 0 & (\text{其他})\end{cases},\quad y(t)=\begin{cases}1 & (0\leqslant t\leqslant a)\\ 0 & (\text{其他})\end{cases}$$

求互相关函数 $R_{xy}(\tau)$。

9.8　证明随机过程的自谱在整个频域上的积分等于随机过程的均方值，即

$$R_{xx}(0)=\psi_x^2=\frac{1}{2\pi}\int_{-\infty}^{\infty}S_x(\omega)\mathrm{d}\omega$$

9.9　已知平稳随机过程的自功率谱密度函数为 $S_{xx}(\omega)=S_0 e^{-c|\omega|}$，式中，$c$，$S_0$ 均为常数，且 $c>0$，求其自相关函数。

9.10　设平稳随机过程 $X(t)$ 的均值为零，方差为 σ_x^2，它的自相关函数为

$$R_x(\tau)=\sigma_x^2 e^{-(\omega_1\tau)^2}\cos\omega_2\tau$$

式中：ω_1、ω_2 为常数。试求 $X(t)$ 的自谱 $S_{xx}(\omega)$。

9.11　若平稳随机过程 $X(t)$ 的自谱为

$$S_x(\omega)=S_0 e^{-c|\omega|}$$

式中：S_0、c 为常数。试求 X 的自相关函数 $R_{xx}(\tau)$。

9.12　设平稳随机过程 $X(t)$ 的自相关函数为

$$R_x(\tau)=Ae^{-a|\tau|}\quad (A,a>0)$$

试求 $X(t)$ 的均值、均方值、自谱。

9.13　平稳随机过程 $X(t)$ 的自相关函数为 $R_{xx}(\tau)$，自谱为 $S_{xx}(\omega)$，设 $X(t)$ 的导数 $\dot{x}(t)$，$\ddot{x}(t)$ 也是平稳随机过程。试证：

$$\frac{d^2}{d\tau^2}[R_{xx}(\tau)]=-R_{xx}(\tau)$$

$$E[\dot{x}]=\int_{-\infty}^{\infty}\omega^2 S_{xx}(\omega)d\omega$$

$$E[\ddot{x}]=\int_{-\infty}^{\infty}\omega^4 S_{xx}(\omega)d\omega$$

9.14　证明自相关函数和自谱的关系：

$$R_{xx}(0)=\psi_x^2=\frac{1}{2\pi}\int_{-\infty}^{\infty}S_{xx}(\omega)d\omega$$

9.15　一个线性系统的输入 $x(t)$ 为一矩形波 $x(t)=\begin{cases}1 & (0\leqslant t\leqslant T)\\ 0 & (t<0,t>T)\end{cases}$，输出 $y(t)$ 为简单正弦波 $y(t)=\begin{cases}\sin\dfrac{2\pi t}{T} & (0\leqslant t\leqslant T)\\ 0 & (t<0,t>T)\end{cases}$。若输入是自谱密度为 S_0 的平稳白噪声过程，求输出过程的自功率谱密度函数。

9.16　在机床切割运行时，刀具支架某处应变值为平稳随机过程 $y(t)$，且其自谱为 $S_y(f)=\begin{cases}0.01(1/\text{Hz}) & (0\leqslant f\leqslant 200\text{Hz})\\ 0 & (f>200\ \text{Hz})\end{cases}$。求应变的均方值及应变随机过程的自相关函数。

部分习题答案

第 2 章

2.1　(a)$\omega_0 = \sqrt{\dfrac{13k}{5m}}$；　(b)$\omega_0 = \sqrt{\dfrac{8k}{3m}}$

2.2　(a)$\omega_0 = \sqrt{\dfrac{g}{l}}$；　(b) $\omega_0 = \sqrt{\dfrac{ka^2 + mgl}{ml^2}}$；　(c) $\omega_0 = \sqrt{\dfrac{ka^2 - mgl}{ml^2}}$

2.3　$\omega_0 = \sqrt{\dfrac{\left(\dfrac{k_1 k_2}{k_1 + k_2} + k_3\right)k_4}{\left(\dfrac{k_1 k_2}{k_1} + k_2 + k_3 + k_4\right)m}}$

2.4　$T = 2\pi\sqrt{\dfrac{3m}{11k_1}}$

2.5　$\omega_0 = \sqrt{\dfrac{3(2m + m_1)g}{2(3m + m_1)l}}$

2.6　$\omega_0 = \dfrac{R + a}{R}\sqrt{\dfrac{4k}{3m}}$

2.7　$\omega = 20\ \mathrm{rad/s}, a_{\max} = 8\ \mathrm{m/s^2}$

2.8　$x = 2\cos 22.1t\ \mathrm{cm}$

2.9　$m\ddot{x} + Kx = mg\sin\alpha$，$\omega_0 = \sqrt{\dfrac{K}{m}}$

2.10　(1)$\omega_0 = \sqrt{\dfrac{k_1 + k_2}{m}}$；　(2)$\omega_0 = \sqrt{\dfrac{(l_1 + l_2)^2 k_1 k_2}{(l_1^2 k_1 + l_2^2 k_2)m}}$

2.11　$x = M\sqrt{\dfrac{2gh}{k(M + m)}}\sin\sqrt{\dfrac{k}{M + m}}t$

2.12　$\omega_0 = \sqrt{\dfrac{3ka^2}{ml^2}}, \xi = \dfrac{3c}{2m}\sqrt{\dfrac{ml^2}{3ka^2}}, \omega_d = \sqrt{1 - \xi^2}\,\omega_0$

2.13　$\omega_0 = \sqrt{\dfrac{k_1 a^2 + k_2 l^2 + k_3 b^2}{J_0 + m_1 a^2 + m_2 l^2}}$

2.14　$ml^2\ddot{\theta} + \mathrm{ca}^2\dot{\theta} + kb^2\theta = 0, \omega_d = \dfrac{1}{2ml^2}\sqrt{4kmb^2 l^2 - c^2 a^4}, c_{cr} = \dfrac{2bl}{a^2}\sqrt{mk}$

2.15　$\dddot{x} + \dfrac{\omega_0}{2\zeta}\ddot{x} + \omega_0^2\dot{x} = 0$，$\zeta = \dfrac{c}{2\sqrt{mk}}, \omega_0^2 = \dfrac{k}{m}$

$$x = A_1 + A_2 e^{-\omega\zeta' t}\sin(\omega' t + \varphi), \zeta' = \frac{1}{4\zeta}\omega' = \omega_0\sqrt{1 - \left(\frac{1}{4\zeta}\right)^2}$$

2.16 $c = \dfrac{2P}{g\delta_s}$

2.17 $A = \dfrac{F_0}{k_1(1-\lambda^2)}$

2.18 $x = 5e^{-3t}\sin\left(4t + \arctan\dfrac{4}{3}\right)$ cm

2.19 $x = 4\sin 7t$ cm

2.20 $x = \dfrac{1}{15}(\cos t - \cos 2t)$m

2.21 $x = -2\sin 8\pi t$

2.22 $x_2(t) = \dfrac{F_0 k_2}{m(k_1+k_2)(\omega_n^2-\omega^2)}\left(\sin\omega t - \dfrac{\omega}{\omega_n}\sin\omega_n t\right)$

2.23 (1)$x(t) = -\dfrac{g}{\omega^2}(1-\cos\omega t)$；

(2) $F_{\max} = kA = \dfrac{kg}{\omega^2}\sqrt{(\omega t_1 - \sin\omega t_1)^2 + (1-\cos\omega t_1)^2}$

第 3 章

3.1 $m_1\ddot{y}_1 + \dfrac{2T}{l}y_1 - \dfrac{T}{l}y_2 = 0, m_2\ddot{y}_2 + \dfrac{2T}{l}y_2 - \dfrac{T}{l}y_1 = 0$

3.2 $\omega_1 = \sqrt{\dfrac{T}{ml}}, \omega_2 = \sqrt{\dfrac{3T}{ml}}, \boldsymbol{A}_1 = \begin{bmatrix}1\\1\end{bmatrix}, \boldsymbol{A}_2 = \begin{bmatrix}1\\-1\end{bmatrix}$

3.3 $\omega_1 = 0.344\sqrt{\dfrac{k}{m}}, \omega_2 = 1.46\sqrt{\dfrac{k}{m}}$

3.4 $m\ddot{x}_1 + 2m\ddot{x}_2 + kx_1 + kx_2 = 0, -2m\ddot{x}_1 + 2m\ddot{x}_2 - 14kx_1 + 13kx_2 = 0$

3.5 $2l\ddot{\theta}_1 + l\ddot{\theta}_2 + 2g\theta_1 = 0, l\ddot{\theta}_1 + l\ddot{\theta}_2 + g\theta_2 = 0, \omega_1 = \sqrt{\dfrac{g}{l}(2-\sqrt{2})}, \omega_2 = \sqrt{\dfrac{g}{l}(2+\sqrt{2})}$

3.6 $\varphi = \varphi_0\cos\omega_2 t, \omega_2 = \sqrt{\dfrac{3(3m_1+2m_2)}{6m_1+m_2}\dfrac{g}{l}}, x = \dfrac{m_2}{3m_1+2m_2}\varphi_0(1-\cos\omega_2 t)$

3.7 (1)$\omega_1 = 0.391\sqrt{\dfrac{k}{m}}, \omega_2 = 1.47\sqrt{\dfrac{k}{m}}$；(2)$\begin{bmatrix}1\\1.85\end{bmatrix}, \begin{bmatrix}1\\-0.181\end{bmatrix}$

3.8 (1)$\omega_1 = \sqrt{\dfrac{k}{m}}, \omega_2 = 2.35\sqrt{\dfrac{k}{m}}$；(2)$\begin{bmatrix}1\\1\end{bmatrix}, \begin{bmatrix}1\\-0.5\end{bmatrix}$

3.9 $m\ddot{x}_1 + 2c\dot{x}_1 + 2kx_1 - c\dot{x}_2 - kx_2 = 0, m\ddot{x}_2 + 3c\dot{x}_2 + 3kx_2 - c\dot{x}_1 - kx_1 = F(t)$

3.10 $x_1(t) = 0.188\cos 2t - 0.431\sin 2t, x_2(t) = -0.11\cos 2t - 0.094\sin 2t$

3.11 $x_1 = e^{-0.512t}(4.49\cos 1.74t - 1.95\sin 1.74t) + e^{-1.237t}(-2.13\cos 2.25t + 3.29\sin 2.25t)$

$x_2 = e^{-0.512t}(7.68\cos 1.74t - 4.66\sin 1.74t) + e^{-1.237t}(0.54\cos 2.25t - 1.67\sin 2.25t)$

3.12 $x_1 = \dfrac{(3k-2\omega^2 m)F}{2m^2\omega^4 - 7mk\omega^2 + 5k^2}\sin\omega t, x_2 = \dfrac{kF}{2m^2\omega^4 - 7mk\omega^2 + 5k^2}\sin\omega t$

第 4 章

4.1 $m\begin{bmatrix}1 & 0 & 0\\0 & 1 & 0\\0 & 0 & 1\end{bmatrix}\begin{bmatrix}\ddot{x}_1\\\ddot{x}_2\\\ddot{x}_3\end{bmatrix} + k\begin{bmatrix}2 & -1 & 0\\-1 & 2 & -1\\0 & -1 & 1\end{bmatrix}\begin{bmatrix}x_1\\x_2\\x_3\end{bmatrix} = 0$

4.2 $\boldsymbol{K}=\begin{bmatrix} k_1 & -k_1 & 0 & 0 \\ -k_1 & k_1+k_2 & -k_2 & 0 \\ 0 & -k_2 & k_2+k_3 & -k_3 \\ 0 & 0 & -k_3 & k_3 \end{bmatrix}$

4.3 $\boldsymbol{\delta}=\frac{l^3}{768EI}\begin{bmatrix} 9 & 11 & 7 \\ 11 & 16 & 11 \\ 7 & 11 & 9 \end{bmatrix}$

4.4 $\omega_1^2=\omega_2^2=0, \omega_3^2=k\left(\frac{1}{m}+\frac{2}{M}\right)$,

$\boldsymbol{X}^{(1)}=[1 \quad 1 \quad 1]^{\mathrm{T}}, \boldsymbol{X}^{(2)}=[1 \quad 0 \quad -1]^{\mathrm{T}} \ \boldsymbol{X}^{(3)}=\left[1 \quad -\frac{2m}{M} \quad 1\right]^{\mathrm{T}}$

4.5 $\omega_1=0.647\sqrt{\frac{k}{m}}, \omega_2=1.89\sqrt{\frac{k}{m}}, \boldsymbol{X}^{(1)}=\begin{bmatrix} 1 \\ 0.430L \end{bmatrix}, \boldsymbol{X}^{(2)}=\begin{bmatrix} 1 \\ -0.0977L \end{bmatrix}$

4.6 $\omega_1=0.6448\sqrt{g/L}, \omega_2=1.5146\sqrt{g/L}, \omega_3=2.5082\sqrt{g/L}$,
$X^{(1)}=[0.2549 \quad 0.5842 \quad 1]^{\mathrm{T}}, X^{(2)}=[-0.9564 \quad -1.294 \quad 1]^{\mathrm{T}}$,
$X^{(3)}=[8.197 \quad -5.291 \quad 1]^{\mathrm{T}}$

4.7 $\omega_1=5.692\sqrt{EI/mL^3}, \omega_2=22.046\sqrt{EI/mL^3}, \omega_3=36.001\sqrt{EI/mL^3}$,
$X^{(1)}=[1 \quad 2 \quad 1]^{\mathrm{T}}, X^{(2)}=[1 \quad 0 \quad -1]^{\mathrm{T}}, X^{(3)}=[1 \quad -1 \quad 1]^{\mathrm{T}}$

4.8 $\omega_1=0.3731\sqrt{k/m}, \omega_2=1.321\sqrt{k/m}, \omega_3=2.029\sqrt{k/m}$,
$\boldsymbol{X}^{(1)}=[1 \quad 1.861 \quad 2.162]^{\mathrm{T}}, \boldsymbol{X}^{(2)}=[1 \quad 0.254 \quad -0.341]^{\mathrm{T}}$,
$\boldsymbol{X}^{(3)}=[1 \quad -2.115 \quad 0.679]^{\mathrm{T}}$

4.9 $\omega_1=\omega_2=\sqrt{4k/m}, \quad \omega_3=\sqrt{6k/m}, \boldsymbol{X}^{(1)}=\begin{bmatrix} 1 \\ 1 \\ 1 \end{bmatrix}, \quad \boldsymbol{X}^{(2)}=\begin{bmatrix} -2 \\ 1 \\ 1 \end{bmatrix}, \quad \boldsymbol{X}^{(3)}=\begin{bmatrix} 0 \\ -1 \\ 1 \end{bmatrix}$

4.10 $\omega_1=0.893\sqrt{\frac{k}{m}}, \omega_2=2.110\sqrt{\frac{k}{m}}, \omega_3=2.597\sqrt{\frac{k}{m}}$

$\boldsymbol{X}^{(1)}=\begin{bmatrix} 0.908 \\ 1 \\ 0.384 \end{bmatrix}, \boldsymbol{X}^{(2)}=\begin{bmatrix} -1.375 \\ 1 \\ 1.294 \end{bmatrix}, \boldsymbol{X}^{(3)}=\begin{bmatrix} -0.534 \\ 1 \\ -2.677 \end{bmatrix}$

4.11 $\omega_1=0.707\sqrt{k/m}, \omega_2=\sqrt{k/m}, \omega_3=1.414\sqrt{k/m}$,
$\boldsymbol{X}^{(1)}=[1 \quad 1 \quad 2]^{\mathrm{T}}, \boldsymbol{X}^{(2)}=[1 \quad -1 \quad 0]^{\mathrm{T}}, \boldsymbol{X}^{(3)}=[1 \quad 1 \quad -1]^{\mathrm{T}}$

4.12 $\omega^2{}_1=0, \omega^2{}_2=(2-\sqrt{2})k/m, \omega^2{}_3=2k/m, \omega^2{}_4=(2+\sqrt{2})k/m$,
$\boldsymbol{X}^{(1)}=[1 \quad 1 \quad 1 \quad 1]^{\mathrm{T}}, \boldsymbol{X}^{(2)}=[1 \quad 0.414 \quad -0.414 \quad -1]^{\mathrm{T}}$,
$\boldsymbol{X}^{(3)}=[1 \quad -1 \quad -1 \quad 1]^{\mathrm{T}}, \boldsymbol{X}^{(4)}=[1 \quad -2.414 \quad 2.414 \quad -1]^{\mathrm{T}}$

4.13 $\boldsymbol{A}_{\mathrm{N}}^{(1)}=\frac{1}{\sqrt{m}}[0.269 \quad 0.501 \quad 0.581]^{\mathrm{T}}, \boldsymbol{A}_{\mathrm{N}}^{(2)}=\frac{1}{\sqrt{m}}[0.378 \quad 0.223 \quad -0.300]^{\mathrm{T}}$,

$\boldsymbol{A}_{\mathrm{N}}^{(3)}=\frac{1}{\sqrt{m}}[0.395 \quad -0.834 \quad 0.268]^{\mathrm{T}}$

4.14 $\omega_1 = 0.393\,2\sqrt{k/m}, \omega_2 = 1.084\sqrt{k/m}, \omega_3 = 2.346\sqrt{k/m}$,
$\boldsymbol{X}^{(1)} = [0.221\,3 \quad 0.536\,2 \quad 1]^T, \boldsymbol{X}^{(2)} = [0.522\,9 \quad 1 \quad -0.396]^T$,
$\boldsymbol{X}^{(3)} = [1 \quad -0.251\,8 \quad 0.016\,2]^T$

4.15 $M_1 = 3.624m, M_2 = 2.744m, M_3 = 1.128m, K_1 = 1.633k, K_2 = 3.224k$,
$K_3 = 6.206k$,

$$\boldsymbol{A}_N = \frac{1}{\sqrt{m}}\begin{bmatrix} 0.116\,3 & 0.315\,7 & 0.941\,6 \\ 0.281\,7 & 0.603\,8 & -0.237\,1 \\ 0.525\,3 & -0.239\,1 & 0.015\,3 \end{bmatrix}$$

4.16 $x = \boldsymbol{X}^{(1)} \dfrac{v}{2}t + \boldsymbol{X}^{(3)} \dfrac{v}{2\omega_3}\sin\omega_3 t$

4.17 $x = \boldsymbol{X}^{(1)} \dfrac{Ft^2}{4m} + \boldsymbol{X}^{(3)} \dfrac{F}{2m\omega_3{}^2}(1-\cos\omega_3 t)$

4.18 $\omega_1 = \sqrt{\dfrac{k}{m}}, \omega_2 = \sqrt{\dfrac{3k}{m}}, \boldsymbol{\varphi} = \begin{bmatrix} 1 & -1 \\ 1 & 1 \end{bmatrix}, \boldsymbol{x} = \begin{bmatrix} \dfrac{x_0}{2}\left(\cos\sqrt{\dfrac{k}{m}}t - \cos\sqrt{\dfrac{3k}{m}}t\right) \\ \dfrac{x_0}{2}\left(\cos\sqrt{\dfrac{k}{m}}t + \cos\sqrt{\dfrac{3k}{m}}t\right) \end{bmatrix}$

4.19 $\begin{bmatrix} x_1 \\ x_2 \\ x_3 \end{bmatrix} = \begin{bmatrix} 0.262\,3\cos\omega_1 t + 0.238\,1\cos\omega_2 t + 0.483\,3\cos\omega_3 t \\ 0.635\,4\cos\omega_1 t + 0.455\,3\cos\omega_2 t - 0.121\,7\cos\omega_3 t \\ 1.184\,9\cos\omega_1 t - 0.180\,3\cos\omega_2 t + 0.007\,8\cos\omega_3 t \end{bmatrix}$

4.20 $x = \dfrac{F_2}{m}\begin{bmatrix} 0.108\,0/(\omega_1^2 - p^2) + 0.166\,5/(\omega_2^2 - p^2) - 0.274\,5/(\omega_3^2 - p^2) \\ 0.231\,9/(\omega_1^2 - p^2) + 0.148\,8/(\omega_2^2 - p^2) + 0.286\,0/(\omega_3^2 - p^2) \\ 0.357\,7/(\omega_1^2 - p^2) - 0.245\,2(\omega_2^2 - p^2) - 0.112\,5/(\omega_3^2 - p^2) \end{bmatrix}$

4.21 $\omega_1 = 0.445\sqrt{\dfrac{k}{m}}, \omega_2 = 1.247\sqrt{\dfrac{k}{m}}, \omega_3 = 1.802\sqrt{\dfrac{k}{m}}$

$$x = \frac{F}{k}\begin{bmatrix} 0.398 \\ 0.717 \\ 0.894 \end{bmatrix}\sin(\omega t - \varphi_1) + \frac{F}{k}\begin{bmatrix} 10.896 \\ 4.849 \\ -8.737 \end{bmatrix}\sin(\omega t - \varphi_2) + \frac{F}{k}\begin{bmatrix} 0.064 \\ -0.080 \\ 0.035 \end{bmatrix}\sin(\omega t - \varphi_3)$$

第 5 章

5.1 $\omega_1 = 0.462\,9\sqrt{\dfrac{k}{m}}$（假设振型为 $\boldsymbol{X} = [1 \quad 2 \quad 3]^T$）

5.2 $\omega_1 = 2.9\sqrt{\dfrac{EI}{ml^3}}$

5.3 $\omega_1 = 4.934\sqrt{\dfrac{EI}{ml^3}}, \omega_2 = 19.6\sqrt{\dfrac{EI}{ml^3}}$

5.4 $\omega_1 = 0.373\,1\sqrt{k/m}, \omega_2 = 1.321\sqrt{k/m}, \omega_3 = 2.029\sqrt{k/m}$,
$\boldsymbol{A}^{(1)} = [1.000 \quad 1.861 \quad 2.162]^T, \boldsymbol{A}^{(2)} = [1.000 \quad 0.254 \quad -0.341]^T$,
$\boldsymbol{A}^{(3)} = [1.000 \quad -2.115 \quad 0.679]^T$

5.5 $\omega_1 = 0.557\,9\sqrt{EI/mL^3}, \omega_2 = 2.874\sqrt{EI/mL^3}$
$\boldsymbol{A}^{(1)} = [1.000 \quad 3.054\,7]^T, \boldsymbol{A}^{(2)} = [1.000 \quad -0.654\,7]^T$

5.6 $\omega_1 = 0.3473J, \omega_2 = J, A^{(1)} = [0.3473 \quad 0.6527 \quad 0.8794 \quad 1]^T$,
$A^{(2)} = [-1 \quad -1 \quad 0 \quad 1]^T$

5.7 $\omega_1 = 0, \omega_2 = 0.672\sqrt{k_t/J}, \omega_3 = 1.488\sqrt{k_t/J}, \omega_4 = 2\sqrt{k_t/J}$

5.8 $\omega_1 = \sqrt{\frac{k}{m}}, A^{(1)} = [1 \quad 1 \quad 1]^T$; $\omega_2 = 2\sqrt{\frac{k}{m}}, A^{(2)} = [1 \quad -2 \quad 1]^T$; $\omega_3 = 2\sqrt{\frac{k}{m}}$,
$A^{(3)} = [-1 \quad 0 \quad 1]^T$

5.9 $M = \begin{bmatrix} 4 & 0 & 0 \\ 0 & 2 & 0 \\ 0 & 0 & 1 \end{bmatrix}, \boldsymbol{\delta} = \frac{1}{3k}\begin{bmatrix} 1 & 1 & 1 \\ 1 & 4 & 4 \\ 1 & 4 & 7 \end{bmatrix}, \omega_1 = 0.457\sqrt{\frac{k}{m}}, A_1 = \begin{bmatrix} 0.25 \\ 0.79 \\ 1 \end{bmatrix}$

5.10 $\omega = \frac{1}{l}\sqrt{\frac{3EI}{ml}}$

5.11 $\omega^2_{1,2,3,4} = 0, 0.451\frac{k}{j}, 2.215\frac{k}{j}, 4\frac{k}{j}$

第 6 章

6.1 $\omega_i = \frac{n\pi a}{l} = \frac{n\pi}{l}\sqrt{\frac{AE}{\rho}}, X(x) = \cos\frac{n\pi x}{l}, n = 0, 1, 2, \cdots$

6.2 (1)$u(x,t) = \frac{2Fl}{\pi^2 EA}\sum_{i=1,3,5,\cdots}^{\infty}\frac{(-1)^{\frac{i-1}{2}}}{i^2}\sin\frac{i\pi}{l}x\cos\frac{i\pi a}{l}t$

(2)$u(x,t) = \frac{2Fl}{\pi^2 EA}\sum_{i=1}^{\infty}\frac{1}{i^2}\sin\frac{i\pi}{l}x\cos\frac{i\pi a}{l}t$

(3)$u(x,t) = \frac{4Fl}{\pi^2 EA}\sum_{i=2,6,10,\cdots}^{\infty}\frac{(-1)^{\frac{i-2}{4}}}{i^2}\sin\frac{i\pi}{l}x\cos\frac{i\pi a}{l}t$

6.3 $\frac{a}{\omega}\tan\frac{\omega l}{a} = \frac{EA}{m\omega^2 - k}$ $\left[a = u(x,t) = \frac{2FL}{EA\pi^2}\sum_{i=1,3,5,\cdots}^{\infty}(-1)^{\frac{i-1}{2}}\frac{1}{i}\sin\frac{i\pi x}{L}\cos\omega_i t\right]$

6.4 $\tan\frac{\omega l}{a} = -\frac{GI_p}{k_t}\frac{\omega}{a}$

6.5 $\frac{m}{\rho Al} = \beta, \beta l\lambda = \frac{1 + \mathrm{ch}\lambda l\cos\lambda l}{\mathrm{ch}\lambda l\sin\lambda l - \mathrm{sh}\lambda l\cos\lambda l}$

6.6 $\frac{k - m\omega^2}{EJ} = \beta^3\frac{\sin\beta L\,\mathrm{ch}\beta L - \mathrm{sh}\beta L\cos\beta L}{2\sin\beta L\,\mathrm{sh}\beta L}$ $\left(\beta^2 = \frac{\omega}{a}, a = \sqrt{EI/\rho A}\right)$

6.7 $y(x,t) = \frac{4q_0L^4}{EI\pi^5}\sum_{i=1,3,5,\cdots}^{\infty}\frac{1}{i^5}\sin\frac{i\pi x}{L}\cos\omega_i t, \omega_i = \frac{i^2\pi^2}{L^2}\sqrt{\frac{EI}{\rho A}}$

6.8 $y(x,t) = \frac{q_0L^4}{EI\pi^4}\frac{1}{1-\lambda^2}\sin\frac{\pi x}{L}\sin\omega t, \lambda = \frac{\omega}{p}, p = \frac{\pi^2}{L^2}\sqrt{\frac{EI}{\rho A}}$

6.9 $y(x,t) = \frac{2F_0L^3}{EI\pi^4}\sum_{i=1,3,5,\cdots}^{\infty}\frac{(-1)^{\frac{i-1}{2}}}{i^4}\sin\frac{i\pi x}{L}\cos p_i t, p_i = \frac{i^2\pi^2}{l^2}\sqrt{\frac{EI}{\rho A}}$

6.10 $(y_{\max})_{x=L/2} = \frac{2q_0L^4}{EI\pi^5}\sum_{i=1,3,5,\cdots}^{\infty}\frac{(-1)^{\frac{i-1}{2}}}{i^5(1-\lambda^2)}, \lambda = \frac{\omega}{p_i}, p_i = \frac{i^2\pi^2}{L^2}\sqrt{\frac{EI}{\rho A}}$

第 7 章

7.3 $\omega_1 = 1.0954\frac{c}{l}, \omega_2 = 2.4495\frac{c}{l}, c = \sqrt{\frac{E}{\rho}}$

7.4 (a)$\omega_1 = \frac{3.15}{L^2}\sqrt{\frac{EI}{\rho A}}$,$\omega_2 = \frac{16.24}{L^2}\sqrt{\frac{EI}{\rho A}}$(2 个单元);

(b)$\omega_1 = \frac{198.4}{L^2}\sqrt{\frac{EI}{\rho A}}$(3 个单元);

(c)$\omega_1 = \frac{9.8}{L^2}\sqrt{\frac{EI}{\rho A}}$(2 个单元);

(d)$\omega_1 = \frac{14.8}{L^2}\sqrt{\frac{EI}{\rho A}}$(2 个单元)

第 8 章

8.1 (0,0) 点,鞍点; (−1,−1) 点,稳定结点

8.2 零解不稳定

8.3 在(0,0) 点发生叉式分叉

8.4 $x = A\cos\left[\left(1-\frac{A^2}{16}\right)\omega_0 t\right]$

8.5 $x = A\cos\left[\left(1-\frac{\varepsilon A^2}{8}\right)\omega_0 t + \varphi\right]$

第 9 章

9.7 $R_{xy}(\tau) = \int_{-\frac{T}{2}}^{\frac{T}{2}} x(t)y(t+\tau)\frac{1}{T}\mathrm{d}t$

9.9 $R_{xx}(\tau) = \frac{2cS_0}{c^2+\tau^2}$

9.15 $S(\omega) = |H(\omega)|^2 S_0 = \left(\frac{4\pi^2 T\omega}{4\pi^2 - T^2\omega^2}\right)S_0$

9.16 2; $\frac{0.005\sin 400\pi\tau}{\pi\tau}$

参考文献

[1] NAYFEH A H, MOOK D T. Nonlinear Oscillations[M]. New York: John Wiley & Sons, 1979.

[2] SRIKANT B. Mechanical Vibrations[M]. Delhi: Pearson Education, 2010.

[3] BUSBY H R, STAAB G H . Structural Dynamics[M]. Boca Raton: CRC Press, 2018.

[4] PETYT M. Introduction to Finite Element Vibration Analysis[M]. 2nd ed. Cambridge: Cambridge University Press, 2010.

[5] GÉRADIN M, RIXEN D J. Mechanical Vibrations[M]. 3rd ed. New York: John Wiley & Sons, 2015.

[6] KELLY S G. Mechanical Vibrations[M]. Singapore: Cengage Learning, 2012.

[7] RAO S S, GRIFFIN P. Mechanical Vibrations[M]. 6th ed. Harlow: Pearson Education, 2018.

[8] BOTTEGA W J. Engineering Vibrations[M]. 2nd ed. Boca Raton: Taylor & Francis Group, 2013.

[9] THOMSON W T. Theory of Vibration with Applications[M]. 4th ed. London: Taylor & Francis Group, 2003.

[10] 方同，薛璞．振动理论及应用[M]．西安：西北工业大学出版社，2000．

[11] 方同．工程随机振动[M]．北京：国防工业出版社，1995．

[12] 胡海岩．机械振动基础[M]．北京：北京航空航天大学出版社，2005．

[13] 黄永强，陈树勋．机械振动理论[M]．北京：机械工业出版社，1996．

[14] 季文美，方同，陈松淇．机械振动[M]．北京：科学出版社，1985．

[15] 刘延柱，陈立群，陈文良．振动力学[M]．3 版．北京：高等教育出版社，2020．

[16] 刘习军，贾启芬．工程振动理论与测试技术[M]．北京：高等教育出版社，2004．

[17] 倪振华．振动力学[M]．西安：西安交通大学出版社，1989．

[18] 任兴民，秦卫阳，文立华．工程振动分析基础[M]．北京：机械工业出版社，2006．

[19] 唐一科．振动分析及应用[M]．重庆：重庆大学出版社，1993．

[20] 王勖成．有限单元法[M]．北京：清华大学出版社，2003．

[21] 邢誉峰，李敏．工程振动基础[M]．2 版．北京：北京航空航天大学出版社，2011．

[22] 张建民．机械振动[M]．武汉：中国地质大学出版社，1995．

[23] 张义民.机械振动[M].2版.北京:清华大学出版社,2019.
[24] 郑兆昌.机械振动:上册[M].北京:机械工业出版社,1980.
[25] 朱伯芳.有限单元法原理与应用[M].4版.北京:中国水利水电出版社,2018.
[26] 庄表中,陈乃立.随机振动的理论及实例分析[M].北京:地震出版社,1985.